高等职业教育装备制造大类专业精品教材

机 械 基 础

主　编　吉文哲　王守忠
副主编　朱　凯　蒋桂芝

中国轻工业出版社

图书在版编目（CIP）数据

机械基础/吉文哲，王守忠主编. —北京：中国轻工业出版社，2021.12
高等职业教育装备制造大类专业精品教材
ISBN 978-7-5184-3672-9

Ⅰ.①机… Ⅱ.①吉…②王… Ⅲ.①机械学—高等职业教育—教材 Ⅳ.①TH11

中国版本图书馆 CIP 数据核字（2021）第 190898 号

责任编辑：王 淳 宋 博
策划编辑：宋 博 责任终审：张乃柬 封面设计：锋尚设计
版式设计：霸 州 责任校对：吴大朋 责任监印：张 可

出版发行：中国轻工业出版社（北京东长安街 6 号，邮编：100740）
印 刷：河北鑫兆源印刷有限公司
经 销：各地新华书店
版 次：2021 年 12 月第 1 版第 1 次印刷
开 本：787×1092 1/16 印张：12.5
字 数：300 千字
书 号：ISBN 978-7-5184-3672-9 定价：38.00 元
邮购电话：010-65241695
发行电话：010-85119835 传真：85113293
网 址：http://www.chlip.com.cn
Email：club@chlip.com.cn
如发现图书残缺请与我社邮购联系调换
210532J2X101ZBW

内 容 简 介

本书内容是以常用传动机构和通用零件为主要研究对象，以机械传动方式为主线来进行编写的。内容定位紧扣“以能力为本位，以就业为导向”的职业教学目标，坚持“够用、适用、实用”的原则，采取项目化的编写方式，每个项目分为若干个任务，把基础学科与专业学科有机、有序地结合在一起，改变了专业基础学科抽象难懂的状况。本书内容主要包括机械基础知识，四杆机构，凸轮机构，齿轮传动，轮系，其他机械传动，螺纹、键销连接和弹簧，轴及其零部件，液压传动和液力传动。另外，在每个项目后还编写了大量各种类型的练习题，以培养学生分析、解决问题和通过查找资料、文献获取信息的能力。

本书内容丰富，实用性强，可作为高等职业技术院校装备制造大类各专业的教材，也可作为成人高等学校、中职学校机电类、汽车类等各专业的教材，同时也可作为相关从业人员的参考用书。本教材有课件、视频、动画等配套资源，有需要的读者可与 13623701269@ 163. com 联系。

前言

高等职业教育以培养生产、建设、管理、服务第一线的高素质技能型专门人才为根本任务，在建设人力资源强国和高等教育强国的伟大进程中发挥着不可替代的作用。目前，我国高等职业教育教学改革正在深入进行，高职教材建设取得了显著的成效。随着汽车机械领域先进技术不断涌现，这对机械专业技能人才的数量和素质都提出了更高、更新的要求，特别是汽车维修行业更为突出。因此，高等职业教育教材建设应及时将装备制造领域的一些新法规、新知识、新技术、新工艺、新装备、新案例反映到教材中来。为了更好地贯彻《国家中长期教育改革和发展规划纲要》，我们依据教育部制定的《高职高专教育基础课程教学基本要求》和《高职高专教育专业人才培养目标及规格》，以培养生产、建设、管理、服务第一线的高素质技能型专门人才为切入点，系统地研究了“机械基础”课程的体系结构，通过对职业岗位所需的专业知识和专项能力的科学分析，合理安排理论知识和技能结构，尽量突出学生岗位技能的培养，力求图文并茂，通俗易懂，使学生易于接受。本教材具有以下特色：

（1）紧密依托行业或企业优势，建立产、学、研密切结合的运行机制，科学分析职业岗位（群）所需专业知识和专项能力，教材定位“以就业为向导，以能力为本位，以学生为中心”。

（2）充分体现“项目导向、任务驱动”的教学理念，通过构建具体的工作任务作为学生学习的切入点，促使学生主动学习，从而达到“教中做、做中学、学中练”的目的，全面提升学生分析问题、解决问题的能力。

（3）遵循教育部对高职高专教育提出的“以应用为目的，以必需够用为度”的原则，注重知识体系的有序衔接，避免了内容交叉或重复、内容陈旧、脱离实际、针对性不强等问题。

（4）依据行业的发展动态，将具有代表性的新成果运用于教材当中，使学生更多地了解、掌握该专业的相关新知识和技能，从而避免所讲知识与社会脱节。

本书由吉文哲副教授、王守忠教授担任主编，朱凯、蒋桂芝担任副主编。其中，吉文哲编写项目一、项目二、项目三、项目四；王守忠编写项目五、项目六、项目七、项目十；朱凯编写项目八；蒋桂芝编写项目九。本书在编写过程中参考了侯子平主编的《汽车机械基础》、蒋桂芝主编的《机械基础》以及人力资源和社会保障部教材办公室编写的《机械基础》教材，同时还参考了部分精品课程、网络课程和网络资源等内容，在此表示诚挚感谢！

由于编者水平有限，疏漏之处在所难免，欢迎选用本书的广大师生和读者提出宝贵意见，以便修订时调整与改进。

编者

目　录

项目一

机械基础概论

机械基础概论

一、课程的性质

本课程是一门专业基础课，它的前修课程是工程力学、金属工艺学、机械制图、公差配合等。本课程主要是学习和掌握常用机构及通用零部件的构成和使用问题，较之以往的前修课程更接近工程实际，但也有别于机械零件、机械制造与保养等专业课程，它主要是研究各类机械所具有的共性问题，在机械类专业课程体系中占有重要位置。

二、本课程研究的主要内容

（1）平面连杆机构、凸轮机构等的组成、原理和运动分析。

（2）各种连接零件（如螺纹连接，键、销连接等）的类型及作用。

（3）各种传动（如齿轮传动、带传动和链传动等）的组成、原理、运动分析和基本参数的计算与选择。

（4）轴系零件（如轴、轴承、联轴器等）的功用和使用要求。

（5）液压传动、液力传动、气压传动。

三、课程的任务

（1）了解常用机构的工作原理、运动特性及机械应用的基本方法。

（2）掌握通用零件的工作原理、选用和维护等方面的知识。

（3）初步培养运用标准手册、查阅相关技术资料的能力，以及通用零件的参数选择和计算能力。

（4）通过本课程的学习为后续专业课程打好基础。

四、课程的培养目标

1. 知识目标

（1）理解常用机构的工作原理、结构特点。

（2）认知通用机械零件的结构、掌握其参数的选择以及计算方法。

（3）掌握一般传动的基本知识。

2. 能力目标

（1）具有正确识别机械零件及常用机构的能力。

（2）能对常用机构进行工作原理和结构分析。

（3）能识别常用的液压与气动元件，并对简单液压与气动系统进行正确分析。

（4）具有运用和维护机械、传动装置的能力。

3. 素质目标

（1）学会学习，具有团结协作的精神。

（2）具有实践的观点以及严谨、认真、细致的工作作风。

（3）具有学习新知识与技能的基本素养。

（4）具有较好地分析和解决问题的方法。

（5）具有查找资料、文献，获取信息的能力。

（6）具有较强的口头与书面表达、交往能力。

五、教学方法

本课程是汽车制造类、机械设计制造类等专业的一门职业能力支撑课，是专业技能训练和故障诊断能力培养的主要环节，在学生职业能力和职业素质的养成方面占有重要地位。在课程教学中，应结合课程内容和学生特点灵活运用多种教学方法，如头脑风暴教学方法、案例教学法、小组讨论法、项目（任务）教学法、引导文教学法等。

1. 头脑风暴教学方法

头脑风暴法是将相关同学召集在一起，以会议的形式，对于某一个问题进行思考和联想，提出各自的设想和提案。

2. 案例教学法

以案例教学法辅助头脑风暴法，结合学生资料的收集与使用能力、创新能力，重点培养学生拓展与迁移能力。

3. 小组讨论法

小组讨论法是提高学生团队精神的一种有效方法。通过小组学习既培养了学生合作的能力，也让学生学会独立自主地寻找问题、学会学习，同时还牢固树立团队成员间的合作友情。

4. 项目（任务）教学法

教学过程中的自主练习与讨论阶段是“项目（任务）教学法”运用的重点。在该教学阶段的教学组织实施过程中，包含项目教学方法的六个步骤：情境设置→操作示范→独立探索→确定项目→协作学习→学习评价。教师对每个阶段都设计完整的考核实施办法，并把工作的条理性、安全性和经济性等列入评价的内容。这种考核方式把职业素质的培养渗透于专业学习过程中，职业技能和职业素质培养并重。

5. 引导文教学法

侧重学生资料的收集与使用能力、自学能力的培养。在项目教学中，为配合学生的自主学习，避免不必要的教师干扰，要把过去教师的讲授和演示材料转化成声像制品，成为开发指导学生独自完成学习工作过程的引导材料，供学生自主学习参考。这些引导性的文字材料就被称为引导文。课程组在多年的教学实践中已经积累了较多的引导文类型的资料：自动变速器拆装检测录像、课堂教学录像、教学课件、各种类型汽车维修手册、汽车维修数据库、企业培训资料、实训指导书等素材，精心制作了一套学习情境计划书和一套学生工作任务单。按照每个学习情境设置，学生小组借助各种引导文材料，通过自主制定计划、实施计划和检查评估等过程，辅以教师指导，完成学习工作任务单，并在整个过程中完成专业能力、社会能力和方法能力的锻炼。

在教学过程中，为了加强学生的感性认识，应根据需要在机械零部件实验室组织教学，结合课堂教学内容，教师对一些典型的机械传动、机构结构特点等进行现场讲解，或采用模型、挂图、动画演示等进行讲解，增强学生对教材内容的感性认知和理解。

任务一　机　　械

机械是机器和机构的总称。以汽车机械为例，汽车机械能完成人们所希望的工作，如带人走步、运输货物等。现代汽车虽然类型很多，具体构造也不尽相同，但它们的基本组成是一致的，都是由发动机、底盘、车身和电气设备四大部分组成。图 1-1 为常见汽车的总体构造。

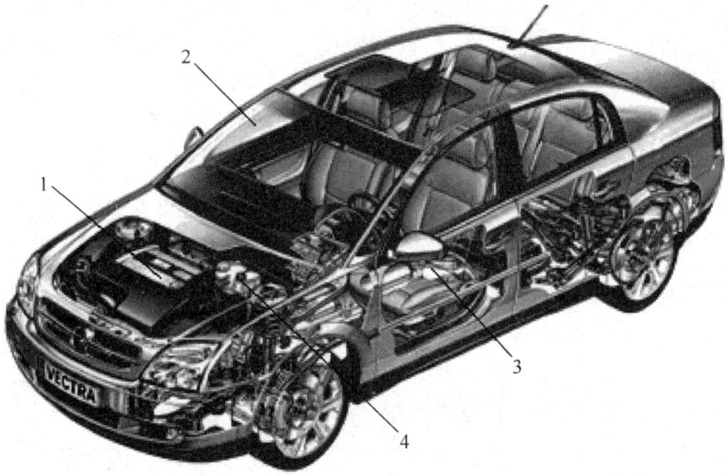

图 1-1　常见汽车构造

1—发动机　2—车身　3—底盘　4—电气设备

发动机：发动机是汽车的动力装置，其作用是将燃料燃烧产生的热能转变为机械能并通过底盘驱动汽车行驶。传统汽车普遍采用往复活塞式发动机，所用燃料以汽油和柴油为主。

底盘：底盘是汽车装配与行驶的基体，其作用是支承、安装汽车发动机及其各部件、总成，形成汽车的整体，并接受发动机的动力使汽车行驶。底盘由传动机构、行驶机构、转向机构和制动机构四部分组成。

车身：车身安装在底盘的车架上，供驾驶员和乘客乘坐或装载货物。轿车和客车一般是整体结构车身，货车车身一般由驾驶室和货箱两部分组成。

电气设备：电气设备由电源和用电设备两大部分组成。电源包括蓄电池和发电机；用电设备包括发动机的启动系统、汽油机的点火系统、汽车电子控制装置和照明、信号、仪表、辅助设备等。

一、机器和机构

1. 机器

机器是人类为了提高劳动生产率而创造出来的做功装置，机器的生产水平是衡量一个国家的技术水平和现代化程度的重要标志之一。机器的种类很多，但它们的共性都是由各种不同的机构、零件组成。下面我们从机器的特征出发，剖析其结构，研究其组成原理，以达到掌握、运用的目的。如图 1-2 所示是汽车发动机，它由推杆、配气凸轮、配气齿轮、正时齿轮、曲轴、连杆、活塞、气缸体等组成。这些零件组成了曲柄连杆机构、凸轮配气机构、齿轮传动机构。发动机工作时，气缸内燃气推动，活塞 7 上下往复移动，通过连杆 6 使曲轴 5 连续转动，于是上下往复的活塞 7 直线运动就转变为曲轴 5 的旋转运动。配气凸轮 2 和推杆 1 是用来打开或关闭进气门和排气门的。为了保证曲轴 5 每转两周进、排气门各开闭一次，在曲轴 5 和配气凸轮 2 之间安装了一对齿轮传动机构。这样，当燃气推动活塞运动时，进、排气门能有规律地开闭，保证进排气的顺畅。发动机在这些机构的共同作用下，最终使燃气的热能就转换为曲轴转动的机械能。从汽车发动机工作过程可看出，机器就是由多种零件组成的可做功的装置。

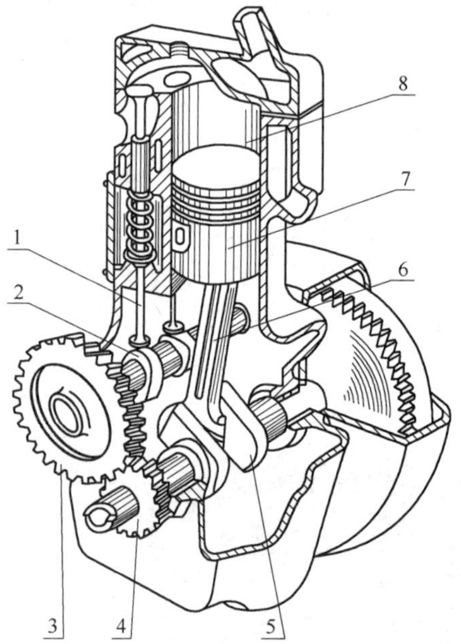

图 1-2 汽车发动机

1—推杆 2—配气凸轮 3—配气齿轮 4—正时齿轮 5—曲轴 6—连杆 7—活塞 8—气缸体

从汽车发动机的工作过程中我们可以发现零件组成了机构，机构能传递和改变运动的形式，由各种机构组成的机器最终完成了能量的转换。

机器的种类繁多，由于机器的功用不同，其工作原理、构造和性能也各异。但是从机器的组成部分与运动的确定性和机器的功能关系来分析，所有机器都具有下列三个共同特征：

① 都是人为的各种实体的组合；

② 组成机器的各种实体间具有确定的相对运动；

③ 可代替或减轻人的劳动，完成有用的机械功或转换机械能。

2. 机构

机构是具有确定相对运动的各种实体的组合，它只符合机器的前两个特征，而不能实现机械能的转换，如图 1-3 中的曲柄连杆机构、齿轮传动机构、凸轮配气机构等。机构由主动元件，从动元件和机架三部分组成。

机构的主要功能是传递或转变运动的形式，不能做机械功，也不能实现能量转换，如曲柄连杆机构是将活塞的上下运动转换曲轴的旋转运动，齿轮传动机构通过齿轮之间的啮合改变运动方向或运动速度而传递运动，而凸轮配气机构是将凸轮轴的旋转运动转换成气门推杆的上下运动。

机构与机器的区别在于：机构只是一个构件系统，而机器除构件系统之外，还包含电气、液压等其他装置；机构只用于传递运动和力，机器除传递运动和力之外，还应当具有变换或传递能量、物料、信息的功能。但是，在研究构件的运动和受力情况时，机器与机构之间并无区别。因此，习惯上用“机械”一词作为机器和机构的总称。

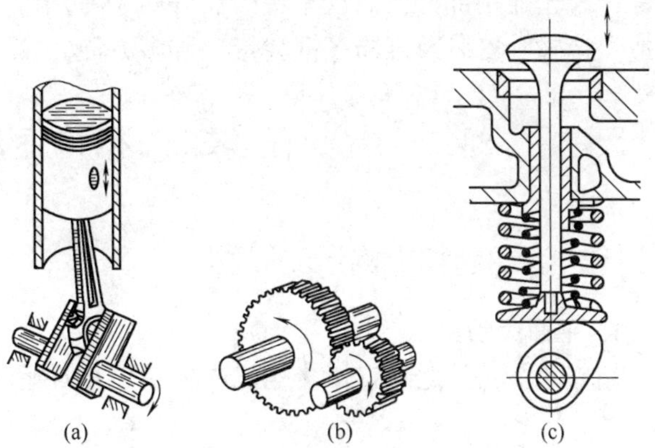

图 1-3　组成发动机的机构

（a）曲柄连杆机构　（b）齿轮传动机构　（c）凸轮配气机构

二、构件、零件和部件

1. 构件

组成机械的各个相对运动的实体称为构件。构件具有独立的运动特性，它是机器中的运动的单元，构件可以是单一零件，如图 1-4 所示内燃机曲轴；构件也可以是由多个零件组成的一个刚性整体，如图 1-5（a）所示，发动机连杆由连杆衬套、连杆体、连杆轴承、连杆盖、连杆螺栓组合成一个刚性整体。如图 1-5（b）所示，各个零件之间无相对运动，内燃机工作时，发动机连杆作为一个整体构件参加工作。

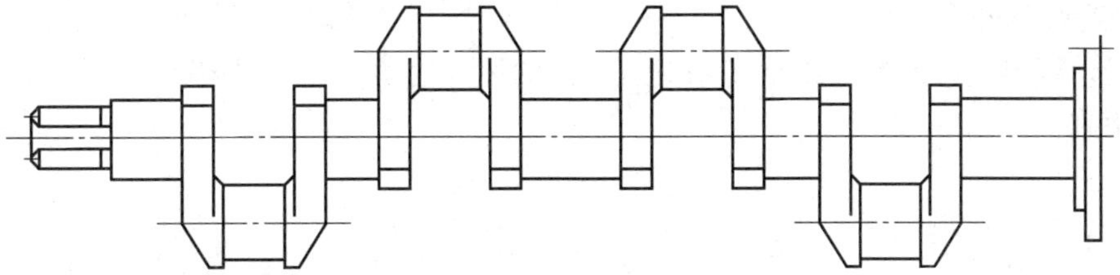

图 1-4　内燃机曲轴

2. 零件

零件是机械中的制造单元，是组成机械的不可拆开的基本单元。机械中的零件按功能和结构特点又可分为通用零件和专用零件。各种机械中普遍使用的零件称为通用零件，如螺钉、键、齿轮、轴承等。仅在某些专门行业中才用到的零件称为专用零件，如内燃机活塞、曲轴等。除上面已介绍过的零件外，其他零件在以后内容逐步详细介绍。

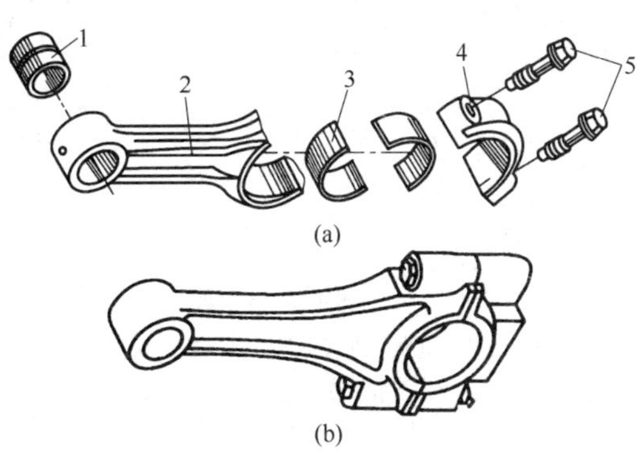

图 1-5　连杆

（a）连杆分解图　（b）连杆组合图

1—连杆衬套　2—连杆体　3—连杆轴承　4—连杆盖　5—连杆螺栓

3. 部件

部件是指机械的装配单元。部件分为通用部件与专用部件。如滚动轴承和减速器等，属于通用部件；而汽车转向器等属于专用部件。把机械划分为若干部件，对设计、制造、运输、安装及维修等都会带来许多方便。

任务二　机构运动简图

一、运动副和机构运动简图

1. 平面运动副

相邻两个构件之间直接接触能产生一定相对运动的连接称为运动副。

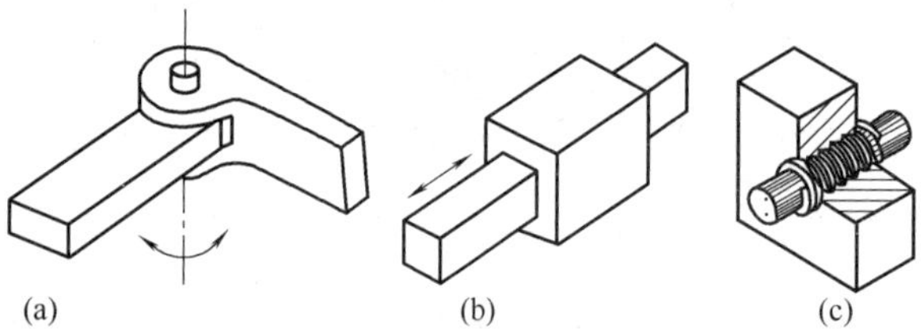

图 1-6　低副

（a）转动副　（b）移动副　（c）螺旋副

根据构件间接触情况不同运动副分为低副和高副。两构件之间是面接触的运动副称为低副，如图 1-6 所示，它包括转动副、移动副和螺旋副。

两构件之间是点或线接触的运动副称为高副。如图 1-7（a）所示的主动件凸轮 1 与从动件 2 顶杆之间为点 A 接触，图 1-7（b）所示的两相互啮合齿轮 3 和齿轮 4 之间的接触为线，分别组成了高副。

2. 空间运动副

若运动副能允许两构件做空间相对运动，则称该运动副为空间运动副。常用空间运动副有球面副，如图 1-8 所示。

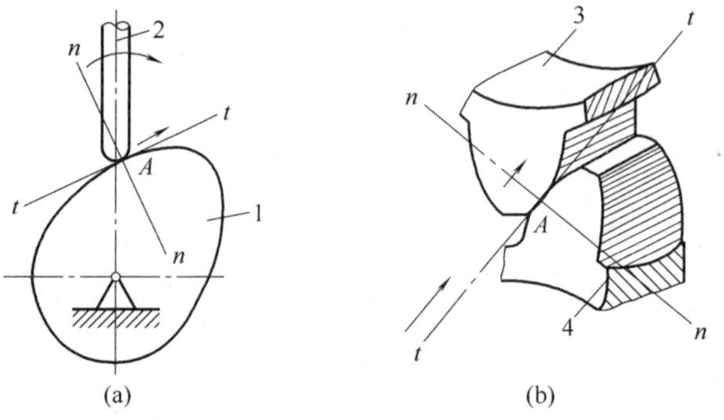

图 1-7　高副

（a）点接触　（b）线接触

1—凸轮　2—顶杆　3、4—齿轮

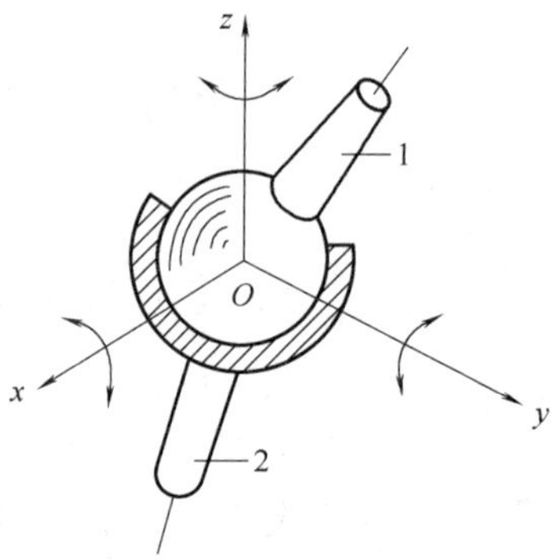

图 1-8　球面副

1、2—构件

二、机构运动简图

在研究机构运动特性时，为了使问题简化，只考虑与运动有关的运动副的数目、类型及相对位置，不考虑构件和运动副的实际结构和材料等与运动无关的因素。用简单线条和规定符号表示构件和运动副的类型，并按一定的比例确定运动副的相对位置及与运动有关的尺寸，这种表示机构组成和各构件间运动关系的简单图形，称为机构运动简图。只是为了表示机构的结构组成及运动原理而不严格按比例绘制的机构运动简图，称为机构示意图。

对于轴、杆等构件，常用线段表示，线段下画有斜线的构件代表机架，转动副即为固定铰链和中间铰链，移动副为滑块在直线槽中移动。表 1-1 给出了常用的构件和运动副的简图符号。

表 1-1　常用构件和运动副的简明图符号

名　称	简明图符号		
杆轴构件			
固定构件	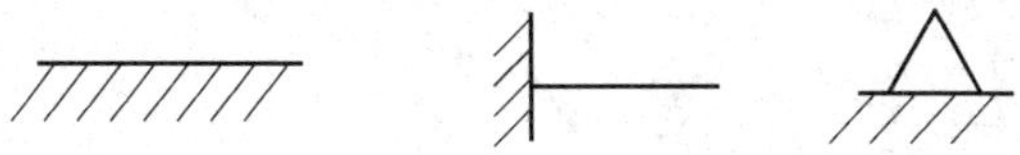		
一副构件	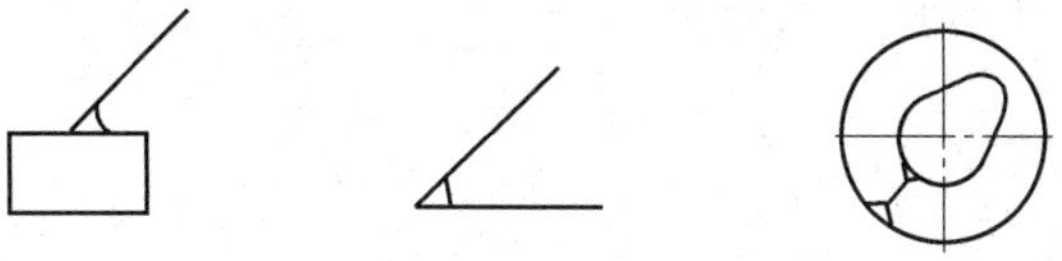		
二副构件	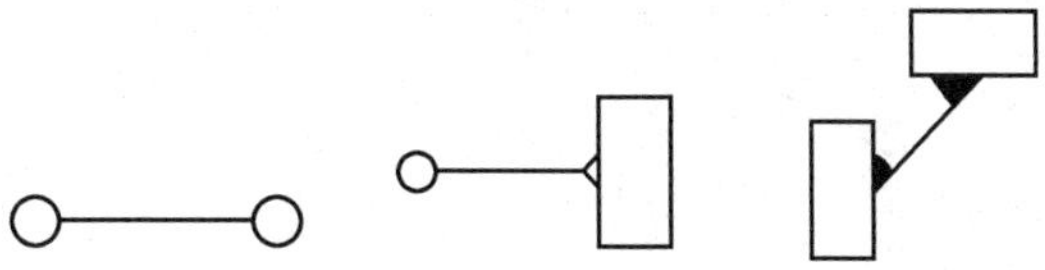		
三副构件	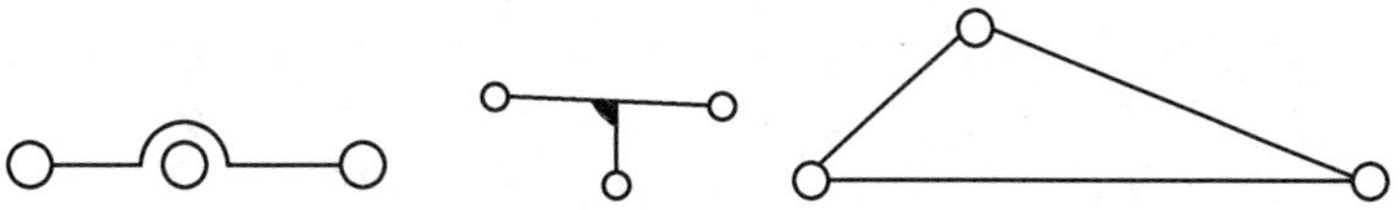		
转动副	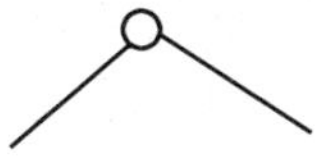	移动副	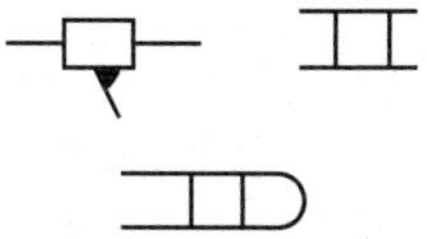
螺旋副		球销副	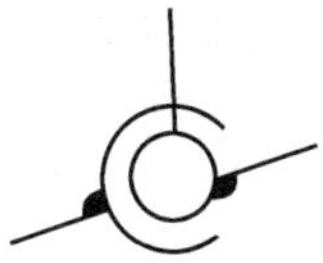

其他常用零部件的表示方法可参看 GB/T 4460—2013 机构运动简图用图形符号，在以后的教学中结合具体内容中逐步加以介绍。

机构中的构件可分为三类：

① 固定件或机架是用来支撑活动构件的构件。研究机构中活动构件的运动时，常以固定件作为参考坐标系；

② 原动件是运动规律已知的活动构件。它的运动是由外界输入的，故又称为输入构件；

③ 从动件是机构中随着原动件的运动而运动的其余活动构件。其中输出机构为预期运动的从动件称为输出构件，其他从动件则起传递运动的作用。

在一般运动简图的绘制中，必有一个构件被相对地看作固定件，在活动构件中，必须有一个或几个原动件，其余的是从动件。

【例 1-1】 如图 1-9 所示是颚式破碎机的结构图，该机主要由机架 1、偏心轴 2、动颚 3、肘板 4 共四个构件组成。偏心轴是原动件，动颚和肘板都是从动件。偏心轴在与它固联的带轮 5 的带动下绕轴线 A 转动，驱使输出构件动颚 3 做平面运动，从而将矿石轧碎。试绘制其机构运动简图。

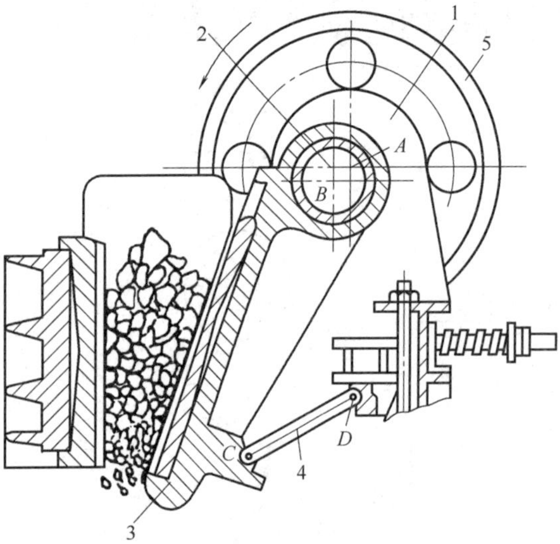

图 1-9 颚式破碎机结构图

1—机架 2—偏心轴 3—动颚 4—肘板 5—带轮

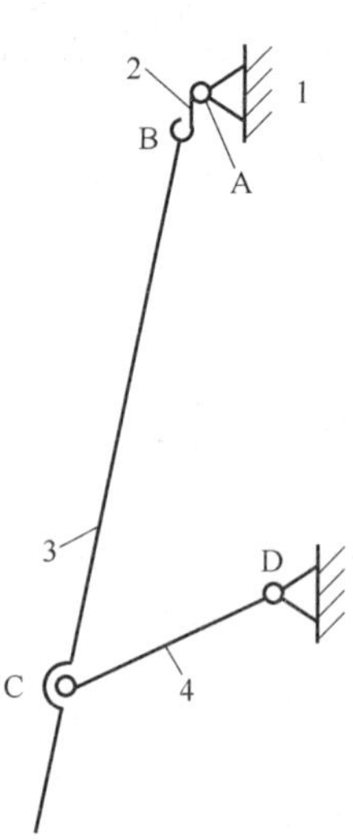

图 1-10 颚式破碎机机构运动简图

1—机架 2—偏心轴 3—动颚 4—肘板

解： 偏心轴 2 与机架 1 绕轴线 A 做相对转动，故构件 1、2 组成以 A 为中心的回转副；动颚 3 与偏心轴 2 绕轴线 B 做相对转动，故构件 2、3 组成以 B 为中心的回转副；肘板 4 与动颚 3 绕轴线 C 相对转动，故构件 3、4 组成以 C 为中心的回转副；肘板与机架绕轴线 D 做相对转动，故构件 4、1 组成以 D 为中心的回转副。

选定适当比例尺，根据图 1-9 尺寸定出 A、B、C、D 的相对位置，用构件和运动副的规定符号绘出机构运动简图，如图 1-10 所示。

项 目 练 习

1-1 什么是机器，它起什么作用？

1-2 机器的共同特征是什么？

1-3 机器与机构、构件与零件有什么联系？又有什么区别？

1-4 什么是通用零件和专用零件？试各举一个实例。

1-5 运动副中的高副和低副是如何区分的？它们在使用中有何特点？

1-6 观察卡车车厢自动翻转卸料工作过程，参照题 1-6 图试绘制其机构运动简图，并回答下列问题。

（1）图中 A、B、C 处运动副为__________。

（2）图中件 3 与件 4 组成的运动副为______。

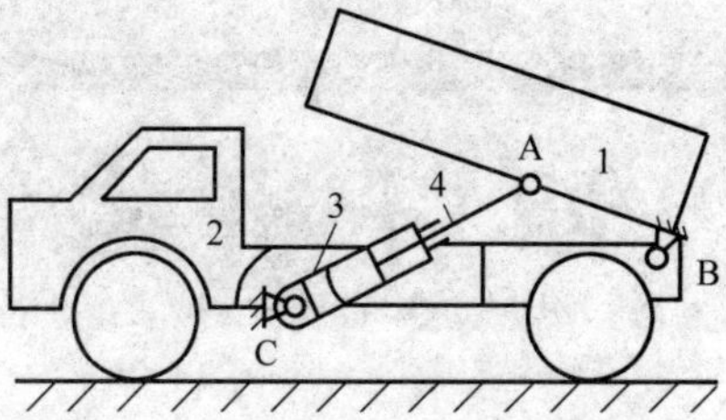

题 1-6 图 自卸车翻斗机构

1—翻斗 2—底盘 3—活塞 4—活塞杆

1-7 下列说法正确的打“√”，错误的打“×”并加以更正。

（1）机构就是具有相对运动构件的组合。（ ）

（2）机构与机器都是机械，也可以认为机构就是机器。（ ）

（3）互相之间能做相对运动的物体是构件。（ ）

（4）内燃机的活塞与气缸体组成移动副。（ ）

（5）构件就是零件。（ ）

（6）组成机构的所有构件都应具有确定的相对运动。（ ）

（7）发动机是一台机器，放在汽车上则是汽车的动力装置。（ ）

（8）机构都是可动的。（ ）

（9）传动装置是机器中介于原动装置和执行装置之间，用来完成运动形式、运动、动力等转换与传递的组成部分。（ ）

（10）部件是构成机器的最小单元，而零件则是最小制造单元。（ ）

项目二

四杆机构

任务一　铰链四杆机构的组成与分类

四杆机构

平面连杆机构是许多构件用低副（转动副和移动副）连接组成的平面机构。低副是面接触，耐磨损；加上转动副和移动副的接触表面是圆柱面和平面，制造简便，易于获得较高的制造精度。因此，平面连杆机构在各种机械和仪器中获得广泛使用。最简单的平面连杆机构是由四个构件组成的，称为平面四杆机构。

一、铰链四杆机构的组成

铰链四杆机构是由四个杆件通过铰链互相连接而构成，如图 2-1 所示。铰链四杆机构是平面连杆机构的基本形式，也是其他多杆机构的基础。铰链四杆机构中，固定不动的构件称为机架 4，机构中不与机架相连的构件称为连杆 2，机构中与机架相连的构件称为连架杆 1、3。连架杆如果能绕机架上的转动副中心 A 或 D 做整周转动，则称为曲柄；若仅能在小于 360° 的某一角度内摆动，则称为摇杆。

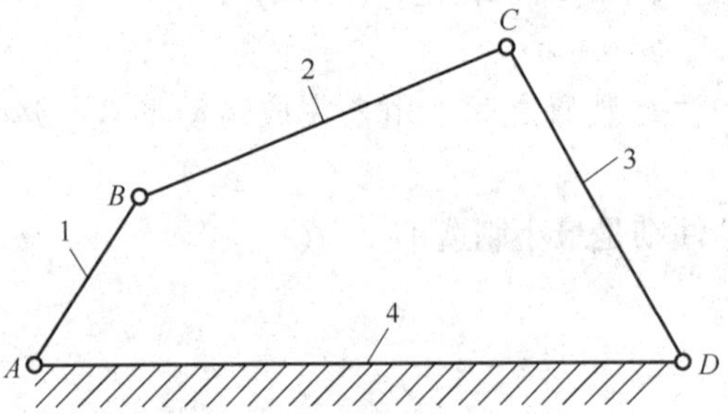

图 2-1　铰链四杆机构

1、3—连架杆　2—连杆　4—机架

平面连杆机构是由若干构件以低副连接而成的、在同一平面或相互平行平面内运动的机构。连杆机构中的构件不一定是杆件，但其运动形式都可以等效为杆件，故常称其为杆。

二、铰链四杆机构的基本类型

对于铰链四杆机构，可按照连架杆是曲柄还是摇杆，将铰链四杆机构分为三种基本形式：曲柄摇杆机构、双曲柄机构和双摇杆机构。

1. 曲柄摇杆机构及其应用

两连架杆中一个为曲柄、另一个为摇杆的铰链四杆机构，称为曲柄摇杆机构，如图 2-2 所示。曲柄 AB 为主动件，逆时针等速转动。当曲柄 AB 的 B 端从 B 点回转到 B_1 点时，从动件摇杆 CD 上的 C 端从 C 点逆时针摆动到 C_1 点，而当 B 端从 B_1 点回转到 B_2 点时，C

端从 C_1 点顺时针摆动到 C_2 点。当 B 端继续从 B_2 点回转到 B_1 点时，C 端将从 C_2 点逆时针摆回到 C_1 点。曲柄摇杆机构的主要作用是将曲柄的匀速转动变成摇杆的摆动。曲柄 AB 是主动件，做整周回转运动，摇杆 CD 是从动件，做往复摆动。

如图 2-3 所示是利用曲柄摇杆机构原理的颚式破碎机，破碎机的曲柄 AB 连续旋转，摇杆 CD 做往复摆动，大的矿石从上面落下后不断地被破碎，从下面流出。

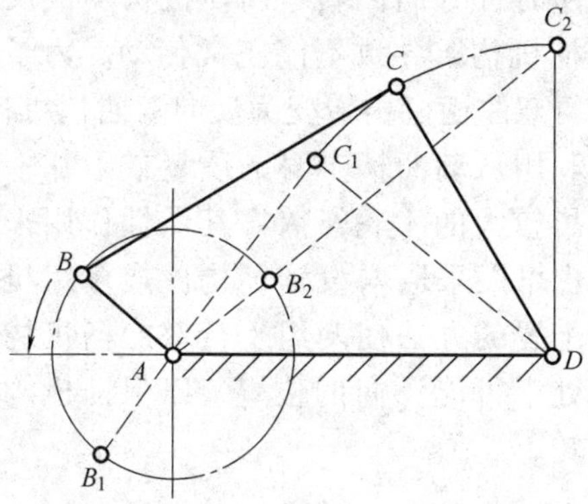

图 2-2　曲柄摇杆机构

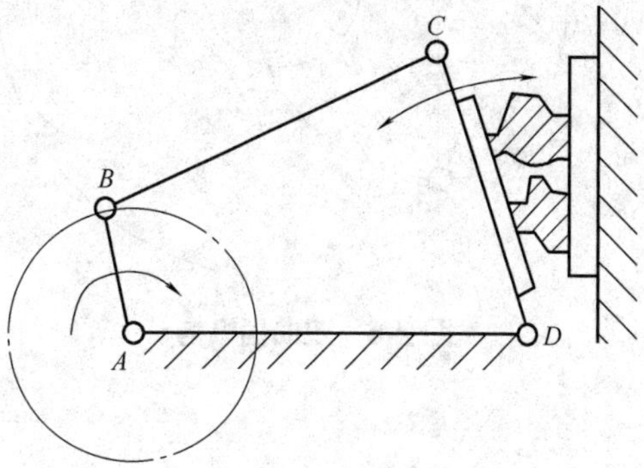

图 2-3　颚式破碎机构

另外，还有搅拌机机构（图 2-4）、雷达机构（图 2-5）的工作原理都是曲柄摇杆机构。

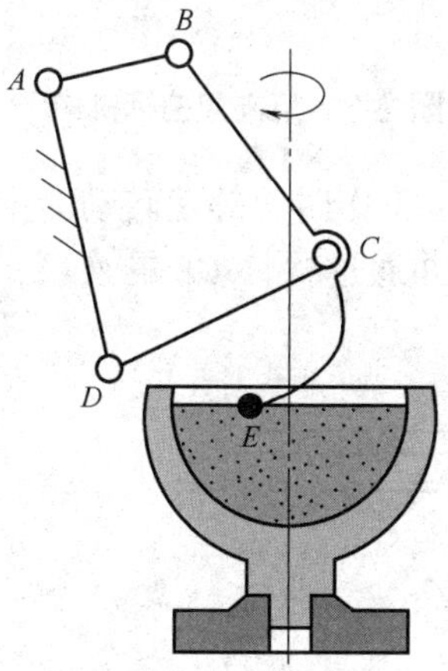

图 2-4　搅拌机机构

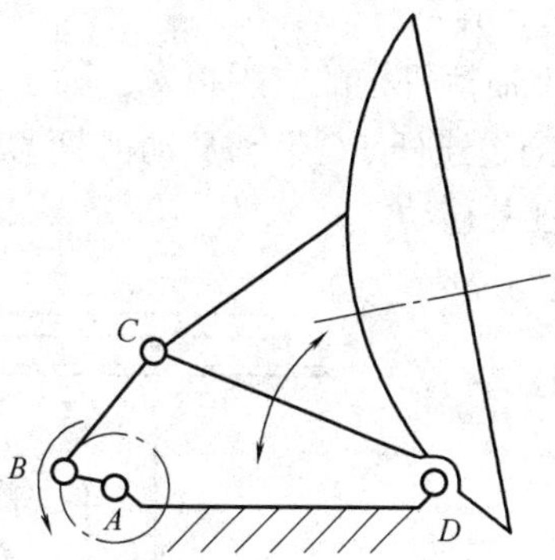

图 2-5　雷达机构

2. 双曲柄机构及其应用

若铰链四杆机构的两连架杆均为曲柄，称为双曲柄机构，如图 2-6 所示。

曲柄 AB 为主动件，当主动曲柄 AB 顺时针回转 180°到 AB_1 位置时，从动曲柄 CD 顺时针回转到 C_1D，转过角度 φ_1；主动曲柄 AB_1 继续回转 180°，从动曲柄 CD_1 转过角度 φ_2，显然 $\varphi_1>\varphi_2$。

双曲柄机构的运动特点是主动曲柄匀速回转一周，从动曲柄随之变速回转一周。在双曲柄机构中，若两曲柄的长度相等且转向相同，则称为平行四边形机构，如图 2-7 所示；若曲柄长度相同转向不同，称为反向双曲柄机构，如图 2-8 所示。

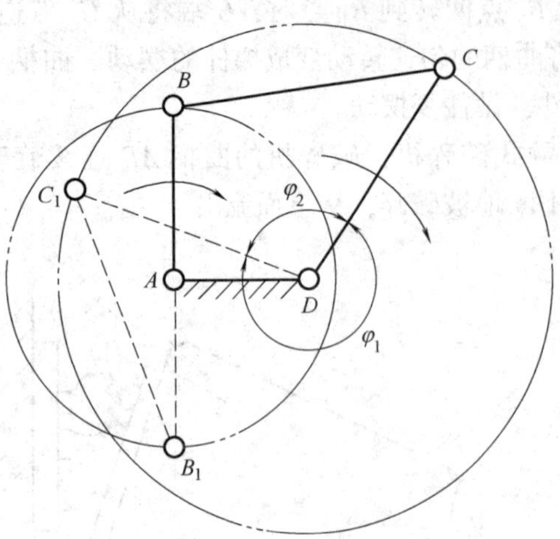

图 2-6 双曲柄机构

平行四边形机构在运动过程中，主动曲柄 *AB* 每回转一周，曲柄与连杆 *BC* 出现两次共线，此时会产生从动曲柄 *CD* 运动的不确定现象，即主动曲柄 *AB* 的回转方向不变，从动曲柄 *CD* 可能顺时针方向回转，也可能逆时针方向回转，而使机构变成反向双曲柄机构，导致不能正常传动。为了防止平行双曲柄机构转变为反向双曲柄机构，可以利用从动曲柄本身的质量或附加一转动惯量较大的飞轮，依靠其惯性作用来导向；也可以采取增设辅助构件或多组机构错位配置的办法使两组平行双曲柄机构不同时处于可能反向的位置，以保证机构正常运转。

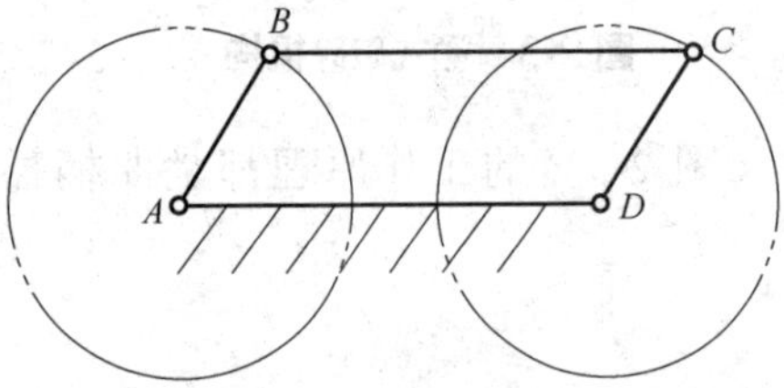

图 2-7 平行四边形机构

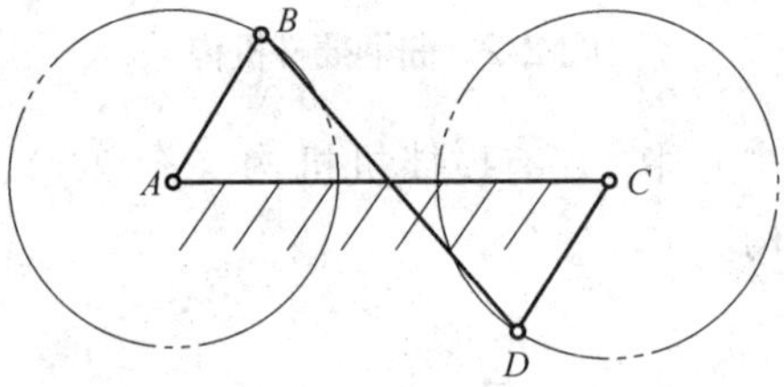

图 2-8 反向双曲柄机构

双曲柄机构的应用很多，如图 2-9 所示的惯性筛机构。工作时，等速转动的主动曲柄 *AB*，通过连杆 *BC* 带动从动曲柄 *CD* 做周期性变速转动，并通过构件 *CE* 的连接，使筛子变速往复移动。

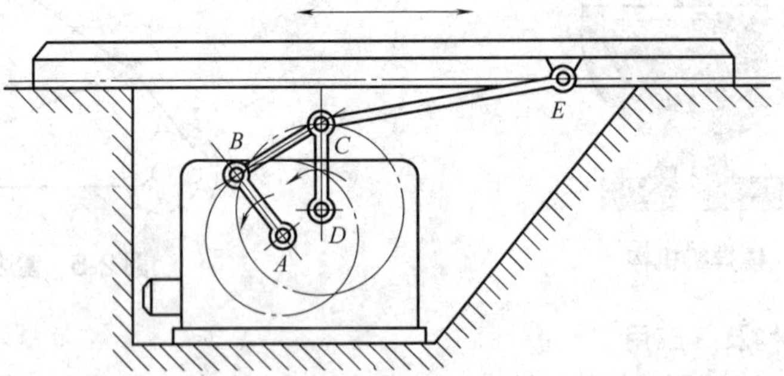

图 2-9 惯性筛机构

如图 2-10 所示，利用平行四边形机构两曲柄回转方向相同、角速度相等的特点，使从动车轮与主动车轮具有完全相同的运动。为了防止机构在运动过程中变为反向平行双曲柄机构，在机构中增设了一个辅助构件（中间曲柄 *EF*）。

如图 2-11 所示的天平机构同样也是增设了辅助支承点（*C*、*D*）保证运动的准确性。

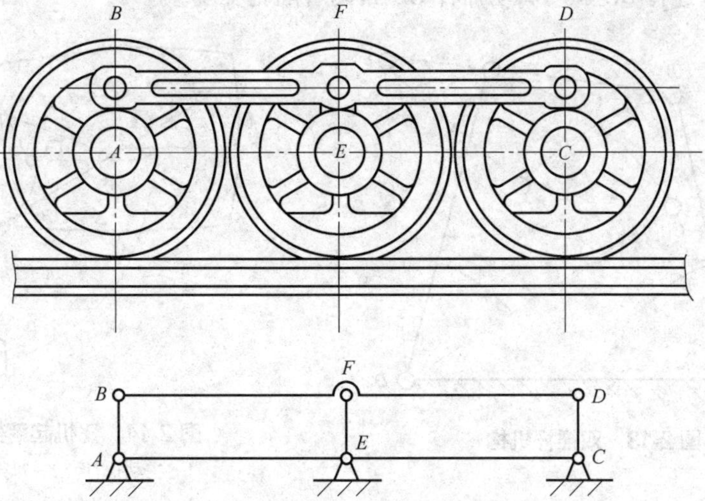

图 2-10　机车车轮联动装置

如图 2-12 所示为车门启闭机构。采用的是反向平行双曲柄机构。当主动曲柄 *AB* 转动时，通过连杆 *BC* 使从动曲柄 *CD* 反向转动，从而保证了两扇车门能同时开启和关闭至各自的预定位置。

3. 双摇杆机构及其应用

两连架杆均为摇杆的铰链四杆机构称为双摇杆机构，如图 2-13 所示。

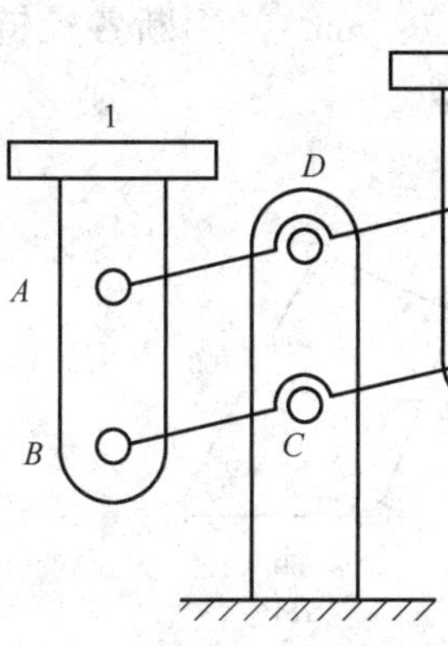

图 2-11　天平机构

1、2—天平

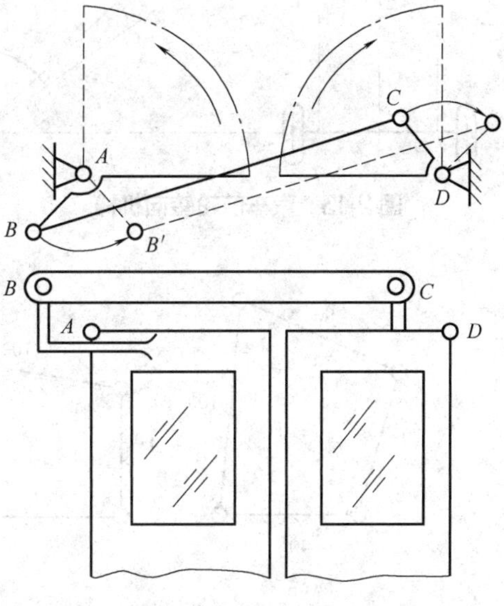

图 2-12　车门启闭机构

在双摇杆机构中，两摇杆可以分别为主动件。如图 2-14 所示的飞机起落架收放机构，飞机着陆前，着陆轮 5 须从机翼（机架）2 中推放至实线位置，*AB* 与 *BC* 共线。飞机起飞后，为了减小飞行中的空气阻力，又须将着陆轮收回机翼中（虚线位置）。上述动作由主

动摇杆 *AB* 通过连杆 *BC* 驱动从动摇杆 *CD* 带动着陆轮实现。

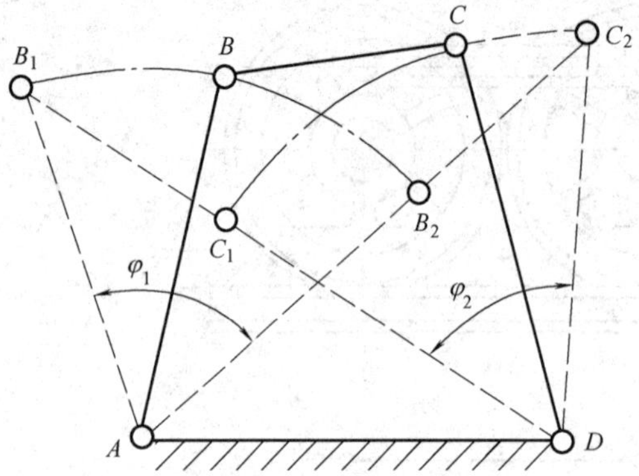

图 2-13　双摇杆机构

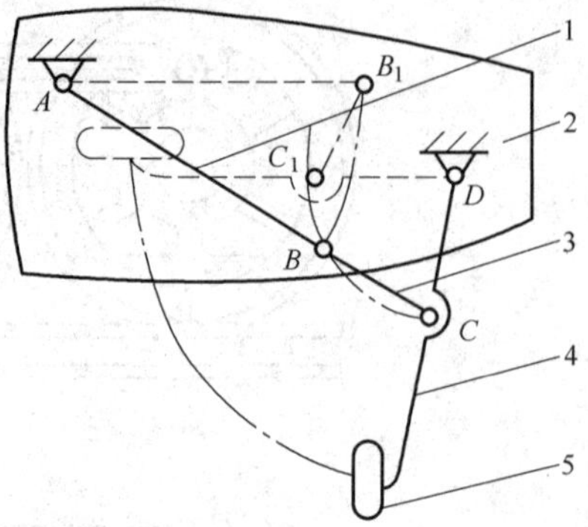

图 2-14　飞机起落架收放机构

1—主动摇杆　2—机架　3—连杆

4—从动摇杆　5—着陆轮

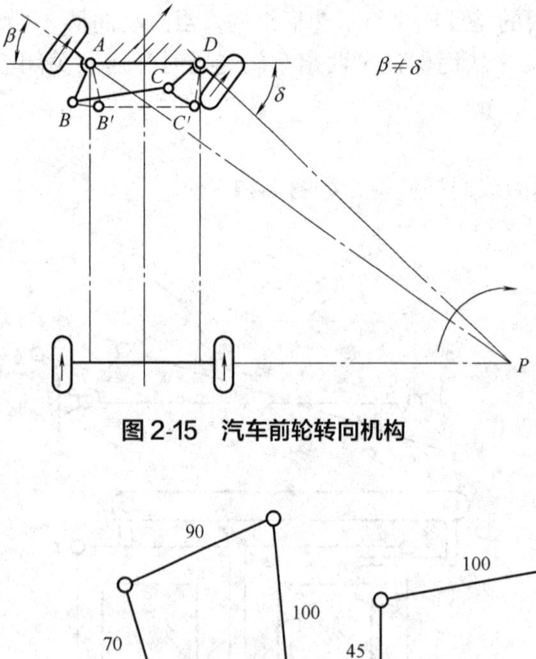

图 2-15　汽车前轮转向机构

两摇杆长度相等的双摇杆机构，称为等腰梯形机构。如图 2-15 所示轮式车辆的前轮转向机构就是等腰梯形机构的应用实例。当汽车直线行驶时，机构保持为等腰梯形，当汽车转弯时，两摇杆摆过不同的角度，使两前轮转动轴线汇交于后轮轴线上的 *P* 点，以确保车辆转弯的每一瞬时，四个轮子与地面之间均绕 *P* 点做纯滚动。

【例 2-1】　试根据图 2-16 所注明的尺寸（单位：mm），判断各铰链四杆机构的类型。

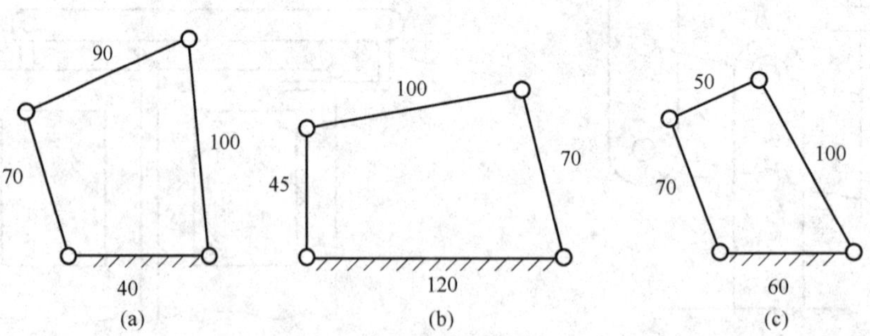

图 2-16　铰链四杆机构

解：图 2-16（a）中，因为 40+100=140，70+90=160，140<160；

且机架最短，所以，机构为双曲柄机构。

图 2-16（b）中，45+120=165，100+70=170，165<170；

且连架杆最短，所以，机构为曲柄摇杆机构。

图 2-16（c）中，70+60=130，100+50=150，130<150；且连杆最短，所以机构为双摇杆机构。

三、曲柄存在的条件

从以上三种类型的铰链四杆机构的组成特点中可以发现：机构中有无曲柄、有几个曲柄是铰链四杆机构的重要特征。判断铰链四杆机构基本类型是依据曲柄的存在条件，曲柄存在的条件为：

① 最短杆与最长杆长度之和小于或等于其余两杆长度之和；

② 最短杆为机架或连架杆。

区分铰链四杆机构基本类型的方法是：

（1）当最短杆与最长杆长度之和小于或等于其余两杆长度之和。

① 若最短杆为连架杆，则机构为曲柄摇杆机构；

② 若最短杆为机架，则机构为双曲柄机构；

③ 若最短杆为连杆，则机构为双摇杆机构。

（2）当最短杆与最长杆长度之和大于其余两杆长度之和时，则不论取何杆为机架，都没有曲柄，机构均为双摇杆机构。

四、曲柄摇杆机构的基本性质

铰链四杆机构的重要特性是从动件具有一定的运动规律，下面以曲柄摇杆机构为例分析摇杆的运动特性。

1. 急回特性

如图 2-17 所示为曲柄摇杆机构，原动件曲柄 AB 转动一周过程中，曲柄 AB 与连杆 BC 有两次共线位置 AB_1 和 AB_2，这时从动件摇杆 CD 分别位于两极限位置左端的 C_1D 和右端的 C_2D，二者的夹角 ψ 称为摇杆的摆角。曲柄的两个对应位置 AB_1 和 AB_2 所夹的锐角 θ，称为曲柄的极位夹角。

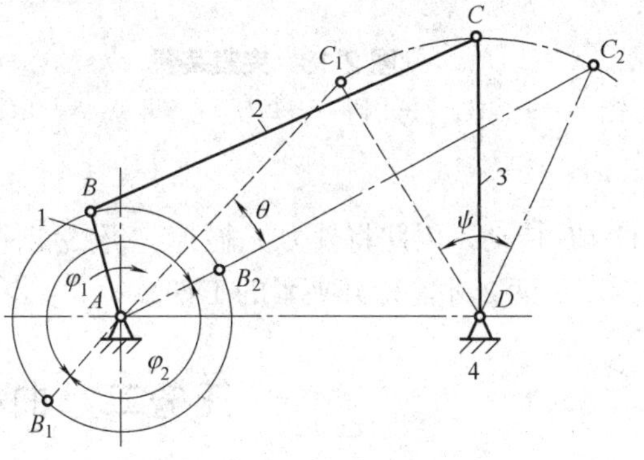

图 2-17　曲柄摇杆机构

1~3—杆

工作行程：从 C_1D 位置运动到 C_2D 位置的过程。

空回行程：从 C_2D 位置返回到 C_1D 位置的过程。

工作行程和空回行程摇杆的摆角相同。对应曲柄 AB 的转角分别为 $\varphi_1=180°+\theta$（工作行程），$\varphi_2=180°-\theta$（空回行程）。

设从动件摇杆 CD 工作行程所需时间为 t_1，C 点的平均速度为 v_1，曲柄 AB 从 B_1 转至 B_2 的转角为 φ_1，则 $v_1=C_1C_2/t_1=\psi/t_1$。

又设从动杆摇杆 CD 空回行程所需时间为 t_2，C 点的平均速度为 v_2，曲柄 AB 从 B_2 转回至 B_1 的转角为 φ_2，则 $v_2=C_2C_1/t_2=\psi/t_2$。

因为曲柄 AB 是以等角速度旋转，$\varphi_1>\varphi_2$，故 $t_1>t_2$，从而 $v_2>v_1$。

上述分析表明，摇杆在返回过程中运动较快，即机构具有急回特性。当曲柄做等速转动时，摇杆空回行程的平均速度大于工作行程的平均速度，这种性质称为机构的急回特性。急回特性用急回特性系数 K 表示：

$$K=v_2/v_1=t_1/t_2=(180°+\theta)/(180°-\theta)$$

$$\theta=180°\frac{K-1}{K+1}$$

当 $\theta=0°$，$K=1$ 时，机构无急回特性；

当 $\theta>0°$，机构有急回特性，且 θ 越大，急回特性越显著。

牛头刨床在工作回程时是空刀，不进行切削加工，这样可以利用这种急回特性来缩短非生产时间，提高效率。

2. 死点位置

如图 2-17 所示的曲柄摇杆机构中，曲柄 AB 为主动件，摇杆 CD 为从动件。当摇杆摆到极限位置 C_1D 和 C_2D 时，连杆与从动曲柄共线，连杆作用在从动曲柄的力通过曲柄的回转中心 A，此时有效驱动力矩为零，不能使从动曲柄转动，机构处于“卡死”或运动不确定状态（即工作件在该位置可能向反方向转动），这个位置称为死点位置。前面讲述的平行四边形机构也会出现死点位置。

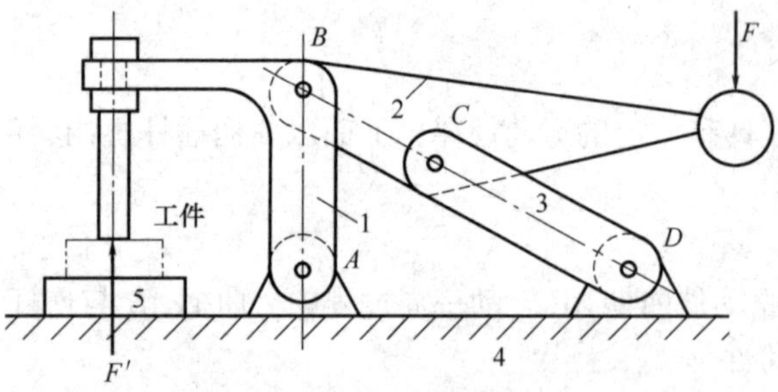

图 2-18　夹紧装置

1—构件　2—手柄　3—摇杆　4—机架　5—工件

死点位置有不利的一面，也有有利的一面。在工程实践中利用机构的死点来实现特定的工作要求的例子有很多，如前面的图 2-14 飞机起落架收放机构，就是利用死点位置确保着地时可靠支承；还有图 2-18 的夹紧装置，工件被夹紧后，四杆机构的铰链中心 B、C、D 处于同一条直线上，在此位置工件经杆 AB 通过连杆 BC 传给杆 CD 的力将通过杆 3 的回转中心 D，该力不能使杆 CD 传动。因此将外力 F 撤掉，仍然能保持可靠的夹紧工件。当需要松开工件时，向上扳动手柄 2 才能松开夹紧的工件。

任务二　曲柄滑块机构

一、曲柄滑块的演化过程

通过用移动副取代转动副、变更杆件长度、变更机架和扩大转动副等途径，还可以得到铰链四杆机构的其他演化形式，曲柄滑块机构是由曲柄摇杆机构演化而来的。图 2-19 是曲柄摇杆机构演化成曲柄滑块机构的过程。

图 2-19（a）为曲柄摇杆机构，1 为曲柄，3 为摇杆，C 点的轨迹为以 D 为圆心、杆长 CD 为半径的圆弧 k_c。

图 2-19（b）在机架 4 上制作一同样轨迹的圆弧槽 k_c，并将摇杆 3 做成弧形滑块 5 置于槽中滑动，这时，弧形滑块 5 在圆弧槽中的运动完全等同于转动副 D 的作用，圆弧槽 k_c 的圆心即相当于摇杆 3 的摆动中心 D，其半径相当于摇杆 3 的长度 CD。

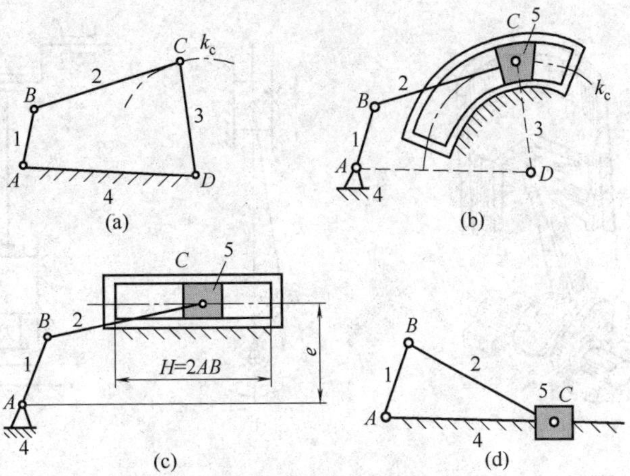

图 2-19　曲柄滑块机构的演化过程

1—曲柄　2—连杆　3—摇杆　4—机架　5—滑块

图 2-19（c）是将圆弧槽 k_c 的半径增加至无穷大，其圆心 D 移至无穷远处，则圆弧槽变成了直槽，置于其中的滑块 5 做往复直线运动，从而转动副 D 演化为移动副，曲柄摇杆机构演化为含一个移动副的四杆机构，称为曲柄滑块机构。

曲柄滑块机构中，滑块的往复行程等于曲柄长度的 2 倍；e 为曲柄回转中心 A 至直槽中心线的距离，称为偏距。$e \neq 0$ 为偏置曲柄滑块机构；$e=0$ 为对心曲柄滑块机构，如图 2-19（d）所示。

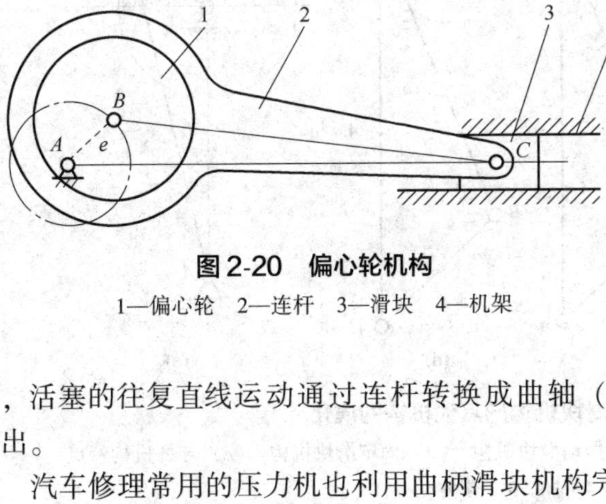

图 2-20　偏心轮机构

1—偏心轮　2—连杆　3—滑块　4—机架

当曲柄较短时，曲柄结构形式无法实现，而采用偏心轮机构的形式，如图 2-20 所示。偏心距 e 相当于曲柄的长度。

曲柄滑块机构在汽车行业应用很多，如图 2-21 所示内燃机中的曲柄连杆机构，它是一个典型的曲柄滑块机构，活塞（滑块）为主动件，活塞的往复直线运动通过连杆转换成曲轴（曲柄）的连续回转运动，从而将动力输出。

汽车修理常用的压力机也利用曲柄滑块机构完成工件的加工。如图 2-22 所示，曲柄为主动件。该曲柄滑块机构将曲轴（曲柄）的回转运动转换成重锤（滑块）的上下往复直线运动，从而完成对工件的压力加工。

二、导杆机构

导杆机构可看成是改变曲柄滑块机构中的固定构件而演化来的。如图 2-23（a）所示的曲柄滑块机构，若取杆 1 为固定构件，即得图 2-23（b）所示导杆机构。杆 4 称为导杆，滑块 3 相对导杆滑动并一起绕 A 点转动。通常取杆 2 为原动件，当 $l_1<l_2$ 时，杆 2 和杆 4 均可整周回转，称为曲柄转动导杆机构，或转动导杆机构；当 $l_1>l_2$ 时，杆 4 只能往复摆动，称为曲柄摆动导杆机构，或摆动导杆机构。

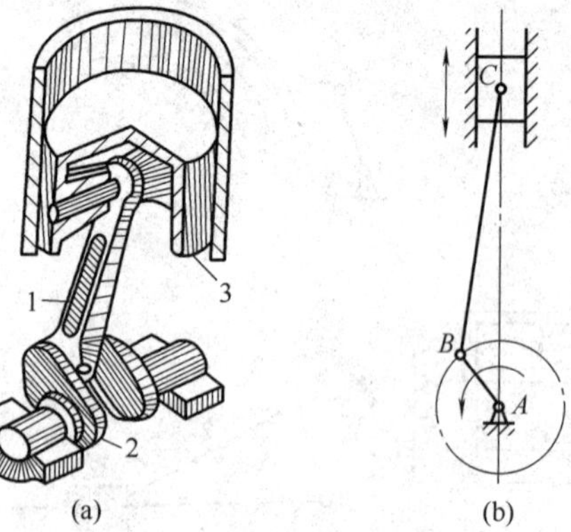

图 2-21 内燃机中的曲柄连杆机构

（a）结构图 （b）运动简图

1—连杆 2—曲轴（曲柄） 3—活塞（滑块）

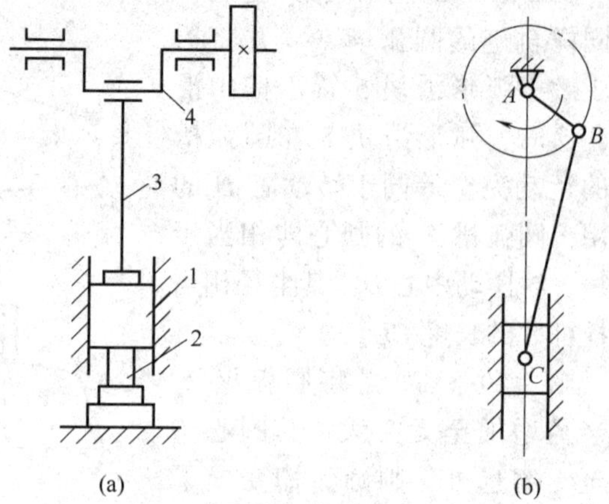

图 2-22 压力机

（a）工作原理图 （b）运动简图

1—重锤（滑块） 2—工件 3—连杆 4—曲轴（曲柄）

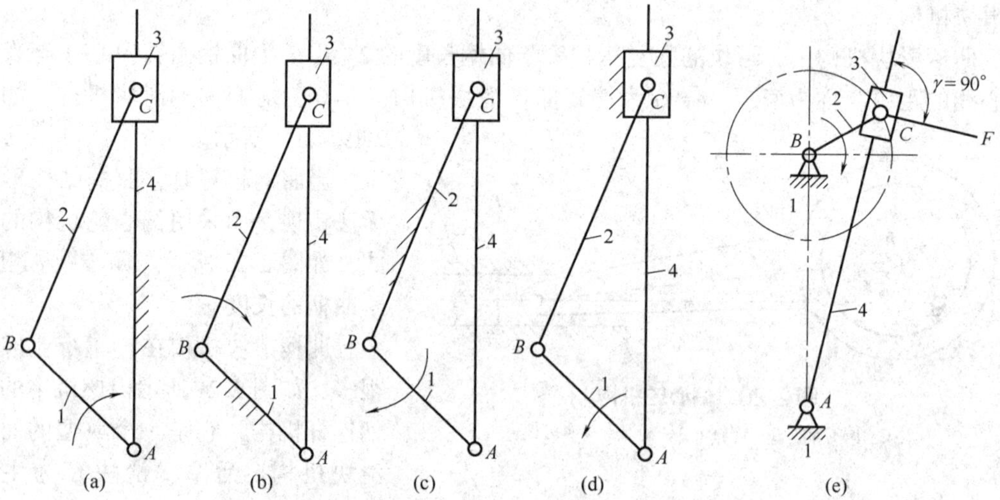

图 2-23 曲柄滑块机构向其他机构的演化

（a）曲柄滑块机构 （b）导杆机构 （c）摆动滑块机构 （d）固定滑块机构 （e）导杆机构特点

1、2、4—杆 3—滑块

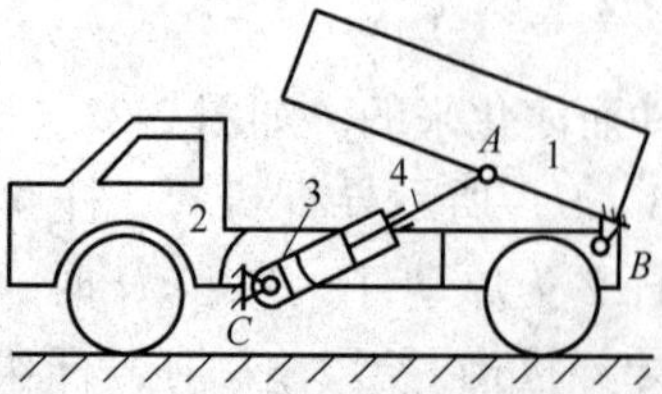

图 2-24 卡车车厢自动翻转卸料机构

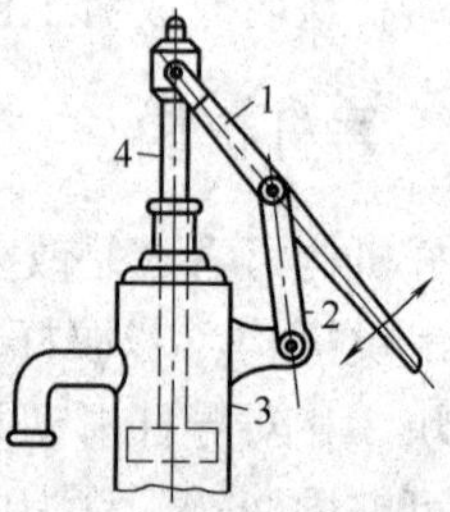

图 2-25 抽水机筒和抽油泵机构

如图 2-23（a）所示曲柄滑块机构中，若取杆 2 为固定构件，即可得图 2-23（c）所示摆动滑块机构，或称摇块机构，这种机构广泛应用于摆缸式内燃机和液压驱动装置中，例如图 2-24 所示卡车车厢自动翻转卸料机构即为摇块机构。

如图 2-23（a）所示曲柄滑块机构中，若取滑块 3 为固定件，即可得 2-23（d）所示固定滑块机构，或称定块机构。这种机构常用于图 2-25 的抽水机筒和抽油泵机构中。

如图 2-23（e）可见，导杆机构的特点是：传动角 γ（导杆与传力 F 方向的夹角）始终等于 90°，具有很好的传力性能，常用于牛头刨床、插床和回转式油泵之中。

项 目 练 习

2-1　汽车发动机曲柄连杆（滑块）机构中有几个死点？如何解决死点问题的？

2-2　如图所示，是多缸内燃机曲轴结构简图，多缸内燃机曲轴通常采用错列各缸的曲柄，为什么？

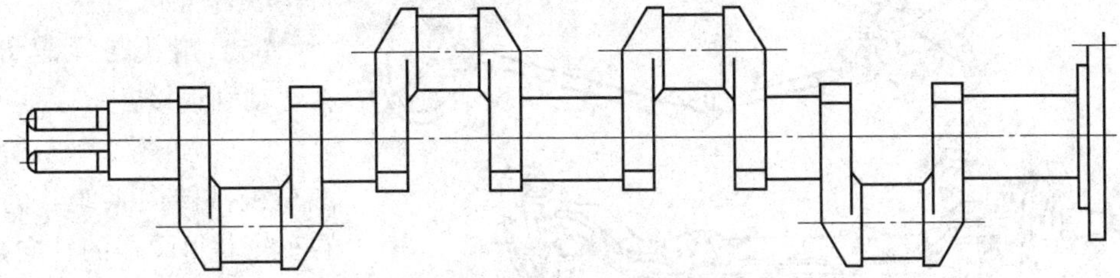

题 2-2 图　汽车曲轴

2-3　机架、曲柄、连杆和摇杆在组成机构中的特征各是什么？

2-4　举出在实际生活中应用铰链四杆机构的几个例子，并分析它们的工作过程。

2-5　如题 2-5 图所示，是脚踏式缝纫机的结构简图，为典型的曲柄摇杆机构，有时出现踩不动或倒转现象，这是什么原因？缝纫机上的大带轮是起什么作用的？

2-6　汽车发动机曲柄连杆（滑块）机构中有几个死点？是如何解决死点问题的？

2-7　如题 2-7 图所示为曲柄滑块机构，完成下列问题：

（1）作图找出构件 C 的两个极限位置；

（2）若机构改为构件 C 主动，标写构件 AB 的两个“死点”位置；

（3）机构名称 r 是________，b 是________，C 是________；

（4）A、B 两处运动副是________，C 与机座处运动副是________。

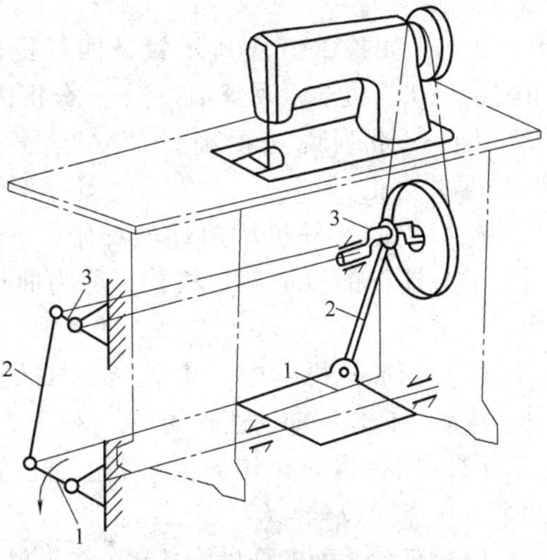

题 2-5 图　脚踏式缝纫机结构简图

1—踏板（摇杆）　2—连杆　3—飞轮（曲柄）

2-8　如题 2-8 图所示 AB 杆做匀速圆周运动，转向如图所示，试解答：

（1）用作图法找出滑块 E 的两个极限位置；

（2）作图判断滑块是否存在急回运动？急回方向朝何方？

（3）若机构以滑块为主动，指出曲柄 AB 的两个“死点”位置；

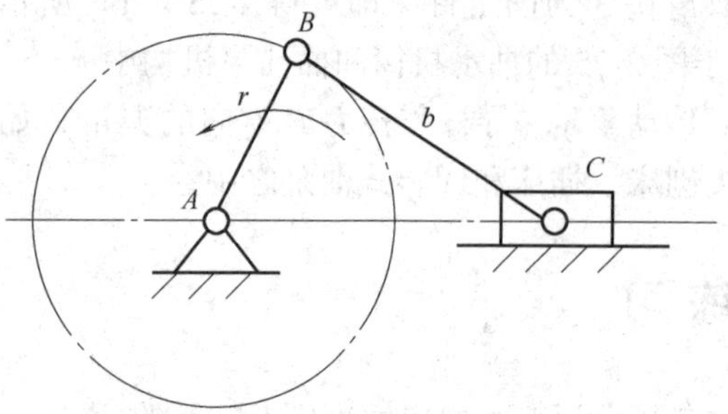

题 2-7 图 曲柄滑块机构

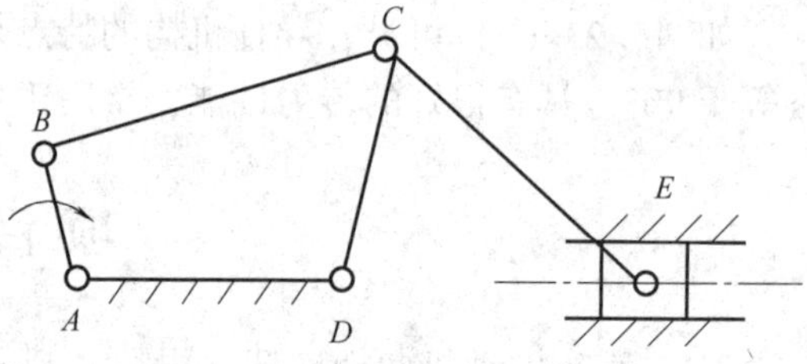

题 2-8 图 机构示意图

（4）该机构由哪些基本机构联合组成？

（5）滑块与导槽属于什么运动副连接？

2-9 如题 2-9 图所示为汽车机械转向系统，为使左右车轮获得同样的转向角度，左、右梯形臂应保持怎样的关系？试画出该转向梯形机构的简图，指出其属于什么类型的铰链四杆机构及各杆件名称。

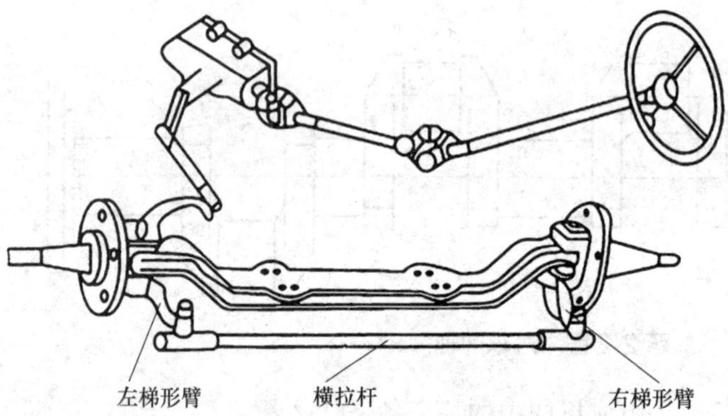

题 2-9 图 汽车机械转向系统

2-10 如题 2-10 图所示铰链四杆机构 $ABCD$，其中 $AB = 20$mm，$BC = 50$mm，$CD = 40$mm，AD 为机架，改变 AD 杆长，分析机构的类型变化。

2-11 下列说法正确打“√”号，错误打“×”号并更正。

（1）铰链四杆机构两连架杆中一个为曲柄，另一个为摇杆的铰链四杆机构，称为曲柄摇杆机构。（ ）

（2）双曲柄机构中，通常主动曲柄作匀速转动，从动曲柄作同向匀速转动。（ ）

（3）曲柄滑块机构的上、下止点位置，也是两个“死点”位置。（ ）

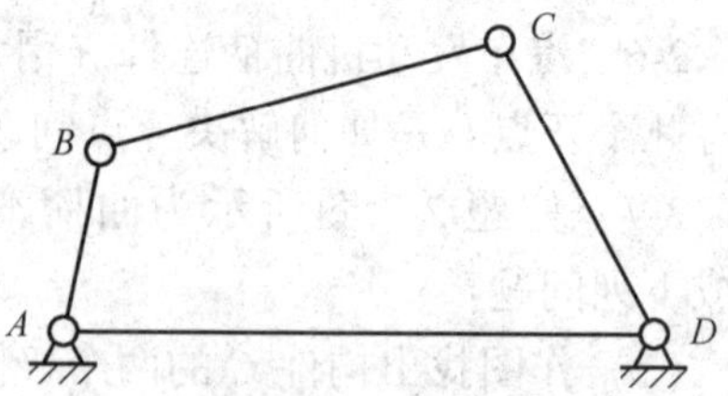

题 2-10 图 铰链四杆机构

（4）任何平面四杆机构都有可能出现“死点”现象。（ ）

（5）铰链四杆机构存在曲柄的条件：最短杆与最长杆长度之和小于或等于其余两杆长度之和，并且最短杆为机架或连架杆。（ ）

项目三

凸轮机构

任务一　凸轮机构应用与分类

凸轮机构

凸轮机构是机械中的一种常用机构，在自动化和半自动化机械中应用非常广泛。有时候要求机器中某些从动件的位移、速度、加速度可以按照预定的运动规律变化，这种要求，利用连杆机构很难实现，特别是当从动件需要按复杂运动规律运动时，通常多采用凸轮机构。

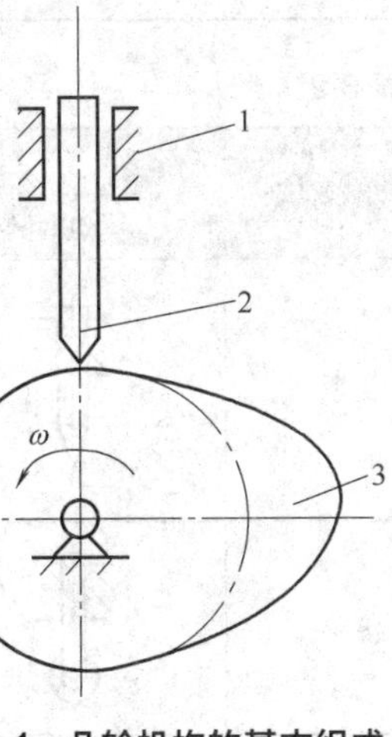

图 3-1　凸轮机构的基本组成

1—机架　2—从动杆　3—凸轮

1. 凸轮机构的组成和分类

（1）凸轮的组成。凸轮机构由凸轮 3、从动杆 2 和机架 1 组成，如图 3-1 所示。凸轮是主动件，通过凸轮的连续匀速运动（也有往复移动的），使从动件在凸轮轮廓的驱动下，按预定运动规律做往复直线运动或摆动。

（2）凸轮机构的分类。凸轮机构的类型很多，通常按凸轮和从动件的几何形状及运动类型分类。按凸轮的形状分类，如表 3-1 所示。

按从动件的形式分类见表 3-2。

2. 凸轮的结构

（1）凸轮轴。当凸轮尺寸小且接近轴径时，则凸轮与轴做成一体，称为凸轮轴，如图 3-2 所示。汽车上的配气机构采用的就是凸轮轴的形式。

表 3-1　　按凸轮的形状分类

凸轮形状	图例	运动特点
盘形凸轮	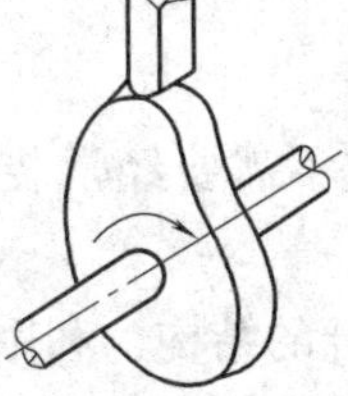	是一种外缘或凹槽具有变化半径的盘形构件，是凸轮的基本形式，通过凸轮的转动，推动从动件做往复直线运动

续表

凸轮形状	图例	运动特点
圆柱凸轮	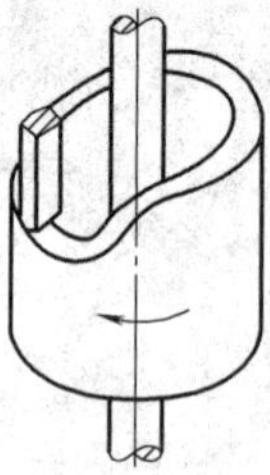	是一种在圆柱面上开有曲线凹槽或在圆柱端面上抽出曲线轮廓的构件。当圆柱凸轮旋转时，圆柱体上的凹槽迫使从动件做往复移动或绕定点摆动
移动凸轮	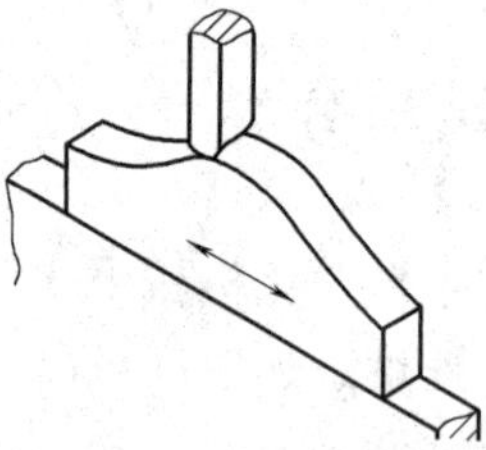	凸轮外形呈平板状，凸轮表面为曲面，做往复直线运动时，从而推动从动件做往复运动

表 3-2　　凸轮机构从动件的基本类型及特点

从动件形式	运动形式		主要特点
	移动图例	摆动图例	
尖顶		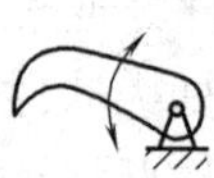	结构最为简单，且尖顶能与任意复杂的凸轮轮廓保持接触，从而保证从动件实现复杂的运动规律。但尖顶磨损快，只适用于传力不大的场合
滚子	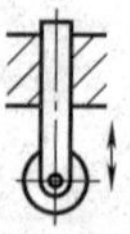		滚子从动件与凸轮的接触为线接触，且滚子与凸轮间为滚动摩擦，摩擦磨损小，能用来传递较大的动力，应用最为广泛
平底	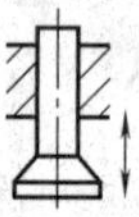	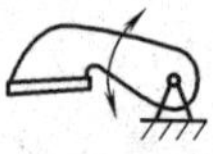	从动件的平底与凸轮轮廓间形成的楔形油膜，有利于减小摩擦磨损，且从动件所受到的作用力始终垂直于平底，故受力平稳，常用于高速凸轮机构

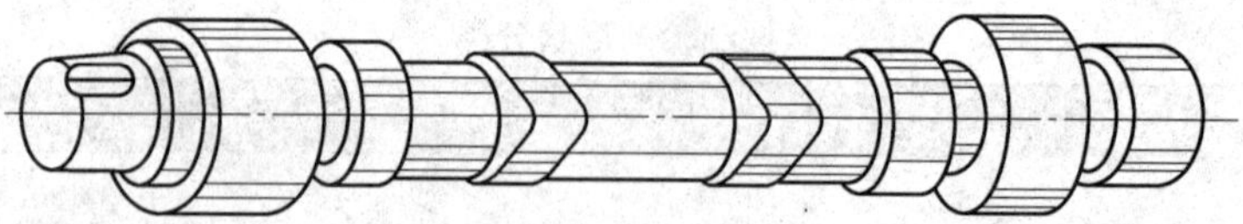

图 3-2　凸轮轴

（2）整体式凸轮。当凸轮尺寸较小又无特殊要求或不需要经常装拆时，一般采用整体式凸轮，如图 3-3 所示。

（3）可调式凸轮。如图 3-4 所示为凸轮片与轮毂分开的结构，利用凸轮片上的三个圆弧形槽来调节凸轮片与轮毂间的相对角度，以达到调整凸轮推动从动件的起始位置。

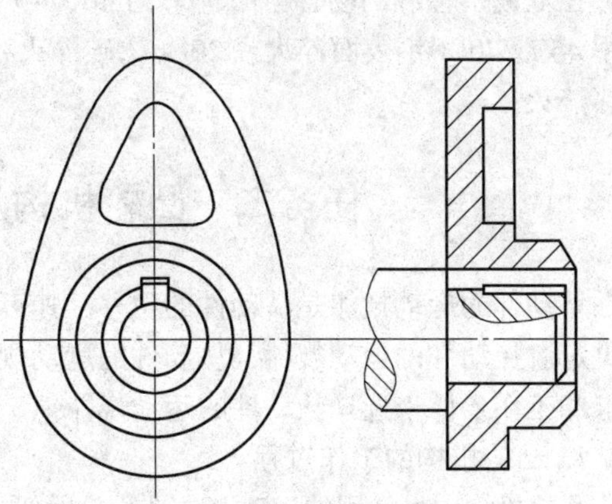

图 3-3　整体式凸轮

凸轮机构的特点为：只需设计适当的凸轮轮廓，便可使从动件得到所需的运动规律，并且结构简单、紧凑、设计方便。但是凸轮轮廓与从动件之间为点接触或线接触，易于磨损，所以通常多用于传力不大的控制机构。

3. 凸轮机构的应用

在机械工业中，凸轮机构是一种常见的高副机构。图 3-5 是汽车内燃机的配气机构，当凸轮转动时，其轮廓迫使气门杆向下移动打开气门，可燃混合气体进入气缸；当凸轮的最小半径处下气门杆接触时，气门保持关闭。这样气门按预定时间打开或关闭，以完成内燃机的配气功能。

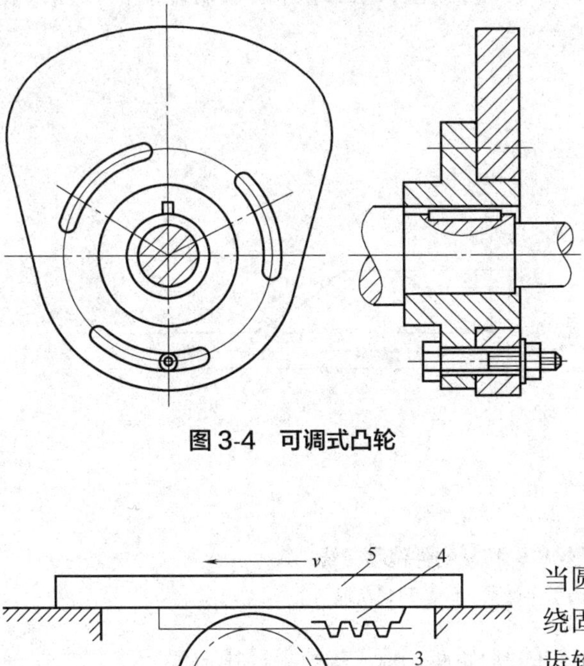

图 3-4　可调式凸轮

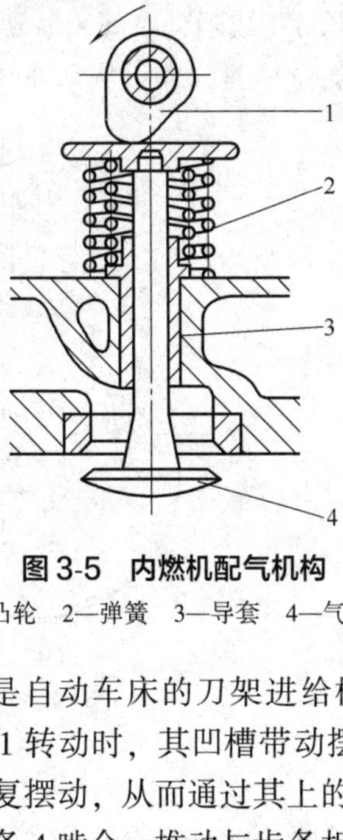

图 3-5　内燃机配气机构

1—凸轮　2—弹簧　3—导套　4—气门杆

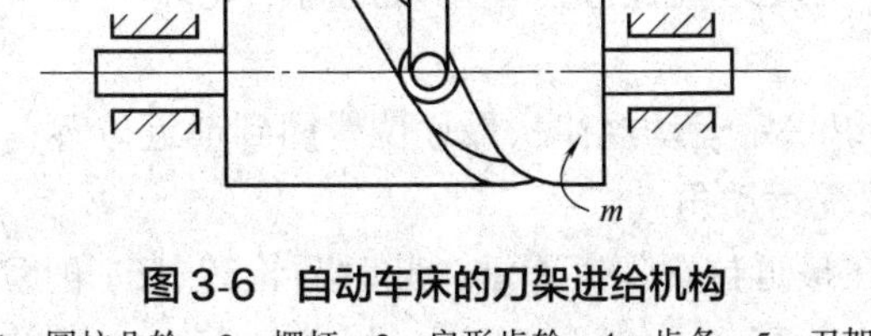

图 3-6　自动车床的刀架进给机构

1—圆柱凸轮　2—摆杆　3—扇形齿轮　4—齿条　5—刀架

图 3-6 是自动车床的刀架进给机构，当圆柱凸轮 1 转动时，其凹槽带动摆杆 2 绕固定轴往复摆动，从而通过其上的扇形齿轮 3 与齿条 4 啮合，推动与齿条相固定连接的刀架 5 按一定规律运动，实现进刀和退刀。

4. 凸轮的材料

凸轮机构工作时，往往要承受冲击载荷，同时凸轮表面将产生严重的磨损，凸轮轮廓磨损后导致从动件运动规律发生变化。因此要求凸轮表面硬度要高且耐磨，而心部要有较好的韧性。

在低速、轻载的场合，凸轮采用 40、45 号钢进行调质处理；在中速、中载的场合，采用 45 或 40Cr 钢表面淬火或 20Cr 渗碳淬火；在高速、重载的场合，采用 40Cr 高频感应加热淬火。

任务二　凸轮机构从动件的运动规律

从动件的运动规律是从动件的位移、速度和加速度随时间变化的规律。凸轮的轮廓形状决定着从动件的运动规律，从动件的运动规律又取决于机器的工作要求，因此根据工作要求和工作条件来选择从动件的运动规律。

1. 凸轮机构的工作过程

凸轮机构中最常用的运动形式是凸轮做等速回转运动，从动件做往复移动。图 3-7（a）为盘形凸轮的工作过程。凸轮按顺时针方向回转，从动件位于最低位置时，它的尖端与凸轮轮廓上的点 A 接触。凸轮旋转一圈，从动件的尖端又回到点 A。

将图 3-7（a）所示凸轮的运动过程用曲线表示，如图 3-7（b）所示横坐标代表凸轮的转角 δ（或运动时间 t），纵坐标代表从动件的位移 s，曲线称为从动件的位移曲线。从动件的位移曲线表示从动件的变化规律。

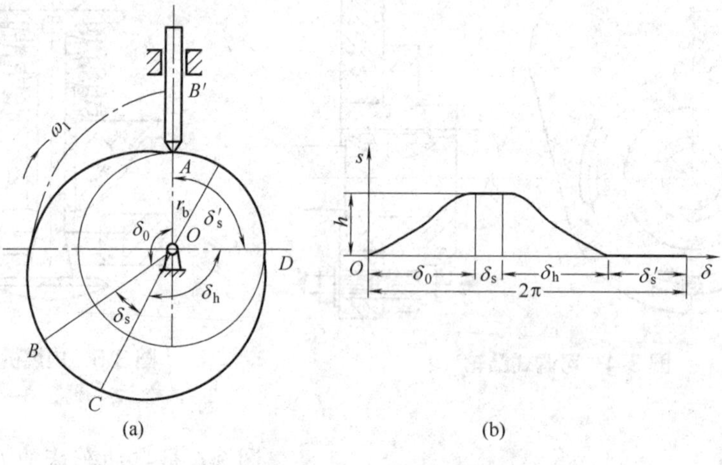

图 3-7　凸轮机构和从动件位移曲线

（a）凸轮的工作过程　（b）位移曲线

基圆：以凸轮的最小向径为半径所作的圆称为基圆，基圆半径用 r_b 表示。

推程运动角：从动件被凸轮推动，以一定运动规律，从最近位置到达最远位置，从动件在这过程中经过的距离 h 称为推程（升程），对应的凸轮转角 δ_0 称为推程运动角。

远休止角：当凸轮继续回转时，从动件在最远位置停留不动。此时凸轮转过的角度 δ_s，称为远休止角。

回程运动角：凸轮再继续回转，从动件以一定运动规律从最远位置回到最近位置，这段行程称为回程，对应的凸轮转角 δ_h 称为回程运动角。

近休止角：当凸轮继续回转时，从动件在最近位置停留不动。此时凸轮转过的角度 δ_s'，称为近休止角。

2. 从动件的常用运动规律

（1）等速运动规律。凸轮做等角速度转动时，从动件上升或下降的速度是一常数，这种运动规律称为从动件的等速运动规律，如图 3-8（a）所示。

从图 3-8（b）的位移曲线可以看出，位移和转角成正比关系，所以从动件等速运动的位移曲线为斜直线。

从图 3-8（b）的位移曲线可知，从动件在推程开始和终止的瞬时，速度有突变，其加速度在理论上为无穷大（实际上，由于材料的弹性变形，其加速度不可能达到无穷大），致使从动件在极短的时间内产生很大的惯性力，因而使凸轮机构受到极大的冲击。这种从动件在某瞬时速度突变，其加速度和惯性力在理论上趋于无穷大时所引起的冲击，称为刚性冲击。因此，等速运动规律只适用于低速轻载的凸轮机构中。

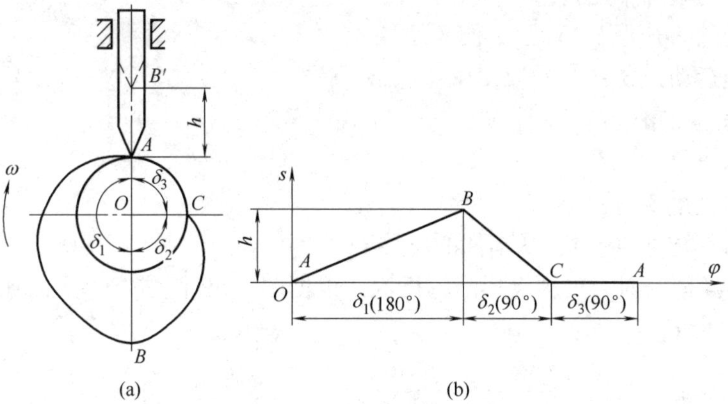

图 3-8　等速运动规律

（a）凸轮机构等速运动　（b）位移曲线

（2）等加速、等减速运动规律。等加速、等减速运动规律是指从动件运动的整个升程在前半段做等加速上升，后半段做等减速继续上升，这种运动规律称为等加速、等减速运动规律，如图 3-9（a）所示。

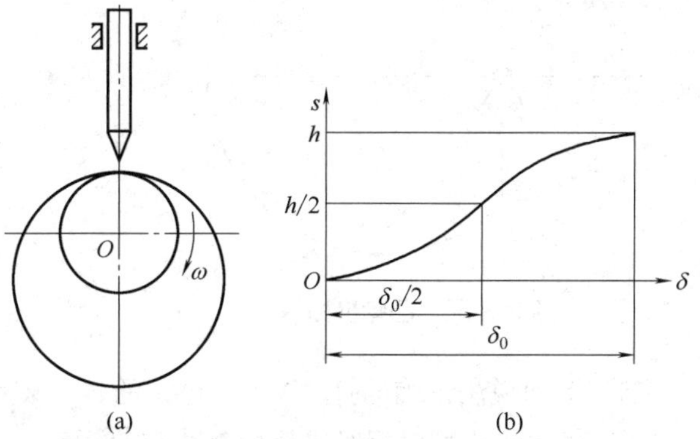

图 3-9　等加速、等减速运动规律

（a）凸轮机构等加速、等减速运动　（b）位移曲线

它的位移曲线如图 3-9（b）所示，位移是转角的二次函数关系，所以位移曲线为抛物线。如果把前半段（$h/2$）的等加速抛物线与后半段的等减速抛物线结合起来（升程相同），就是从动件的等加速、等减速运动规律的位移曲线。

从图 3-9（b）的位移曲线可知，当凸轮顺时针转动时，从动件等加速上升（$h/2$）后变为等减速运动上升（$h/2$），到达全升程最高点时上升的速度趋于零，而后转入回程。在从动件的整个运动过程中，速度没有发生突变引起冲击。这种从动件在瞬时加速度发生有限值的突变时所引起的冲击称为柔性冲击。等加速、等减速运动规律具有冲击小、运动平稳的优点，适用于凸轮转速较高和从动件质量较大的场合。

项 目 练 习

3-1 我们知道等加速、等减速运动规律避免了刚性冲击，但是否能说等加速、等减速运动规律完全避免了冲击？为什么？如果有冲击是什么样的冲击？在什么位置？

3-2 汽车发动机配气机构中的凸轮是哪一种类型的凸轮？是否能够改换另外一种形式？说明理由。

3-3 已知凸轮机构如题3-3图所示，试在图上标注。

（1）凸轮的基圆半径 r_0；

（2）从动件的升程 h；

（3）推程运动角 δ_0；

（4）回程运动角 δ_h；

（5）远休止角 δ_s；

（6）近休止角 δ_s'；

（7）当凸轮转过90°时，从动件的位移 s。

3-4 题3-4图为对心尖顶盘形凸轮机构，根据图形尺寸，按1∶1的比例绘制凸轮与从动件的位移曲线。

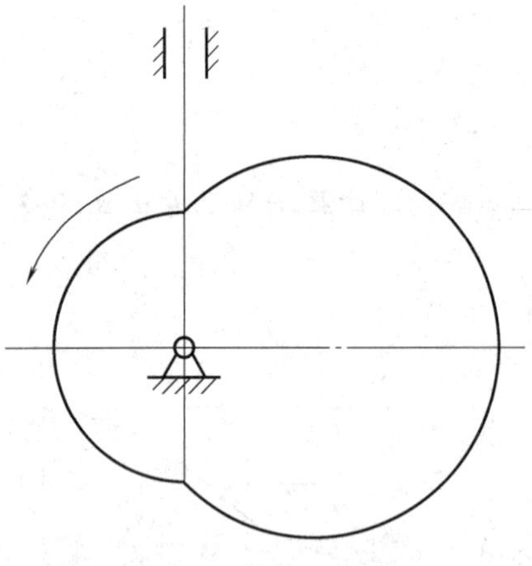

题3-3图 凸轮机构

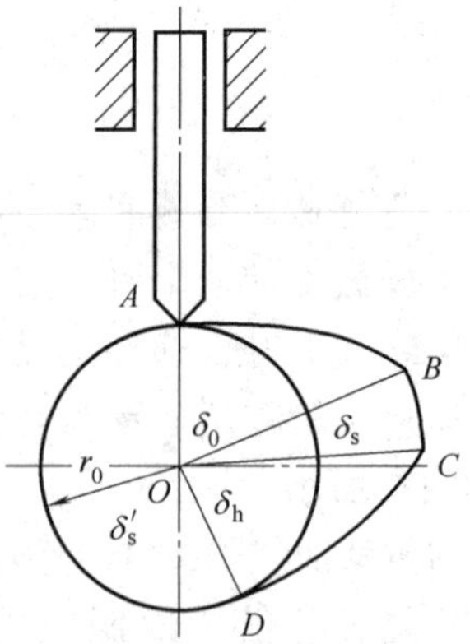

题3-4图 对心尖顶盘形凸轮机构

3-5 下列说法正确的打“√”，错误的打“×”并更正。

（1）移动凸轮可以相对机架做直线往复运动。（ ）

（2）尖顶从动件凸轮机构最为简单，且尖顶能与任意复杂的凸轮轮廓保持接触，从而保证从动件实现复杂的运动规律。（ ）

（3）凸轮转过一个角度时，从动件的升距就叫行程。（ ）

（4）采用等加速、等减速运动规律，从动件在整个运动过程中速度不会发生突变，因而没有冲击。（ ）

(5) 尖顶从动件凸轮机构最为简单，且尖顶能与任意复杂的凸轮轮廓保持接触，从而保证从动件实现复杂的运动规律。(　　)

(6) 凸轮机构从动件的运动规律是可以按要求任意拟定的。(　　)

3-6　将正确答案的代号填入括号内。

(1) 汽车上的配气机构采用的是（　　）。

A. 盘形凸轮机构　　B. 圆柱凸轮机构　　C. 移动凸轮机构　　D. 双摇杆机构

(2) 下列属于凸轮机构特点的是（　　）。

A. 可以任意拟定主动件的运动规律

B. 可以用在对从动件的运动规律要求严格的场合

C. 是高副机构，可以传递很大动力，但不可高速起动

D. 不可作为间歇运动机构

(3) 凸轮机构中从动件的运动规律取决于（　　）。

A. 基圆半径　　B. 凸轮轮廓的形状　C. 凸轮的转速　　D. 传动角

(4) 按等速运动规律工作的凸轮机构（　　）。

A. 会产生刚性冲击　　B. 会产生柔性冲击

C. 适用于从动件质量较大的场合　　D. 适用于凸轮做高速转动的场合

项目四

齿轮传动

任务一　概　　述

齿轮传动

齿轮传动是机械运动中应非常最广泛的形式之一，在车辆、自动化生产线和仪表中等都有应用。

一、齿轮机构的特点

齿轮机构是应用最广的机械传动之一，也是最重要的一种传动形式。齿轮传动与其他传动相比具有以下优点：

① 适用的圆周速度和功率范围广，可用于高速（v>40m/s）、中速和低速（v<25m/s），传动功率可从很小至十几万千瓦；

② 传动效率较高，高精度渐开线圆柱齿轮的传动效率可达99%以上；

③ 传动比稳定，传动精度高；

④ 可实现平行轴、任意角相交轴和任意角交错轴之间的传动；

⑤ 工作可靠性高；

⑥ 寿命长。

其缺点有：

① 要求较高的制造和安装精度，成本较高；

② 不适宜于远距离两轴之间的传动。

二、齿轮传动的类型

齿轮传动的类型很多，可按不同的方法进行分类：

① 按照一对齿轮轴线的相互位置，齿轮传动可分为平行轴齿轮传动、相交轴齿轮传动、交错轴齿轮传动三种；

② 按齿轮的齿廓曲线的不同，齿轮传动可分为渐开线、摆线和圆弧三种。其中渐开线齿轮制造容易，便于安装，互换性较好，因此应用最广；

③ 按齿形的不同可分为直齿圆柱齿轮传动、斜齿圆柱齿轮传动和人字齿圆柱齿轮传动；

④ 按齿轮传动的工作条件的不同可分为闭式齿轮传动和开式齿轮传动。闭式齿轮传动安装在封闭的刚性箱体内，能够保证良好的润滑；开式齿轮传动暴露在外，有灰尘及有

害物质侵蚀，不能保证良好的润滑；

⑤ 按齿轮的啮合方式可分为外啮合齿轮传动、内啮合齿轮传动和齿条传动等。

各种齿轮传动类型如图 4-1 所示。

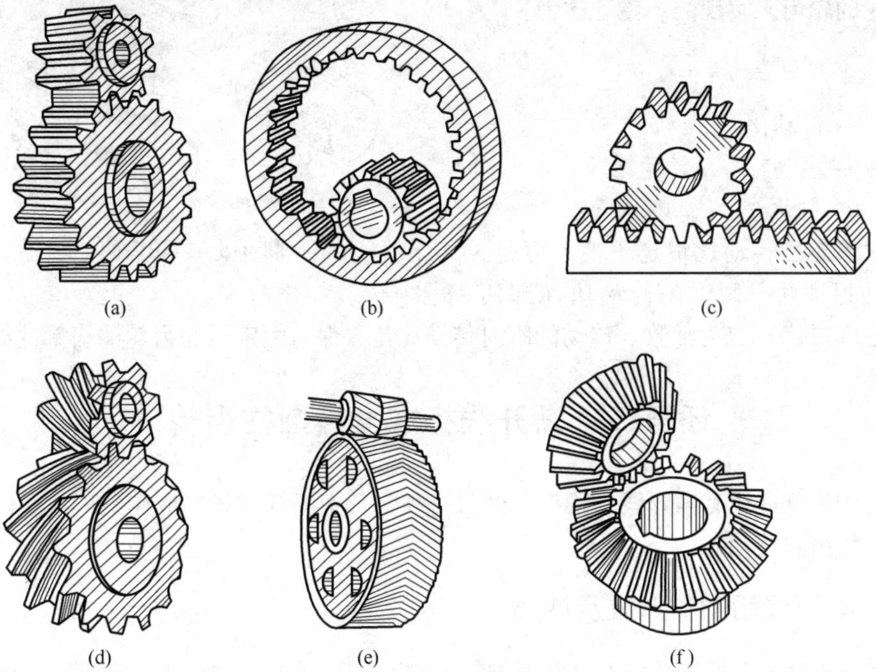

图 4-1　齿轮传动的主要类型

（a）直齿圆柱齿轮外啮合　（b）直齿圆柱齿轮内啮合　（c）齿轮齿条传动

（d）斜齿圆柱齿轮　（e）人字齿蜗轮蜗杆　（f）圆锥齿轮

三、齿轮传动的应用

在机械设备中，为了获得较大的传动比、变速或换向，常常要采用多对齿轮进行传动。在汽车中的应用也非常多，如汽车手动变速器、汽车驱动桥、差速器传动等。

其中差速器的作用就是让汽车能够正常的转弯，如图 4-2 所示。由于在转弯时，内侧车轮和外侧车轮的转速不同，若是没有差速器，那么内侧的车轮除了有滚动摩擦之外还有滑动摩擦，产生剧烈的磨损。

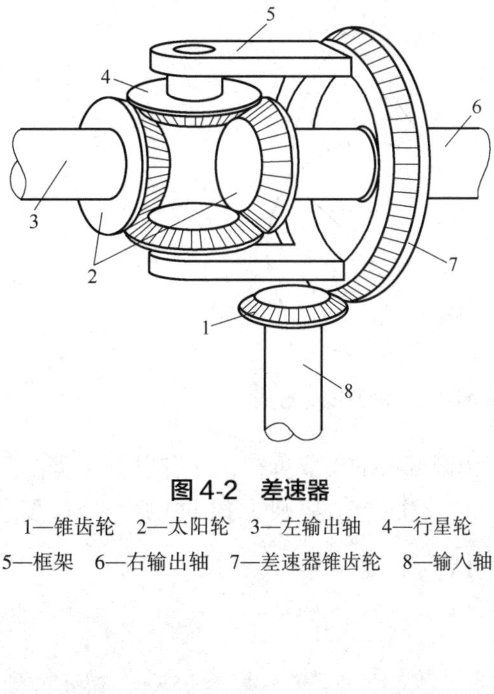

图 4-2　差速器

1—锥齿轮　2—太阳轮　3—左输出轴　4—行星轮

5—框架　6—右输出轴　7—差速器锥齿轮　8—输入轴

四、齿轮传动比

当一对齿轮相互啮合传动时，主动轮

的各轮齿依次推动从动轮轮齿，使从动轮转动，从而将主动轮的动力和运动传递给从动轮（图 4-3）。

齿轮传动是依靠主动轮的轮齿依次拨动从动轮的轮齿来实现的。传动比为：

$$i=\frac{n_1}{n_2}=\frac{z_2}{z_1}$$

式中　i——传动化；

n_1、n_2——主动轮、从动轮转速；

z_1、z_2——主动轮、从动轮齿数。

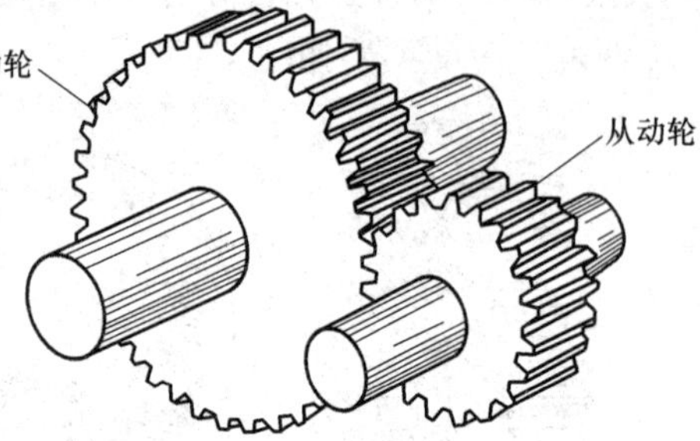

图 4-3　齿轮传动

一对齿轮，传动比恒定不变。但是，这并不能保证每一瞬时的传动比（即两轮的角速度之比）也为常数。传动的瞬时传动比是否保持恒定，与齿轮的齿廓曲线有关。

任务二　渐开线标准直齿圆柱齿轮

齿轮的齿廓曲线有渐开线、摆线、圆弧三种，其中渐开线齿轮应用最广泛，以下主要介绍渐开线齿轮传动。

一、渐开线齿廓的形成及性质

如图 4-4 所示，当一直线 L 沿圆周做纯滚动时，直线上任意点 K 的轨迹 AK 即为该圆的渐开线。这个圆称为渐开线的基圆，基圆的半径用 r_b 表示。而该直线 L 称为渐开线的发生线。

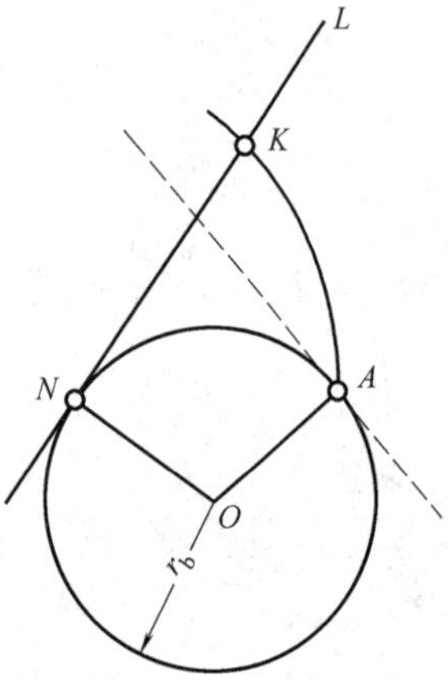

图 4-4　渐开线的形成

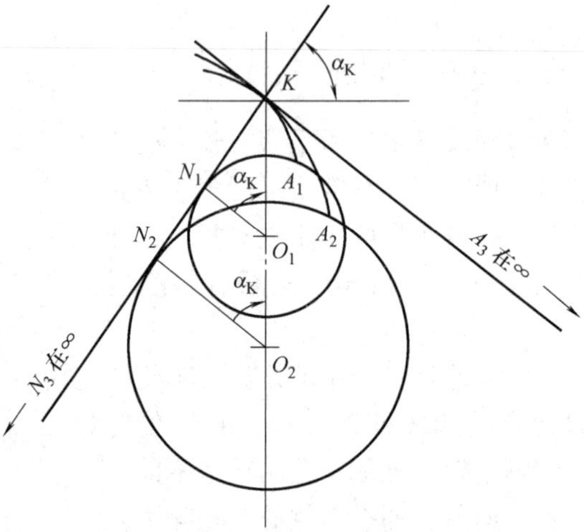

图 4-5　基圆大小与渐开线形状的关系

由渐开线的形成可知，它有以下性质：

① 发生线在基圆上滚过的一段长度等于基圆上相应被滚过的一段弧长，即：$\overline{KN}=\overset{\frown}{AN}$；

② 因 N 点是发生线沿基圆滚动时的速度瞬心，故发生线 $\overline{KN}$ 是渐开线 K 点的法线。又因发生线始终与基圆相切，所以渐开线上任一点的法线必与基圆相切；

③ 发生线与基圆的切点 N 即为渐开线上 K 点的曲率中心，线段$\overline{KN}$ 为 K 点的曲率半径。随着 K 点离基圆越远，相应的曲率半径越大。而 K 点离基圆越近，相应的曲率半径越小；

④ 渐开线的形状取决于基圆的大小。如图 4-5 所示，基圆半径越小，渐开线越弯曲；基圆半径越大，渐开线越趋平直。当基圆半径趋于无穷大时，渐开线便成为直线。所以渐开线齿条（直径为无穷大的齿轮）具有直线齿廓；

⑤ 渐开线是从基圆开始向外逐渐展开的，故基圆以内无渐开线。

二、渐开线标准直齿圆柱齿轮各部分名称和几何尺寸计算

1. 渐开线直齿圆柱齿轮各部分名称

如图 4-6 所示为直齿圆柱齿轮的一部分。为了使齿轮在两个方向都能传动，轮齿两侧齿廓由形状相同、方向相反的渐开线曲面组成。

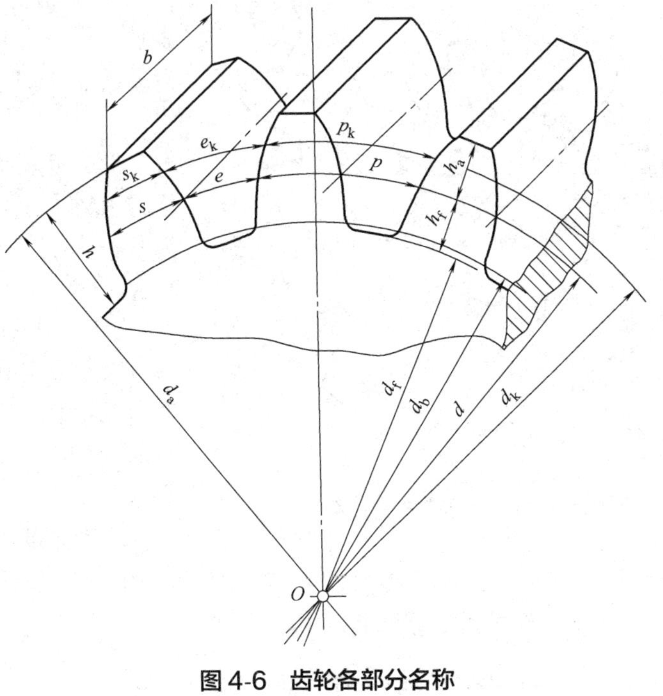

图 4-6 齿轮各部分名称

齿轮各参数名称如下：

（1）齿顶圆。齿顶端所确定的圆称为齿顶圆，其直径用 d_a 表示。

（2）齿根圆。齿槽底部所确定的圆称为齿根圆，其直径用 d_f 表示。

（3）齿槽。相邻两齿之间的空间称为齿槽。齿槽两侧齿廓之间的弧长称为该圆上的齿槽宽，用 e_k 表示。

（4）齿厚。在任意直径 d_k 的圆周上，轮齿两侧齿廓之间的弧长称为该圆上的齿厚，

用 s_k 表示。

（5）齿距。相邻两齿同侧齿廓之间的弧长称为该圆上的齿距，用 p_k 表示。显然

$$p_k = s_k + e_k$$

以及

$$p_k = \frac{\pi d_k}{z}$$

（6）分度圆。标准齿轮上齿厚和齿槽宽相等的圆称为齿轮的分度圆，用 d 表示其直径。分度圆上的齿厚以 s 表示；齿槽宽用 e 表示；齿距用 p 表示。分度圆压力角通常称为齿轮的压力角，用 α 表示。分度圆压力角已经标准化，常用的为 20°、15°等，我国规定标准齿轮的压力角 $\alpha = 20°$。

由于齿轮分度圆上的模数和压力角均规定为标准值，因此，齿轮的分度圆可定义为：齿轮上具有标准模数和标准压力角的圆。

（7）模数 m。在齿距的计算公式中含有无理数“π”，这对齿轮的计算和测量都不方便。因此，规定比值 p/π 等于整数或简单的有理数，并作为计算齿轮几何尺寸的一个基本参数。这个比值称为模数，以 m 表示，单位为 mm，$m = p/\pi$，即齿轮的主要几何尺寸都与 m 成正比。

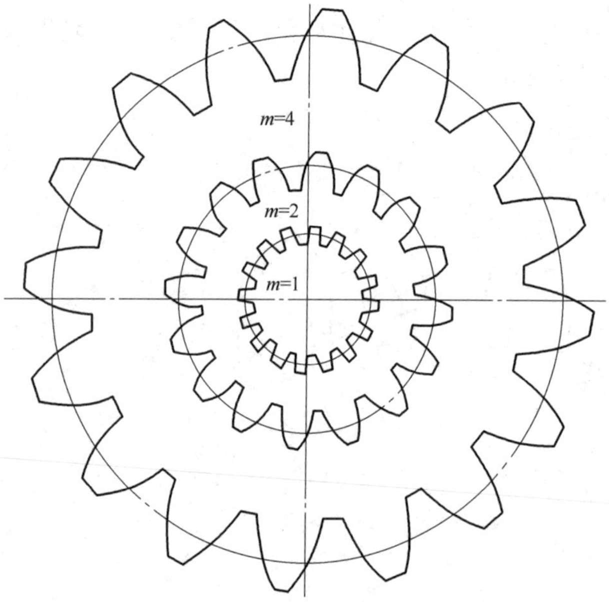

图 4-7　齿轮各部分尺寸与模数的关系

设分度圆上的齿距为 p，齿轮的齿数为 z，则分度圆的周长为 $\pi d = zp$，因此，分度圆的直径为：

$$d = zp/\pi = mz$$

齿数 $z = 16$ 一定，模数越大，齿轮的几何尺寸越大，齿轮的强度也就越大，如图 4-7 所示。

对于分度圆上的模数，如表 4-1 所示。在轿车和轻型汽车上，由于传递的载荷不大，其变速器齿轮模数就取得小些，而中、大型载重汽车传动齿轮的模数就取得大些。

表 4-1　标准模数系列表（摘自 GB/T 1357—2008）　单位：mm

第一系列	1　1.25　1.5　2　2.5　3　4　5　6　8　10　12　16　20　25　32　40　50
第二系列	1.125　1.375　1.75　2.25　2.75　3.5　4.5　5.5　(6.5)　7　9　11　14　18　22　28　36　45

注：① 本表适用于渐开线圆柱齿轮，对斜齿轮而言是指法向模数；
② 选用模数时，应优先采用第一系列，其次是第二系列，括号内的模数尽可能不用。

（8）齿顶与齿根。在轮齿上介于齿顶圆和分度圆之间的部分称为齿顶，其径向高度称为齿顶高，用 h_a 表示。介于根圆和分度圆之间的部分称为齿根，其径向高度称为齿根

高，用 h_f 表示。齿顶圆与齿根圆之间轮齿的径向高度称为全齿高，用 h 表示，故：

$$h=h_a+h_f$$

齿轮的齿顶高和齿根高可用模数表示为：

$$h_a=h_a^*m$$

$$h_f=(h_a^*+c^*)m$$

式中，h_a^* 和 c^* 分别称为齿顶高系数和顶隙系数，对于圆柱齿轮，其标准值按正常齿制和短齿制规定为：

正常齿：$h_a^*=1$，$c^*=0.25$

短齿：$h_a^*=0.8$，$c^*=0.3$

(9) 顶隙。顶隙是指一对齿轮啮合时，一个齿轮的齿顶圆到另一个齿轮的齿根圆的径向距离。顶隙有利于润滑油的流动。顶隙按下式计算：

$$c=c^*m$$

2. 标准齿轮计算

若一齿轮的模数、分度圆压力角、齿顶高系数、齿根高系数均为标准值，且其分度圆上齿厚与齿槽宽相等，则称为标准齿轮。因此，对于标准齿轮：

$$s=e=\frac{p}{2}=\frac{\pi m}{2}$$

(1) 直齿圆柱外齿轮。标准直齿圆柱齿轮传动的参数和几何尺寸计算公式见表 4-2。

表 4-2 标准直齿圆柱齿轮传动的参数和几何尺寸计算公式

名称	符号	计算公式	备 注
模数	m	选用标准值	
齿形角	α	选用标准值($\alpha=20°$)	
齿数	z	由传动比计算求得	
齿距	p	$p=\pi m$	
齿厚	s	$s=P/2=\pi m/2$	
齿槽宽	e	$e=s=P/2=\pi m/2$	
基圆齿距	p_b	$p_b=p\cos a=\pi m\cos a$	
齿顶高	h_a	$h_a=h_a^*m=m$	h_a^* 为齿顶高系数，国标规定， 标准齿 $h_a^*=1$，短齿 $h_a^*=0.8$
齿根高	h_f	$h_f=(ha^*+c^*)m=1.25m$	c^* 为顶隙系数，国标规定， 标准齿 $c^*=0.25$，短齿 $c^*=0.3$
齿全高	h	$h=h_a+h_f=(2h_a^*+c^*)m=2.25m$	
顶隙	c	$c=c^*m=0.25m$	
分度圆直径	d	$d=mz$	
基圆直径	d_b	$d_b=d\cos a=mz\cos a$	
齿顶圆直径	d_a	$d_a=d+2h_a=m(z+2)$	
齿根圆直径	d_f	$d_f=d-2h_f=m(z-2.5)$	
齿宽	b	$b=(6\sim12)m$，通常取 $b=10m$	
中心距	a	$a=d_1/2+d_2/2=m(z_1+z_2)/2$	

（2）直齿圆柱内齿轮。当要求齿轮传动两轴平行、回转方向相同且结构紧凑时，可采用内齿轮传动（图 4-8）。内齿轮主要参数如图 4-9 所示。

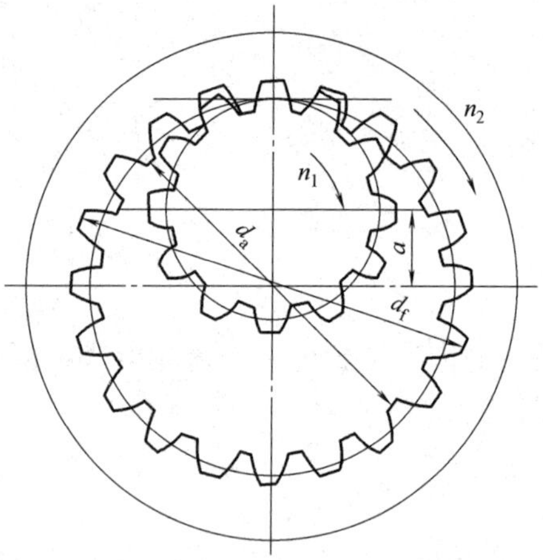

图 4-8 内齿轮传动

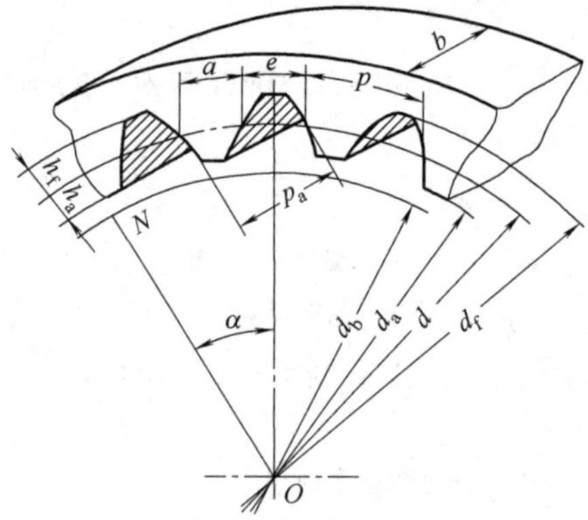

图 4-9 内齿轮主要参数

与外齿轮比较，内齿轮有以下特点：

① 齿厚相当于外齿轮的齿槽宽，而齿槽宽相当于外齿轮的齿厚；

② 内齿轮的齿顶圆在分度圆之内，而齿根圆在分度圆之外，其齿根圆比齿顶圆大；

③ 齿轮的齿顶齿廓均为渐开线时，其齿顶圆必须大于基圆。

标准直齿圆柱内齿轮齿顶圆、齿根圆和中心距的计算公式与外齿轮的计算公式不同，为：

$$d_{a1}=d_2-2h_{a2}=m(z_2-2)$$

$$d_{f1}=d_2+2h_{f2}=m(z_2+2.5)$$

$$a=\frac{d_2-d_1}{2}=\frac{m}{2}(z_1+z_2)$$

其他尺寸计算公式相同，下角标 1、2 分别表示外齿轮和内齿轮。

3. 渐开线直齿圆柱齿轮的正确啮合条件

（1）两齿轮分度圆上的齿形角相等，$\alpha_1=\alpha_2=\alpha$。

（2）两齿轮的模数相等，$m_1=m_2=m$。

齿轮连续传动的条件为：两齿轮的实际啮合线应大于或等于齿轮的基圆齿距。

4. 齿轮齿条传动

齿条可以看成是一齿数无穷多、基圆无穷大的齿轮的一部分，如图 4-10 所示。这样，齿条上的分度圆变为直线，称为基准线（中线）。齿顶圆、齿根圆都变为与基准线平行的直线，并分别称为齿顶线、齿根线。

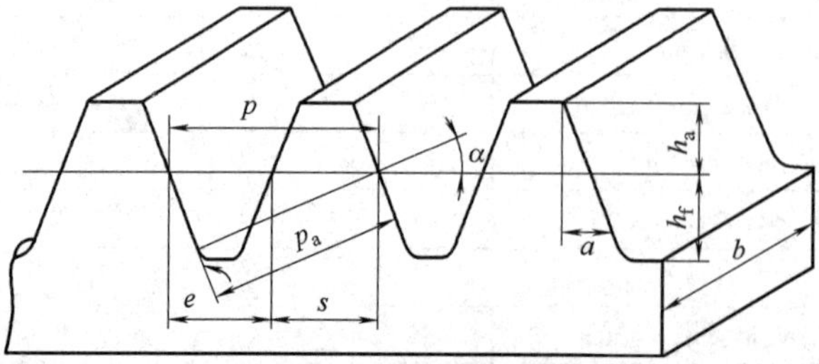

图 4-10 齿条

齿条有以下特点：

① 齿条齿廓上各点的齿形角相同，并取 $\alpha=20°$；

② 轮齿不同高度上的齿距均相等，$P=\pi m$。

【例 4-1】 某汽车变速器的齿轮传动，其主动齿轮的齿数 $z_1=17$，从动齿轮的齿数 $z_2=47$，当主动齿轮转速 $n_1=1380\text{r/min}$，试计算传动比和从动轮转速 n_2。

解：由齿轮传动比公式得：

$$i_{12}=\frac{n_1}{n_2}=\frac{z_2}{z_1}=\frac{47}{17}\approx 2.76$$

则从动轮转速 n_2 为：

$$n_2=\frac{n_1}{i_{12}}=\frac{1380}{2.76}=500\text{r/min}$$

【例 4-2】 为修配一残损的正常齿制标准直齿圆柱外齿轮，实测齿高为 8.96mm，齿顶圆直径为 135.90mm。试确定该齿轮的主要尺寸。

解：

$$h=2.25m \quad d=mz=4\times32=128\text{mm}$$

$$m=\frac{h}{2.25}=\frac{8.96}{2.25}=3.982 \quad d_a=m(z+2)=4(32+2)=136\text{mm}$$

$$d_a=m(z+2) \quad d_f=m(z-2.5)=4(32-2.5)=118\text{mm}$$

$$z=\frac{d_a}{m}-2=\frac{135.9}{3.986}-2=32.09\text{mm} \quad h=2.25m=2.25\times4=9\text{mm}$$

$$p=\pi m=3.14\times4=12.56\text{mm}$$

【例 4-3】 相啮合的一对外啮合标准直齿圆柱齿轮（齿形角 $\alpha=20°$，齿顶高系数 $h_a^*=1$，顶隙系数 $c^*=0.25$）齿数 $z_1=17$，$z_2=46$，模数 $m=8\text{mm}$。试计算两齿轮的分度圆直径 d，齿顶圆直径 d_a，齿根圆直径 d_f，齿厚 s，齿全高 h 和中心距 a。

分析：因为已知齿轮的模数和齿数，可以直接利用表 4-2 中的公式求出各部分几何尺寸。

解：（1）分度圆直径

$$d_1=mz_1=8\times17=136\text{mm}$$
$$d_2=mz_2=8\times46=368\text{mm}$$

（2）齿顶圆直径

$$d_{a1}=m(z_1+2)=8\times(17+2)=152\text{mm}$$
$$d_{a2}=m(z_2+2)=8\times(46+2)=384\text{mm}$$

（3）齿根圆直径

$$d_{f1}=m(z_1-2.5)=8\times(17-2.5)=116\text{mm}$$
$$d_{f2}=m(z_2-2.5)=8\times(46-2.5)=348\text{mm}$$

（4）齿厚

$$s_1=s_2=\pi m/2=3.14\times8/2=12.56\text{mm}$$

（5）齿全高

$$h_1=h_2=h=2.25m=2.25\times8=18\text{mm}$$

（6）中心距

$$a=m(z_1+z_2)/2=8\times(17+46)/2=252\text{mm}$$

任务三　斜齿圆柱齿轮传动

一、斜齿圆柱齿轮的形成

直齿圆柱齿轮的齿廓形成如图 4-11（a）所示，发生面与基圆柱相切，当平面沿基圆柱做纯滚动时，其上与母线平行的直线 *KK* 在空间所走过的轨迹即为渐开线曲面。

斜齿圆柱齿轮齿廓的形成如图 4-11（b）所示，当发生面沿基圆柱做纯滚动时，其上与母线成一倾斜角 β_b 的斜直线 *KK* 在空间所走过的轨迹称为渐开线螺旋面，β_b 称为基圆柱上的螺旋角。

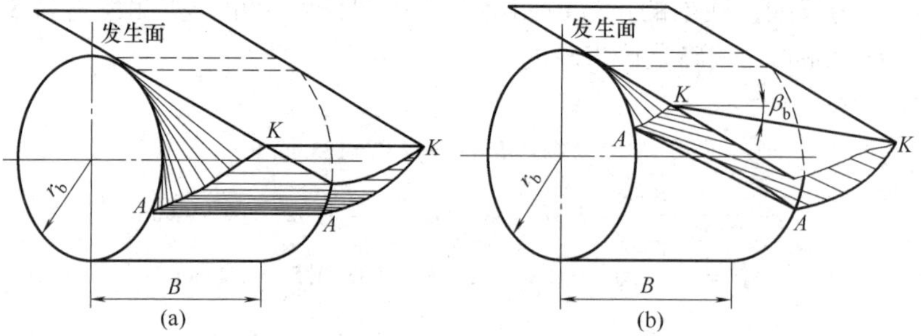

图 4-11　圆柱齿轮齿面的形成

（a）直齿圆柱齿轮齿面的形成　（b）斜齿圆柱齿轮齿面的形成

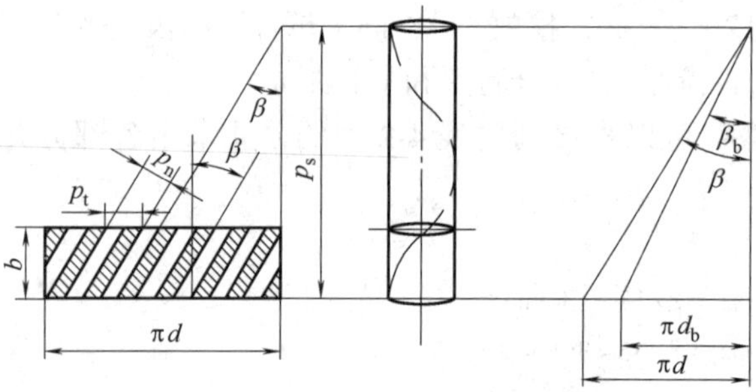

图 4-12　斜齿轮分度圆柱面展开图

用渐开线螺旋面作为齿面的圆柱齿轮称为斜齿圆柱齿轮。斜齿圆柱齿轮分度圆上的螺旋角称为斜齿圆柱齿轮的螺旋角，用 β 表示（图 4-12）。螺旋角 β 越大，轮齿越倾斜，则传动的平稳性越好，但轴向力也越大。一般设计时常取 $\beta = 8° \sim 20°$。

二、斜齿圆柱齿轮的旋向

斜齿圆柱齿轮轮齿的螺旋方向分为左旋和右旋，判别方法见图 4-13。伸出右手，四指并拢指向轴线方向，拇指与四指呈一定的夹角，当轮齿的螺旋方向与拇指指向一致时为右旋斜齿圆柱齿轮，否则为左旋斜齿圆柱齿轮。

三、斜齿圆柱齿轮的几何尺寸计算

垂直于斜齿轮轴线的平面称为端面，与分度圆柱螺旋线垂直的平面称为法面，在进行斜齿圆柱齿轮几何尺寸计算时，应当注意端面参数与法面参数之间的关系。

（1）螺旋角。一般用分度圆柱面上的螺旋角 β 表示斜齿圆柱齿轮轮齿的倾斜程度。

通常所说斜齿轮的螺旋角是指分度圆柱上的螺旋角。斜齿轮的螺旋角一般为8°~20°。

（2）模数和压力角。图4-14为斜齿圆柱齿轮分度圆柱面的展开图。从图上可知，端面齿距 p_t 与法面齿距 p_n 的关系为：

$$p_t=\frac{p_n}{\cos\beta}$$

因 $p=\pi m$，故法面模数 m_n 和端面模数 m_t 之间的关系为：

$$m_n=m_t\cos\beta$$

图4-15是端面（ABD 平面）压力角和法面（A_1B_1D 平面）压力角的关系。

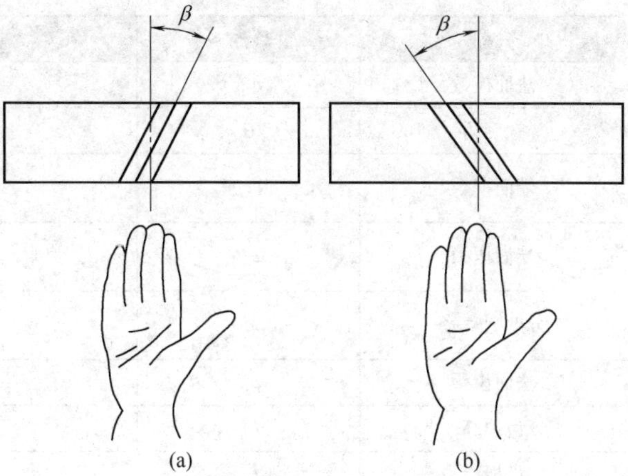

图4-13　斜齿轮的旋向

（a）右旋　（b）左旋

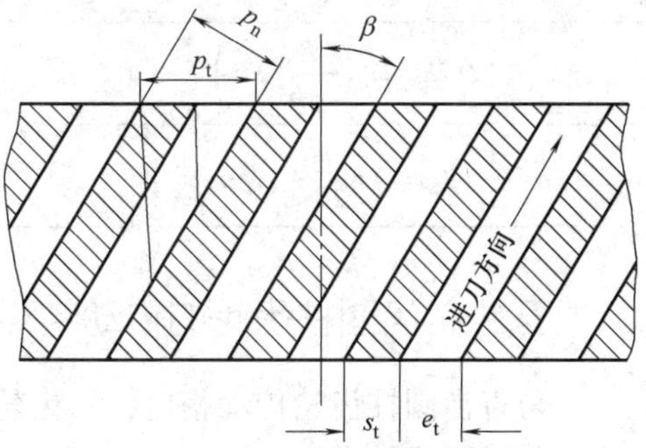

图4-14　端面与法面齿距

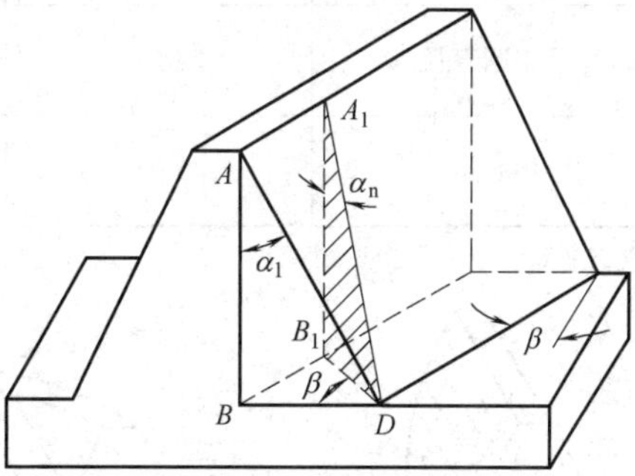

图4-15　端面压力角和法面压力角

由图可见：$\tan\alpha_t=\dfrac{BD}{AB}$，$\tan\alpha_n=\dfrac{B_1D}{A_1B_1}$，$B_1D=BD\cos\beta$

故：$\tan\alpha_n=\tan\alpha_t\cos\beta$

用铣刀或滚刀加工斜齿轮时，刀具沿着螺旋齿槽方向进行切削，刀刃位于法面上，故一般规定斜齿圆柱齿轮的法面模数和法面压力角为标准值。

一对斜齿圆柱齿轮的正确啮合条件是两轮的法面压力角相等，法面模数相等，两轮螺旋角大小相等而方向相反，即 $\beta_1=-\beta_2$。

由斜齿轮齿廓曲面的形成可知，斜齿轮的端面齿廓曲线为渐开线。从端面看，一对渐开线斜齿轮传动相当于一对渐开线直齿轮传动，故可将直齿轮的几何尺寸计算方式用于斜齿轮的端面。渐开线标准斜齿轮的几何尺寸按表4-3的公式计算。

四、斜齿圆柱齿轮的正确啮合条件

标准斜齿圆柱齿轮的正确啮合条件是：两齿轮的法面模数相等，法面齿形角相等，螺旋角大小相等且螺旋方向相反，即：

$$m_{n1}=m_{n2}=m\quad \alpha_{n1}=\alpha_{n2}=\alpha=20°\quad \beta_1=-\beta_2$$

表 4-3　标准斜齿圆柱齿轮的几何尺寸计算公式（$h_{an}^*=1$，$q_n=0.25$）

名称	代号	计算公式
法面模数	m_n	与直齿圆柱齿轮 m 相同；由强度计算决定
螺旋角	β	$\beta_1=-\beta_2$　一般 $\beta=8°\sim20°$
端面模数	m_1	$m_1=\frac{m_n}{\cos\beta}$
端面压力	a_1	$\tan a_1=\frac{\tan a_n}{\cos\beta}$
分度圆直径	d	$d=\frac{m_n}{\cos\beta}z$
法面齿距	p_n	$p_n=\pi m_n$
齿顶高	h_n	$h_n=m_n$
齿根高	h_f	$h_f=1.25m_n$
全齿高	h	$h=h_a+h_f$
齿顶圆直径	d_a	$d_a=d+2h_n=m_n\left(\frac{z}{\cos\beta}+2\right)$
齿根圆直径	d_f	$d_f=d-2h_f=m_n\left(\frac{z}{\cos\beta}-2.5\right)$
中心距	a	$a=\frac{1}{2}(d_1+d_2)=\frac{m_n}{2\cos\beta}(z_1+z_2)$

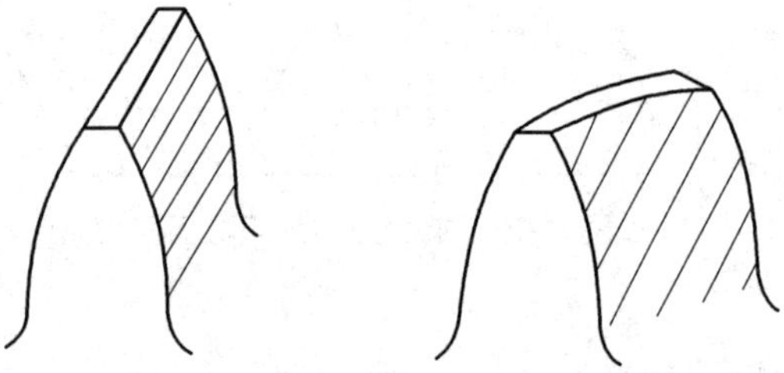

(a)　(b)

图 4-16　直齿轮与斜齿轮齿面上的接触线

（a）直齿圆柱齿轮　（b）斜齿圆柱齿轮

五、斜齿圆柱齿轮的传动特点

与直齿圆柱齿轮传动相比，斜齿轮传动具有以下优缺点：

① 平行轴斜齿轮传动中齿廓接触线是斜直线（图 4-16），轮齿是逐渐进入和脱离啮合的，故工作平稳，冲击和噪声小，适用于高速传动；

② 承载能力大，可用于大功率传动；

③ 使用寿命长；

④ 传动时会产生轴向分力，不能用做滑移齿轮。

任务四　其他类型齿轮传动

一、锥齿轮及其传动

锥齿轮传动用于相交轴之间的运动与动力的传递。两轴间的轴交角可根据传动的需要来确定。一般机械中多采用轴交角 $\Sigma=90°$的传动，如图 4-17 所示。

锥齿轮的轮齿有直齿、斜齿和曲齿等多种形式，其设计、制造和安装均较简便，应用广泛。其中，曲齿锥齿轮主要用于高速、大功率传动中；斜齿锥齿轮则应用较少。

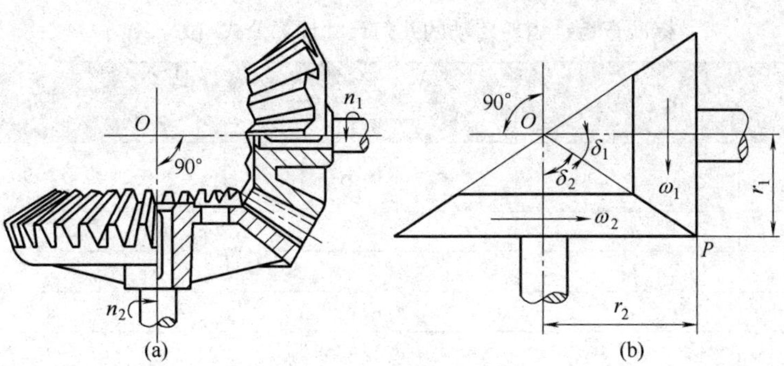

图 4-17 锥齿轮机构

（a）结构图 （b）简化图

本任务只介绍 $\Sigma=90°$ 的直齿锥齿轮传动。

1. 标准直齿锥齿轮几何计算

标准直齿锥齿轮的轮齿分布在圆锥面上，有大端、小端之分。为便于计算和测量，通常取锥齿轮的大端参数为标准值，即大端模数为标准值，按表 4-4 选取；大端分度圆上的齿形角为标准值，$\alpha=20°$。

表 4-4 锥齿轮模数（摘自 GB/T 12368—1990） 单位：mm

0. 1	0. 35	0. 9	1. 75	3. 25	5. 5	10	20	36
0. 12	0. 4	1	2	3. 5	6	11	22	40
0. 15	0. 5	1. 125	2. 25	3. 75	6. 5	12	25	45
0. 2	0. 6	1. 25	2. 5	4	7	14	28	50
0. 25	0. 7	1. 375	2. 75	4. 5	8	16	30	—
0. 3	0. 8	1. 5	3	5	9	18	32	—

注：表中值适用于直齿、斜齿及曲线齿锥齿轮

标准直齿锥齿轮几何尺寸计算如图 4-18 和表 4-5 所示。

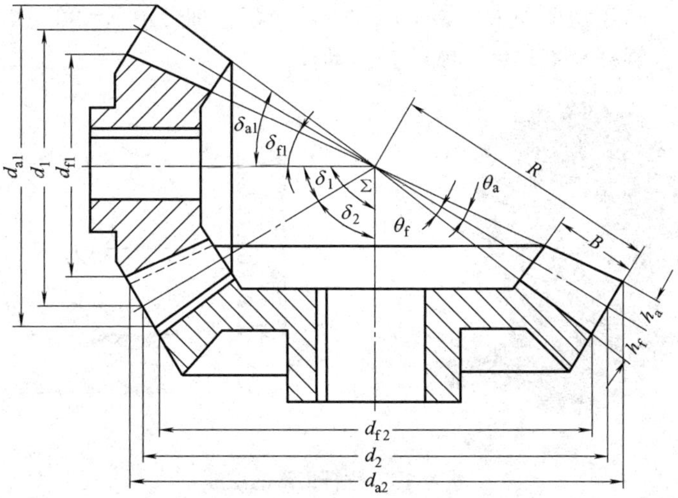

图 4-18 直齿锥齿轮几何尺寸计算

表 4-5　　标准直齿锥齿轮传动的几何尺寸计算公式（Σ=90°）

名称	代号	计算公式	
		小齿轮	大齿轮
分锥角	δ	$\delta_1=\arctan\left(\dfrac{z_1}{z_2}\right)$	$\delta_2=90°-\delta_1$
齿顶高	h_a	$h_a=h_a^* m$	
齿根高	h_f	$h_f=(h_a^*+c^*)m$	
分度圆直径	d	$d_1=mz_1$	$d_2=mz_2$
齿顶圆直径	d_a	$d_{a1}=d_1+2h_a\cos\delta_1$	$d_{a2}=d_2+2h_a\cos\delta_2$
齿根圆直径	d_f	$d_{f1}=d_1-2h_f\cos\delta_1$	$d_{f2}=d_2-2h_f\cos\delta_2$
锥距	R	$R=\dfrac{m}{2}\sqrt{z_1^2+z_2^2}$	
齿根角	θ_f	$\tan\theta_f=h_f/R$	
顶锥角	δ_a	$\delta_{a1}=\delta_1+\theta_f$	$\delta_{a2}=\delta_2+\theta_f$
根锥角	δ_f	$\delta_{f1}=\delta_1-\theta_f$	$\delta_{f2}=\delta_2-\theta_f$
顶隙	c	$c=c^* m$	
分度圆齿厚	s	$s=\dfrac{1}{2}\pi m$	
当量齿数	z_v	$z_{v1}=z_1/\cos\delta_1$	$z_{v2}=z_2/\cos\delta_2$
齿宽	b	$b\leqslant R/3$（取整）	

2. 直齿圆锥齿轮的正确啮合条件

（1）两齿轮的大端端面模数相等，即：$m_1=m_2$。

（2）两齿轮的齿形角相等，即：$\alpha_1=\alpha_2$。

二、蜗杆传动

1. 蜗杆传动的组成和类型

蜗杆传动是由蜗杆和蜗轮组成的啮合传动装置，如图 4-19 所示。蜗杆传动用于传递空间两交错轴之间的运动和动力，通常两轴垂直交错，轴交角 Σ=90°。

通常情况下，蜗杆是主动件，蜗轮是从动件。

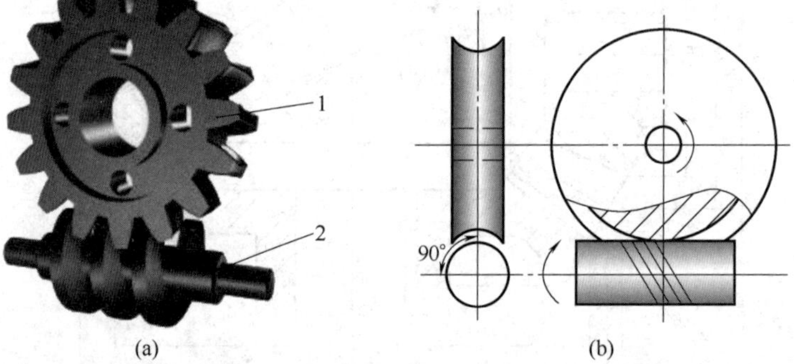

图 4-19　蜗杆传动的组成

（a）蜗杆和蜗轮啮合立体图　（b）蜗杆和蜗轮啮合投影图

1—蜗轮　2—蜗杆

蜗杆传动类似于螺旋传动。按蜗杆螺旋齿的螺旋方向不同，蜗杆有右旋和左旋，一般多采用右旋蜗杆。与蜗杆啮合的蜗轮其旋向与蜗杆相同。蜗杆上只有一条螺旋线的称为单头蜗杆，有两条以上螺旋线的称为多头蜗杆，通常蜗杆的头数 $z_1 = 1\sim4$。

蜗轮为渐开线齿形，其外形与斜齿轮相似。

根据蜗杆的形状不同，蜗杆传动主要有：圆柱面蜗杆传动（图 4-19）、圆弧面蜗杆传动（图 4-20）、锥面蜗杆传动（图 4-21）。圆柱面蜗杆传动又有阿基米德蜗杆、法向延伸渐开线蜗杆和渐开线蜗杆传动三种。其中阿基米德蜗杆应用最为广泛，如图 4-22 所示。

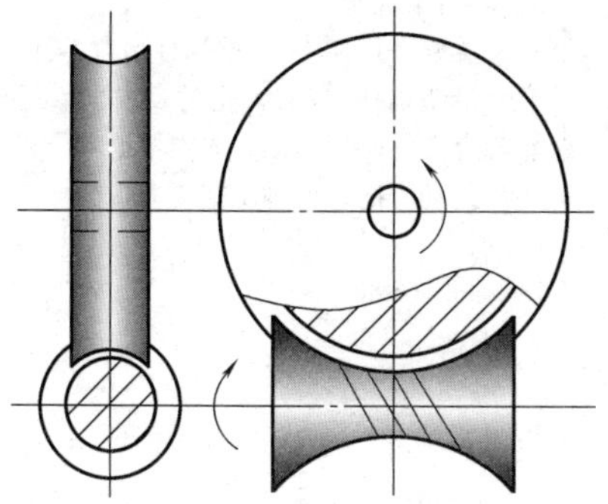

图 4-20　圆弧面蜗杆传动

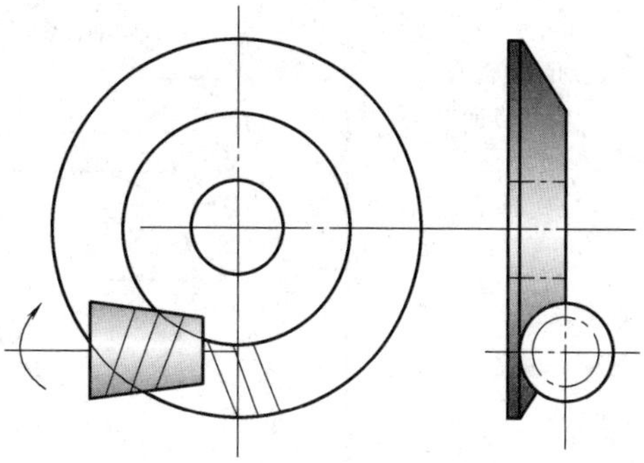

图 4-21　锥面蜗杆传动

2. 蜗杆传动旋转方向的判定

蜗杆传动中，蜗杆和蜗轮的旋向是一致的，蜗轮的转向与两者间的相对位置以及蜗杆的旋向和转向相关，蜗轮旋转方向的判定如表 4-6 所示。

加工蜗杆时，将两刀刃夹角为 2α（40°）的车刀安装在水平位置，且与蜗杆轴线在同一水平面内，这样加工出来的蜗杆，在轴向剖面 *A-A* 内的齿形为直线。在法向剖面 *N-N* 内的齿形为曲线，其端面齿形为阿基米德螺旋线，如图 4-22 所示。

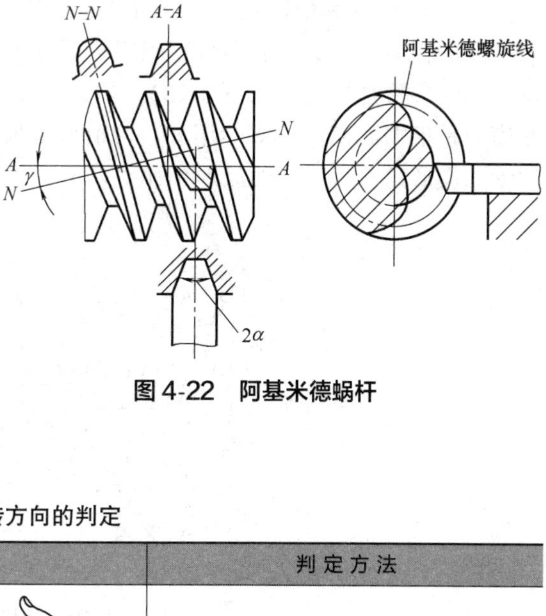

图 4-22　阿基米德蜗杆

表 4-6　蜗轮旋转方向的判定

判定项目	图　例	判定方法
判断蜗杆、蜗轮的旋向	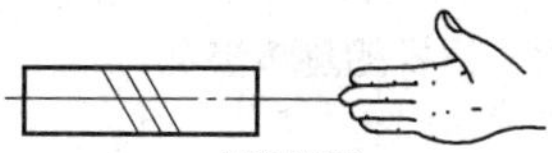 右旋蜗杆 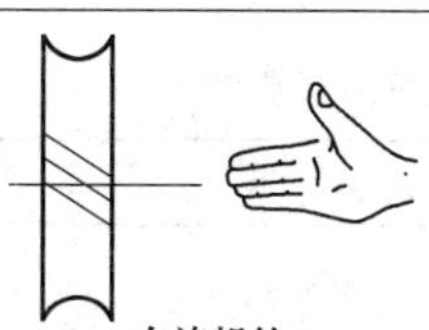 右旋蜗轮	右手法则： 手心对着自己，四个手指顺着蜗杆或蜗轮轴线方向摆正，若齿向与右手拇指指向一致，则该蜗杆或蜗轮为右旋，反之则为左旋

续表

判定项目	图　例	判定方法
判断蜗轮的回转方向	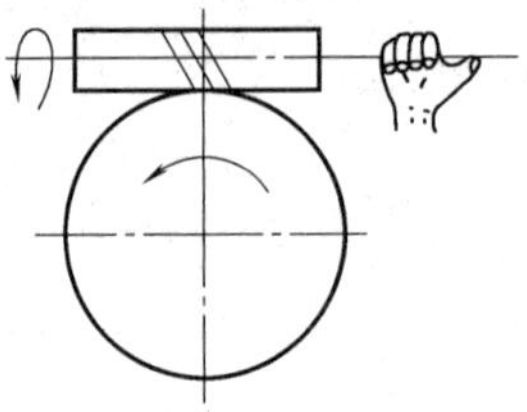 右旋蜗杆用左手	左、右手法则：左旋蜗杆用左手，右旋蜗杆用右手，四指弯曲沿绕蜗杆转向，拇指的反方向就是蜗轮啮合点的圆周运动方向。根据啮合点的圆周运动方向即可确定蜗轮的转向
	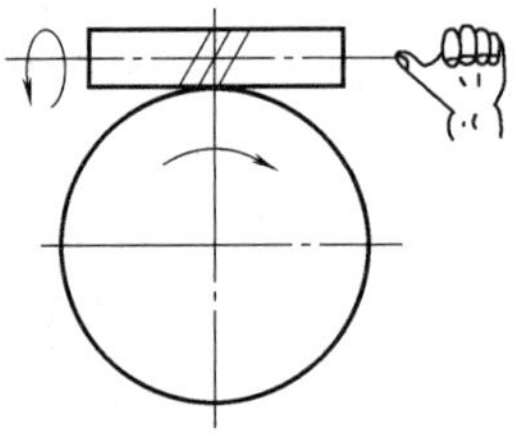 左旋蜗杆用左手	

3. 蜗杆的基本参数

（1）模数 m 和齿形角 α。中间平面指通过蜗杆轴线并与蜗轮轴线垂直的平面。在中间平面内，蜗杆和蜗轮的啮合相当于渐开线齿条与齿轮啮合。规定在中间平面内蜗杆、蜗轮的几何参数是标准值（图 4-23）。所以，蜗杆的模数是指轴向模数（脚标用 a_1），蜗轮的模数是指端面模数（脚标用 t_2），蜗杆的轴向模数与蜗轮的端面模数应相等，同时蜗杆的轴向齿形角与蜗轮端面齿形角相等，并为标准值，即：$m_{a1}=m_{t2}=m$ 和 $\alpha_{a1}=\alpha_{t2}=\alpha=20°$。

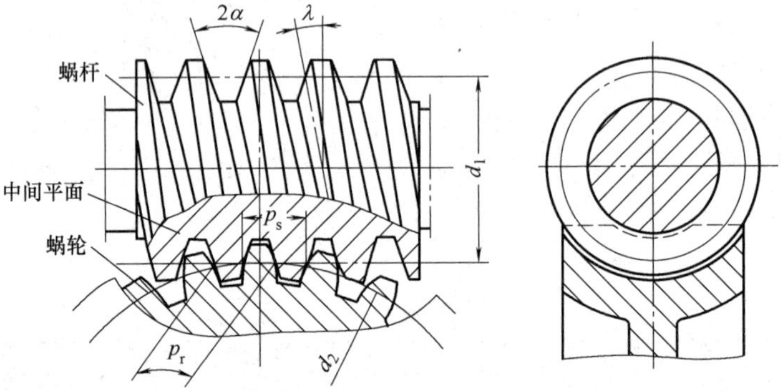

图 4-23　蜗杆的基本参数

标准蜗杆的模数 m 值见表 4-7。

表 4-7　蜗杆的标准模数

模数	1	1.5	2	2.5	3	(3.5)	4	4.5	5	6	(7)	8	(9)	10	12	12.5	16	20	25

注：括号中的数值尽量不用。

（2）蜗杆直径系数 q。由于加工蜗轮所用的刀具是与蜗杆分度圆相同的蜗轮滚刀，因此加工同一模数的蜗轮，有几种蜗杆分度圆直径，就需要几种滚刀。为了限制刀具的数目和便于刀具的标准化，国家标准规定了蜗杆分度圆直径的标准化系列，即规定了蜗杆直径系数 q，并与标准模数相匹配。

蜗杆直径系数 q 等于蜗杆分度圆直径 d_1 除以轴向模数的商，即：

$$q=\frac{d_1}{m}$$

(3) 蜗杆的导程角 γ、头数 z_1 和传动比 i。

蜗杆头数 z_1 通常为 1、2、4、6，蜗杆头数越多，加工越不容易，但传动效率高。

当具有大的传动比或反行程自锁（蜗轮主动时自锁）时，取 $z_1=1$，此时效率较低；当要求蜗杆具有较高效率时，取 $z_1=2$、4、6；当传递功率较大时，为提高效率，可取 $z_1=4$；作为动力传动，通常取 $z_1=2\sim3$。一般情况下，蜗杆头数 z_1 可根据表 4-8 选取。

表 4-8　　蜗杆头数 z_1

蜗杆头数 z_1	1	2	3	4
蜗杆导程角 γ	3°~8°	8°~16°	16°~30°	28°~33.5°

导程角 γ 越大，传动的效率越高。常用 γ 的范围为 3°~33.5°。

蜗杆传动的传动比由下式确定：

$$i=\frac{\omega_1}{\omega_2}=\frac{n_1}{n_2}=\frac{z_2}{z_1}$$

式中　ω_1、n_1——主动蜗杆角速度、转速；

ω_2、n_2——从动蜗轮角速度、转速；

z_1——主动蜗杆头数；

z_2——从动蜗轮齿数。

蜗杆传动的传动比与蜗杆头数有关，参见表 4-9。

表 4-9　　蜗杆的头数、传动比及传动效率

蜗杆头数 z_1	1	2	4	6
蜗杆传动的传动比 i	30~80	15~32	7~16	5~8
传动效率 η	0.7~0.8	0.8~0.86	0.86~0.91	0.91~0.92

4. 蜗杆传动几何尺寸计算

阿基米德蜗杆主要尺寸计算公式见表 4-10。

表 4-10　　蜗杆传动主要几何尺寸计算公式

名称	符号	蜗　杆	蜗　轮
齿顶高	h_a	$h_a=h_a^* m$	
齿根高	h_f	$h_f=(h_a^*+c^*)m$	
全齿高	h	$h=h_a+h_f=(2h_a^*+c^*)$	
分度圆直径	d		$d_2=mz_2$
齿顶圆直径	d_a	$d_{a1}=d_1+2h_a$	$d_{a2}=2+2h_a$

续表

名称	符号	蜗　杆	蜗　轮
齿根圆直径	d_f	$d_{f1}=d_1-2h_f$	$d_{f2}=d_2-2h_f$
蜗杆导程角	γ	$\gamma=\arctan(mz_1/d_1)$	
蜗轮螺旋角	β		$\beta=\gamma$
中心距	a	$a=(d_1+d_2)/2$	

5. 蜗杆传动正确啮合条件

（1）在中间平面内，蜗杆的轴向模数和蜗轮的端面模数相等，即：$m_{a1}=m_{t2}=m$。

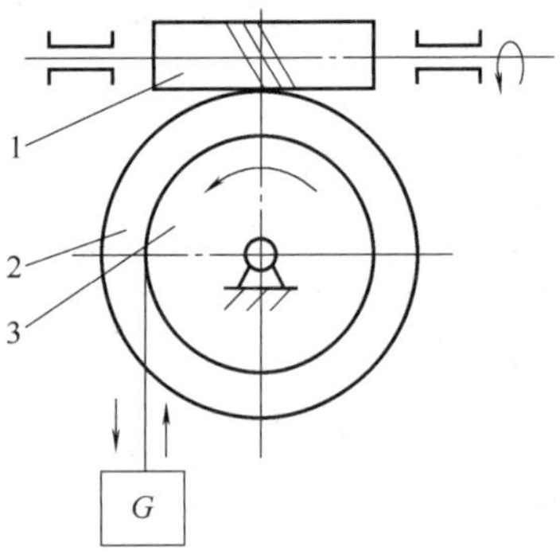

图 4-24　蜗杆自锁的应用
1—蜗杆　2—蜗轮　3—卷筒

（2）在中间平面内，蜗杆的轴向齿形角和蜗轮的端面齿形角相等，即：$\alpha_{a1}=\alpha_{a2}=\alpha$。

（3）蜗杆分度圆柱面导程角和蜗轮分度圆柱面螺旋角相等，且旋向一致，即：$\beta_2=\gamma$。

6. 蜗杆传动的特点

（1）传动比大，在动力传动中一般 $i=8\sim100$，在分度机构中传动比可达 1000。

（2）传动平稳，噪声小。

（3）具有自锁性。如图 4-24 所示手动起重装置是利用蜗杆的自锁性防止重物自动下落。

（4）蜗杆传动效率低。

任务五　齿轮的使用和加工

一、齿轮材料和热处理

1. 锻钢

锻钢因具有强度高、韧性好、便于制造、便于热处理等优点，大多数齿轮都用锻钢制造。

（1）软齿面齿轮。软齿面齿轮常用中碳钢和中碳合金钢，如 45 钢、40Cr、35SiMn 等材料，进行调质或正火处理。这种齿轮适用于强度、精度要求不高的场合，轮坯经过热处理后进行插齿或滚齿加工，生产便利、成本较低。

（2）硬齿面齿轮。硬齿面齿轮常用的材料为中碳钢或中碳合金钢经表面淬火处理。

2. 铸钢

当齿轮的尺寸较大（大于 400~600mm）而不便于锻造时，可用铸造方法制成铸钢齿坯，再进行正火处理以细化晶粒。

3. 铸铁

低速、轻载场合的齿轮可以制成铸铁齿坯。当尺寸大于 500mm 时可制成大齿圈，或制成轮辐式齿轮。

二、齿轮结构形式

齿轮的直径大小是影响轮辐、轮毂形状尺寸的主要因素，通常是先根据齿轮直径确定合适的结构形式，然后再考虑其他因素对结构进行完善，齿轮的结构形式一般有四种基本形式。

1. 齿轮轴

对于直径很小的齿轮，如果从键槽底面到齿根的距离 x 过小（如圆柱齿轮 $x \leqslant 2.5m$，锥齿轮 $x \leqslant 1.6m$，m 为模数），则此处的强度可能不足，易发生断裂，此时应将齿轮与轴做成一体，称为齿轮轴（图 4-25），齿轮与轴的材料相同。

值得注意的是，齿轮轴虽简化了装配，但整体长度大，给轮齿加工带来不便。而且，齿轮损坏后，轴也随之报废，不利于回收利用。故当 $x>2.5m$（圆柱齿轮）或 $x>1.6m$（锥齿轮）时，应将齿轮与轴分开制造。

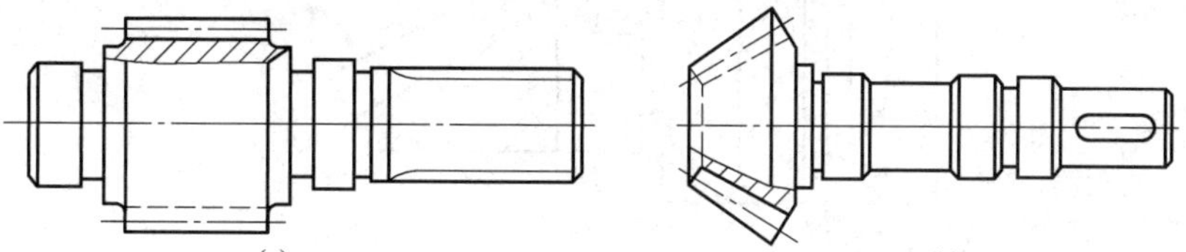

(a)　(b)

图 4-25　齿轮轴

（a）圆柱齿轮轴　（b）锥齿轮轴

2. 实心式齿轮

当轮辐的宽度与齿宽相等时得到实心式齿轮结构（图 4-26），它的结构简单、制造方便。

适用条件：

① 齿顶圆直径 $d_a \leqslant 200$mm；

② 对可靠性有特殊要求；

③ 高速转动时降低噪声。为便于装配和减少边缘应力集中，孔边及齿顶边缘应切制倒角。对于锥齿轮，轮毂的宽度应大于齿宽，以利于加工时装夹。

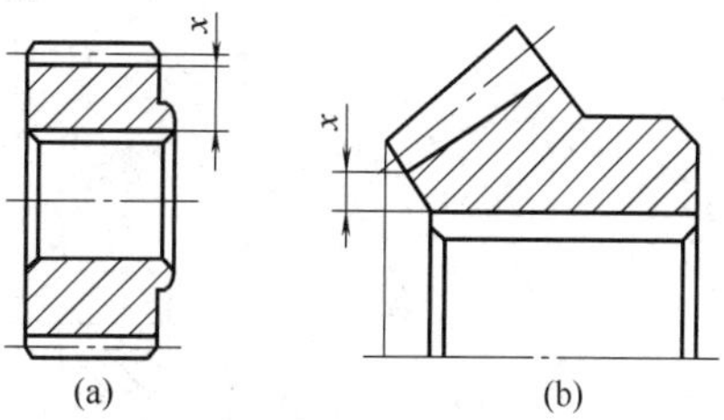

(a)　(b)

图 4-26　实心式齿轮

（a）实心式圆柱齿轮　（b）实心式锥齿轮

3. 腹板式齿轮

当齿顶圆直径 $d_a>200 \sim 500$mm 时，可做成腹板式结构，以节省材料、减轻重量。考虑到加工时夹紧及搬运的需要，腹板上常对称的开出 4~6 个孔。批量大时采用模锻（图 4-27）。直径较大或结构复杂时，毛坯通常用铸铁、铸钢等材料铸造而成。对于模锻和铸造齿轮，为便于起模，应设计必要的拔模斜度和较大的过渡圆角。

4. 轮辐式齿轮

当齿顶圆直径 $d_a>500 \sim 1000$mm 时，为减轻重量，可做成轮辐式铸造齿轮（图 4-28），轮辐剖面常为“+”字形。

5. 齿轮传动失效形式

齿轮的失效，一般是轮齿失效，常见的失效形式有五种，如表 4-11 所示。

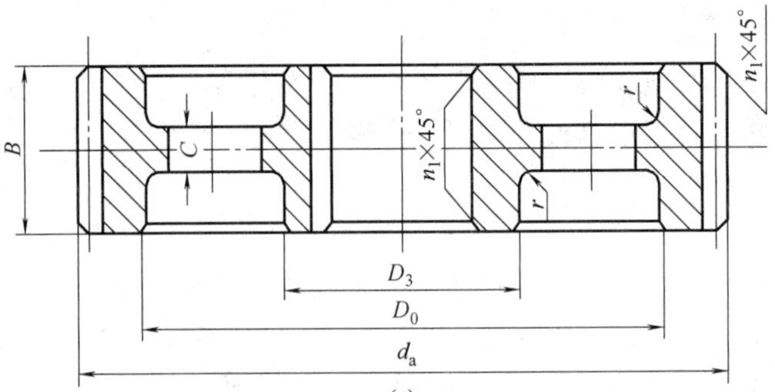

(a)

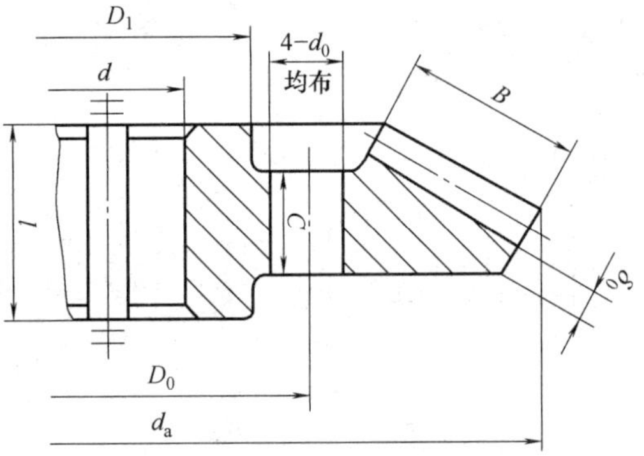

(b)

图 4-27 腹板式自由锻齿轮

（a）自由锻圆柱齿轮 （b）自由锻锥齿轮

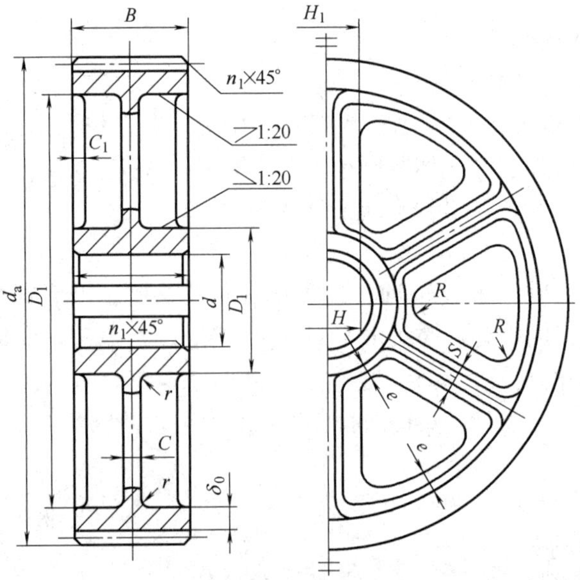

图 4-28 轮辐式铸造齿轮

表 4-11　　　　齿轮传动失效形式

失效形式	图　例	解释与说明
轮齿折断	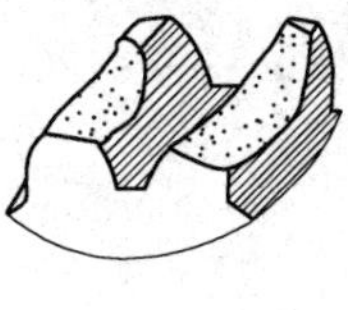	当轮齿反复受载时，齿根部分在交变弯曲应力的作用下将产生疲劳裂纹，并逐渐扩展，致使轮齿折断。这种折断称为疲劳折断；轮齿短时严重过载也会发生轮齿折断，称为过载折断 增大齿根处过渡圆角半径，提高齿面加工精度，可以降低应力集中。在齿根处施以喷丸、辗压等冷作强化处理方法，都可以提高轮齿的抗折断能力
齿面点蚀	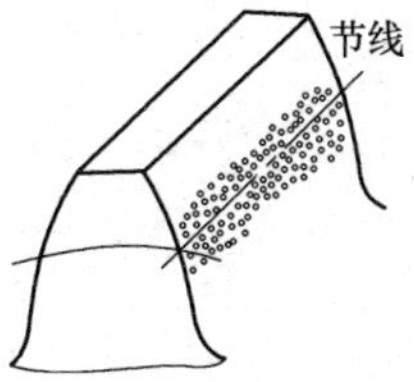	轮齿工作时，当齿面接触应力超过材料的接触疲劳极限时，在载荷的多次重复作用下，齿面的表层会产生细微的疲劳裂纹，裂纹的蔓延、扩展，造成许多微粒从工作表面上脱落下来，在表面出现许多浅坑，这使齿轮不能正常工作而失效 开式齿轮传动由于磨损严重，一般不会出现点蚀。提高齿面硬度和减少齿面粗糙度，采用黏度大的润滑油都有助于提高齿面接触疲劳强度，防止点蚀的发生
齿面胶合	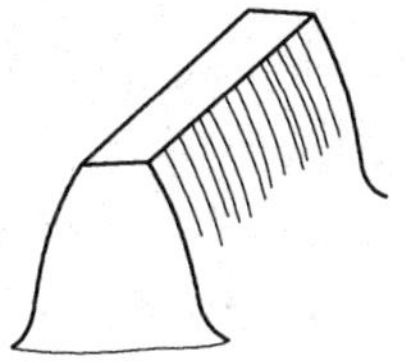	当齿面所受的压力很大且润滑效果差，或压力很大而速度很高时，由于发热大，瞬时温度高，相啮合的齿面发生粘连现象，此时两齿面有相对滑动，粘接的地方被撕裂。这种胶合称为热胶合。低速重载的齿轮，油膜遭破坏也发生胶合现象。这时齿面温度无明显增高，这种胶合称为冷胶合 为防止产生胶合现象，低速传动选用黏度大的润滑油，高速传动选用含抗胶合剂的润滑油。此外，适当提高表面硬度及降低表面粗糙度也都是有效的方法
塑性变形	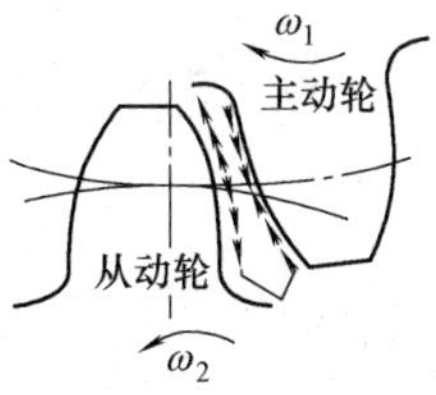	在重载作用下，当齿面硬度不够时，会产生一定的塑性变形。在从动轮齿面节线处出现凸棱，主动轮齿面节线处出现凹沟，从而破坏齿廓形状，影响齿轮正常啮合。适当提高齿面硬度，可防止或减轻齿面的塑性变形
齿面磨损	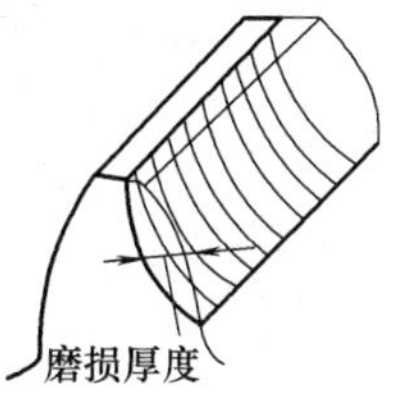	在载荷作用下，齿面会产生磨损，齿面磨损引起渐开线齿廓形状破坏，使齿侧间隙增大，齿根厚度减小，从而产生冲击和噪声 对于开式齿轮传动，齿面磨损是它不可避免的失效形式。采用闭式传动，并保持润滑油的清洁，提高齿面硬度，减小齿面粗糙度，均可有效地减少齿面磨损

6. 齿轮传动的润滑

半开式及开式齿轮传动，或速度较低的闭式齿轮传动，可采用人工定期添加润滑油或润滑脂进行润滑。闭式齿轮传动通常采用油润滑，其润滑方式根据齿轮的圆周速度 V 而定，当 $V \leqslant 12\text{m/s}$ 时可用油浴式，如图 4-29（a）所示；大齿轮浸入油池一定的深度，齿轮转动时把润滑油带到啮合区。齿轮浸油深度可根据齿轮的圆周速度大小而定，对圆柱齿轮通常不宜超过一个齿高，但一般也不应小于 10mm；对圆锥齿轮应浸入全齿宽，至少应浸入齿宽的一半。多级齿轮传动中，当几个大齿轮直径不相等时，可采用浸油润滑，如图 4-29（b）所示；当齿轮的圆周速度 $V > 12\text{m/s}$ 时，应采用喷油润滑，如图 4-29（c）所示，

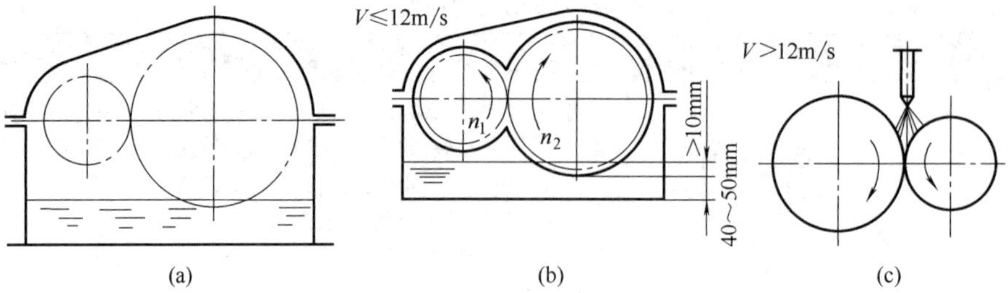

图 4-29 齿轮润滑方式

（a）油浴润滑 （b）浸油润滑 （c）喷油润滑

用油泵以一定的压力供油，借喷嘴将润滑油喷到齿面上。

7. 渐开线齿轮的加工

按渐开线齿轮的加工原理可分为仿形法和展成法两种。

（1）仿形法。仿形法是用与被加工齿轮齿槽法向截面形状相符的成形刀具加工齿形的方法。仿形法（也称成形法）原理是采用专用的齿形铣刀在铣床上加工。如图 4-30 所示分别为盘状和指状铣刀在加工时的情形，齿形铣刀在轴向剖面内，其刃口截形与被加工齿轮的齿槽廓形相同，前者适宜于卧式铣床上加工小模数齿轮，后者适宜于立式铣床或专用铣齿机上加工大模数齿轮。这些方法由于存在分度误差及刀具的安装误差，所以加工精度较低，一般只能加工出 9~10 级精度的齿轮。此外，加工过程中需做多次不连续分齿，生产率也很低。因此，主要用于单件小批量生产和修配工作中加工精度不高的齿轮。

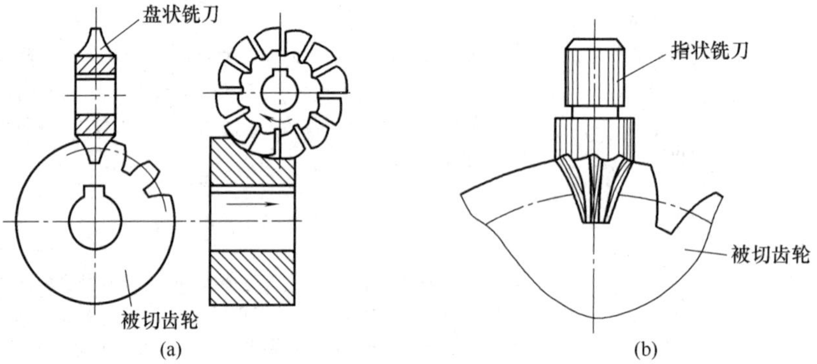

图 4-30 仿形法齿轮加工

（a）盘状铣刀加工 （b）指状铣刀加工

（2）展成法。展成法是利用一对齿轮（或齿轮与齿条）啮合时，两轮齿廓互为包络线的原理来切制轮齿的，有插齿和滚齿两种加工方法。常用的刀具有齿轮插刀、齿条插刀和齿轮滚刀，如图 4-31 所示。

用展成法加工齿轮时，当齿数较少时，有时会发现刀具的顶部切入齿轮的根部，将齿轮根部的渐开线切去的现象，称之为根切。产生严重根切的齿轮不仅削弱了齿轮的抗弯强度，甚至导致传动的不平稳，对传动十分不利。根切现象与齿数有关，当用齿条刀具加工时，其最少齿数 $z_{min}=17$；若允许略有根切，正常齿标准渐开线齿轮的实际最小齿数可取 14。

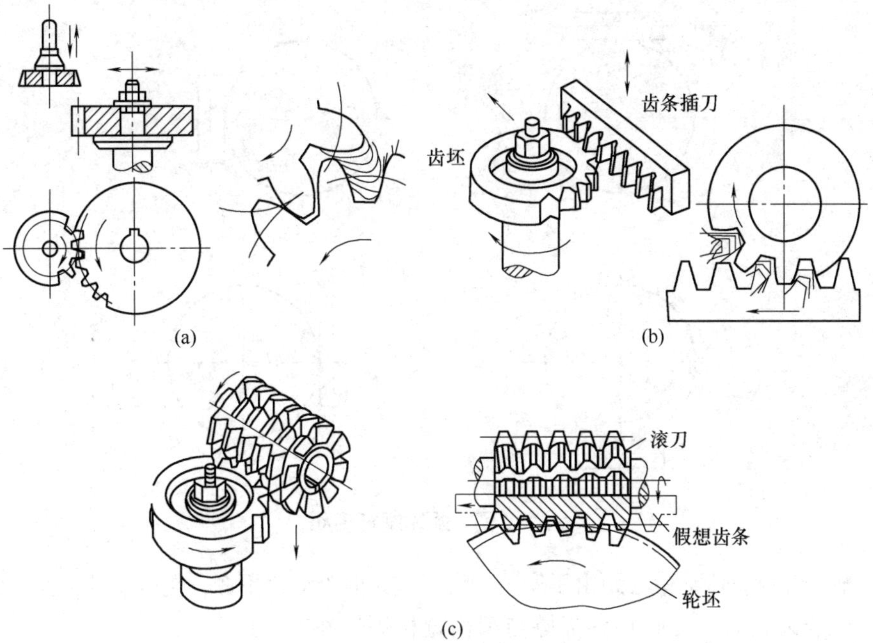

图 4-31　展成法齿轮加工

（a）齿轮插刀加工　（b）齿条插刀加工　（c）齿轮滚刀加工

项 目 练 习

4-1　渐开线是怎样形成的？它有哪些重要性质？

4-2　一对渐开线齿轮正确啮合、连续传动以及正确安装的条件是什么？

4-3　齿轮传动具有哪些特点？

4-4　齿轮的失效形式有哪些？开式、闭式齿轮传动的失效形式有什么不同？

4-5　为修配两个损坏的标准直齿圆柱齿轮，现测得齿轮 1 的参数为：$h=4.5$mm，$d_a=44$mm，齿轮 2 的参数为：$p=6.28$mm，$d_a=162$mm，试计算两齿轮的模数 m 和齿数 z。

4-6　若已知一对标准安装的直齿圆柱齿轮的中心距 $a=188$mm，传动比 $i=3.5$，小齿轮齿数 $z_1=21$，试求这对齿轮的 m、d_1、d_2、d_{a1}、d_{a2}、d_{f1}、d_{f2}、p。

4-7　如题 4-7 图所示的各蜗杆传动均以蜗杆为主动件。试标出图中未注明的蜗轮或蜗杆的转向及旋向。

4-8　下列说法正确的打“√”，错误的打“×”，并加以改正。

（1）渐开线的形状决定于基圆的大小，基圆越大，渐开线越弯曲。（　　）

（2）渐开线齿轮分度圆上的齿形角为 20°。（　　）

（3）在制造、安装过程中，一对相互啮合的齿轮的中心距的微小误差会改变其瞬时传动比，因此在制造、安装要求较高。（　　）

（4）模数 m 表示齿轮尺寸的大小，但它没有单位。（　　）

（5）齿轮参数中最基本的参数是齿数、模数、压力角。（　　）

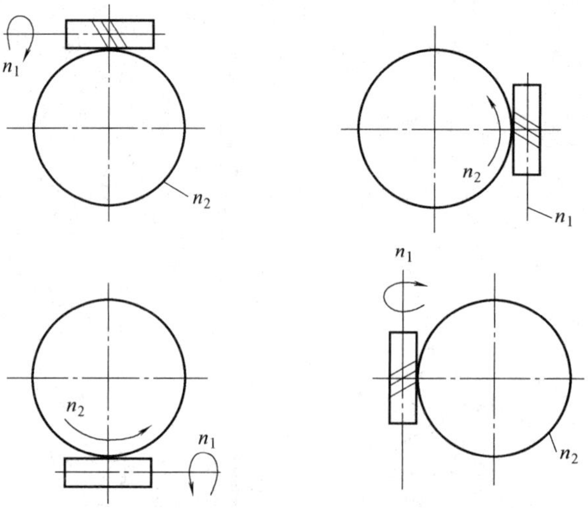

题 4-7 图　蜗轮蜗杆传动

(6) 渐开线齿轮传动中心距由于安装产生误差，但传动比不变，仍能正常工作。(　　)

(7) 标准齿轮的分度圆在内齿厚与齿槽宽相等的地方。(　　)

(8) 用展成法加工齿轮时，当齿数较少时，有时会发现刀具的顶部切入齿轮的根部，将齿轮根部的渐开线切去的现象，通常称之为根切。(　　)

(9) 全齿高为 9mm 的标准直齿圆柱齿轮的模数为 4mm。(　　)

(10) 齿数为 38、齿顶圆直径为 120mm 的标准直齿圆柱齿轮的模数为 3mm。(　　)

(11) 内齿轮与外齿轮一样，其齿顶圆大于分度圆，也大于齿根圆。(　　)

(12) 斜齿圆柱齿轮螺旋角 8 越大，轮齿越倾斜，则传动的平稳性越好，但轴向力也越大。(　　)

(13) 齿面点蚀是齿轮传动的主要失效形式。(　　)

(14) 蜗杆传动与其他齿轮传动相比较，最大的特点是传动比大，是其他齿轮机构所无法实现的。(　　)

(15) 通常在蜗轮蜗杆传动中，蜗轮是主动件。(　　)

(16) 普通蜗杆在轴向截面内的齿形与标准齿条一样。(　　)

(17) 蜗杆的法面模数和蜗轮的端面模数为相等的标准值。(　　)

(18) 蜗杆传动与齿轮传动相比，轮齿相互接触的时间较长，所以传动平稳。(　　)

(19) 蜗杆的分度圆直径 $d_1 = mz_1$。(　　)

(20) 蜗杆的头数越多，蜗杆传动效率越低。(　　)

项目五

轮 系

任务一 轮系的分类与应用

轮系

由一对相互啮合的齿轮所组成的齿轮机构是齿轮传动中最简单的形式。但是实际机械中，例如汽车，往往要求具有较大的传动比、变速和变向等，仅用一对齿轮传动是不够的，为此需要采用一系列相互啮合的齿轮将主动轴与从动轴连接起来，这种由一系列相互啮合的齿轮所组成的传动系统称为轮系。

一、轮系的类型

轮系传动时，根据各齿轮轴线的位置是否固定，可分为定轴轮系和周转轮系两大类。

轮系传动时，如果所有齿轮的轴线位置均为固定（即齿轮仅原地转动），则这种轮系称为定轴轮系，如图 5-1 所示。

轮系传动时，如果其中有一个或几个齿轮的轴线位置不固定，而是绕着其他齿轮的固定轴线做回转，则这种轮系称为周转轮系，如图 5-2 所示。

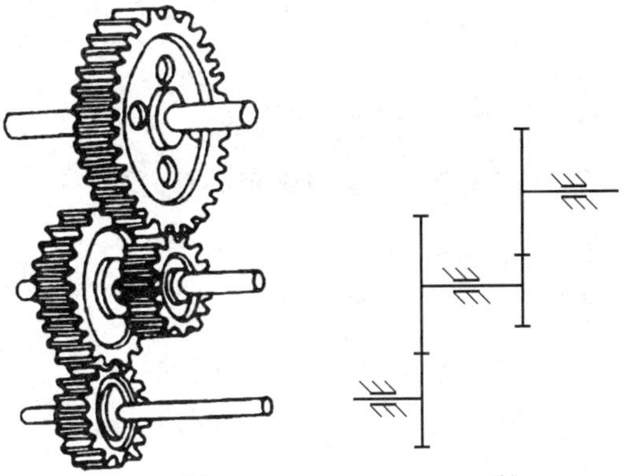

(a) (b)

图 5-1 定轴轮系

（a）机构运动示意图 （b）机构运动简图

二、轮系的功用

轮系的功用大致可归纳为以下几个方面。

1. 实现两轴间远距离的运动和动力的传动

当两轴间距离较远时，如果仅用一对齿轮传动，如图 5-3 中虚线所示，则两轮的尺寸必然很大，从而使机构总体尺寸也很大，结构不合理；如果采用一系列齿轮传动，如图 5-3 中实线所示，就可避免上述缺点。

2. 实现变速传动

如图 5-4 所示为汽车变速器的传动示意图，动力从轴 I 输入，从轴Ⅲ输出，齿轮 1、3、5 和 6 固定在轴上，齿轮 2 与 4 为双联齿轮，可以在轴Ⅱ上滑动分别与齿轮 1 和齿轮 3

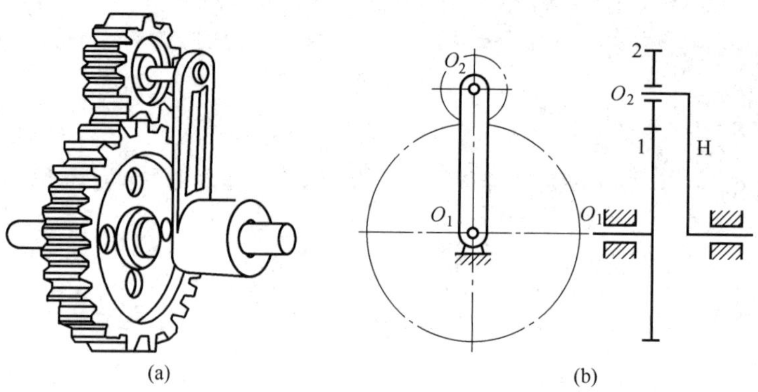

图 5-2 周转轮系

（a）机构运动示意图 （b）机构运动简图

啮合，从而使轴Ⅲ得到不同的转速。

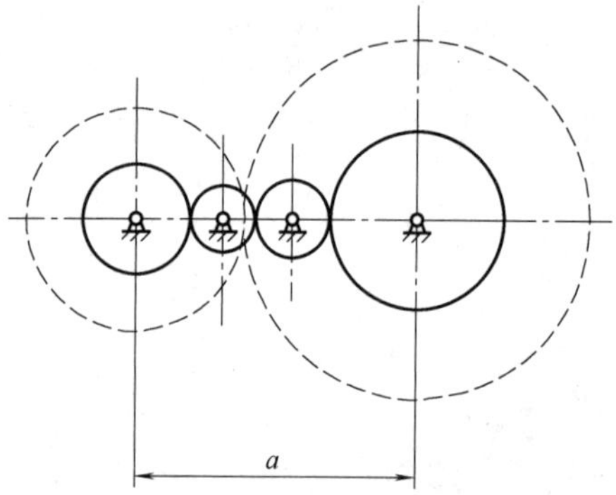

图 5-3 远距离传动

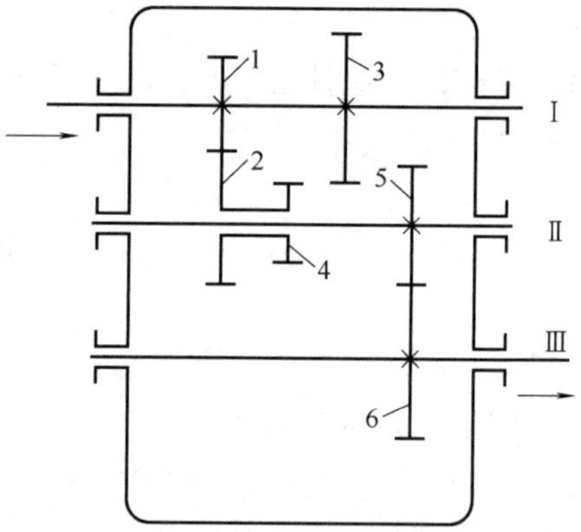

图 5-4 汽车变速器传动示意图

3. 实现换向

在主动轴转向不变的条件下，利用轮系可以使从动轴的转向改变。如图 5-5 所示的三星轮变向机构。如图 5-5（a）所示，当轮 1 与轮 2 啮合时，轮 3 逆时针转动，轮 4 顺时针转动；如图 5-5（b）所示，当轮 1 与轮 3 啮合时，轮 3 顺时针转动，轮 4 逆时针转动，实现换向和分路传动。

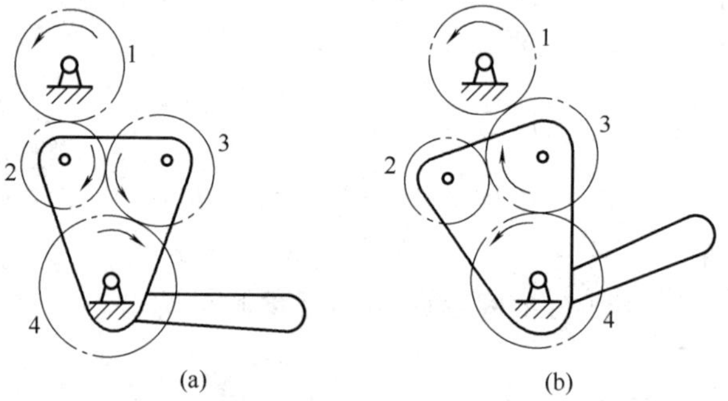

图 5-5 三星轮变向机构

（a）轮 1 和轮 2 啮合 （b）轮 1 与轮 3 啮合

4. 实现差速作用

汽车后桥上采用差动轮系（差速器），如图 5-6 所示，能根据汽车不同的行驶状态，自动改变两后轮的转速。当汽车直线行驶时，左右两轮的转速相同，当汽车需要转向时，差动轮系实现差速运动。若右转时，使得右轮转速慢，左轮转速快；若左转时，使得左轮转速慢，右轮转速快，实现差速作用。

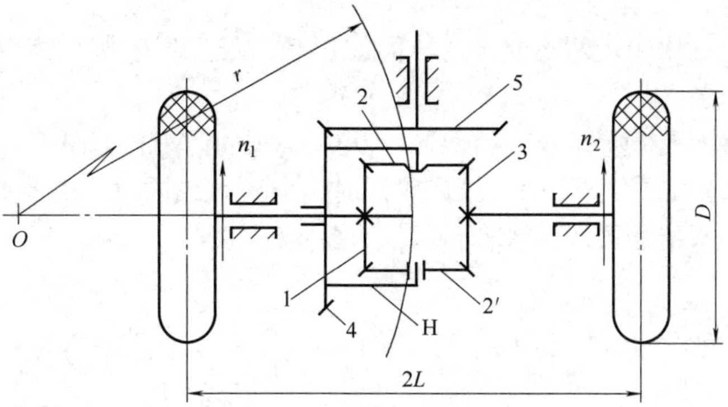

图 5-6　汽车后桥差速器

5. 实现分路传动

应用轮系可以使一根主动轴通过齿轮带动若干根从动轴同时转动。如图 5-7 所示，有一台电动机可以输出Ⅰ、Ⅱ、Ⅲ路动力，从而可以完成三种相同或不同的作业项目，达到一机多用的目的。

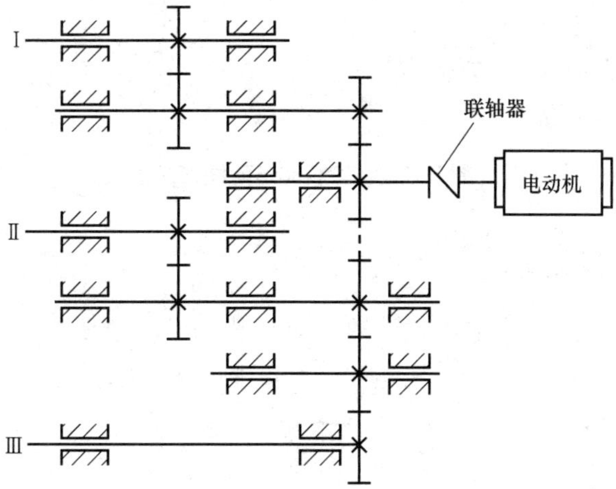

图 5-7　分路传动轮系

任务二　定 轴 轮 系

轮系的传动比是指轮系中首末两轮的转速之比。轮系传动比的计算包括传动比大小的计算和确定从动轮的转动方向。

一、一对齿轮传动比的计算

传动比计算：一对齿轮传动比等于主动齿轮的角速度与从动齿轮角速度的比值，也等于两齿轮齿数的反比。

$$i_{12}=\frac{\omega_1}{\omega_2}=\frac{n_1}{n_2}=\pm\frac{z_2}{z_1}$$

- 正负号判定

正负号法：上式中表示两轮的转向相同或相反，仅适用于圆柱齿轮传动（平面齿轮传动）。

画箭头法：如图 5-8 所示，外啮合时方向相反（反向箭头）如图 5-8（a），内啮合时方向相同（同向箭头）如图 5-8（b）。锥齿轮同时指向节点或同时背离节点，如图 5-8（c）。蜗杆传动的转向也只能用画箭头法来表示，如图 5-8（d）。

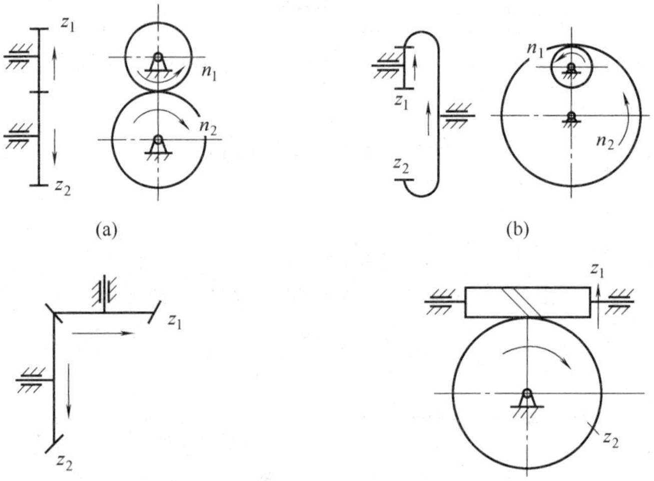

图 5-8　齿轮转动方向间的关系

二、定轴轮系传动比

如图 5-9 所示轮系中，齿轮 1、2、3……9 的齿数分别用 z_1、z_2、$z_3\cdots z_9$ 表示，齿轮的转速分别用 n_1、n_2、$n_3\cdots n_9$ 表示，轮系中各对齿轮的传动比为：

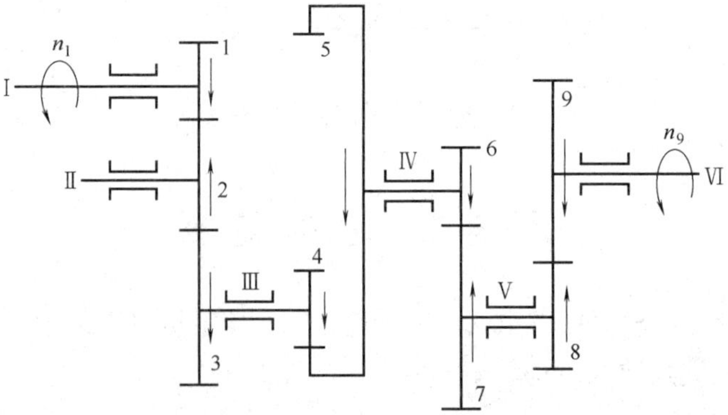

图 5-9　定轴轮系的传动比计算

$$i_{12}=\frac{n_1}{n_2}=-\frac{z_2}{z_1}\quad i_{23}=\frac{n_2}{n_3}=-\frac{z_3}{z_2}$$

$$i_{45}=\frac{n_4}{n_5}=-\frac{z_5}{z_4}\quad i_{67}=\frac{n_6}{n_7}=-\frac{z_7}{z_6}$$

$$i_{89}=\frac{n_8}{n_9}=-\frac{z_9}{z_8}$$

轮系的传动比 i 等于各级齿轮传动比的连乘积，即：

$$i=i_{12}i_{23}i_{45}i_{67}i_{89}=\frac{n_1n_2n_4n_6n_8}{n_2n_3n_5n_7n_9}=\left(-\frac{z_2}{z_1}\right)\left(-\frac{z_3}{z_2}\right)\left(-\frac{z_5}{z_4}\right)\left(-\frac{z_7}{z_6}\right)\left(-\frac{z_9}{z_8}\right)$$

$$=(-1)^4\times\frac{z_3z_5z_7z_9}{z_1z_4z_6z_8}$$

综上所述，定轴轮系的传动比公式为：

$$i=(-1)^m\times\frac{\text{所有从动轮齿数的连成积}}{\text{所有主动轮齿数的连成积}}$$

式中　m——外啮合圆柱齿轮的对数。

其中，$(-1)^m$ 在计算中表示首末两轮回转方向的异同，计算结果为正，两轮回转方向相同；结果为负，两轮回转方向相反；当轮系中有锥齿轮、蜗杆啮合传动时，不能使用 $(-1)^m$ 来确定末轮的回转方向，而只能使用标注箭头的方法。

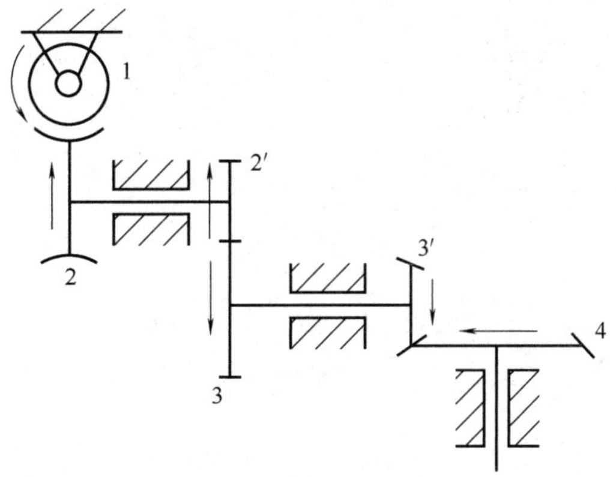

图 5-10　定轴轮系

【例 5-1】　如图 5-10 所示的定轴轮系中，已知 $z_1=2$（右旋），$z_2=60$，$z_2'=20$，$z_3=40$，$z'_3=16$，$z_4=48$，$n_1=720\text{r/min}$，求传动比 i_{14}，转速 n_4 及各轮的转向。

解：各轮的转向，如图中箭头所示。

$$i_{14}=\frac{n_1}{n_4}=\frac{z_2z_3z_4}{z_1z_2'z_3'}=\frac{60\times40\times48}{2\times20\times16}=180$$

$$n_4=\frac{n_1}{i_{14}}=\frac{720}{180}=4\text{r/min}$$

任务三　周转轮系

一、周转轮系的组成

周转轮系与定轴轮系的区别在于轮系中各齿轮的几何轴线至少有一个不是固定的。

周转轮系是由中心轮、行星轮和行星架组成的，如图 5-11 所示。外齿轮 1、内齿轮（齿圈）3 位于中心位置绕着轴线 O_1 回转称为中心轮；齿轮 2 同时与中心轮 1 和齿圈 3 相啮合，其既做自转又做公转称为行星轮；支持行星轮的构件 H 称为行星架 H。

中心轮与行星架的回转轴线必须重合，否则，轮系无法转动。

二、周转轮系的分类

周转轮系分为行星轮系和差动轮系两大类。

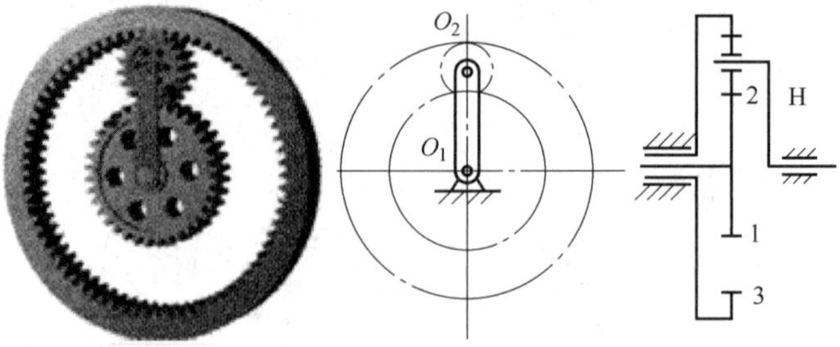

图 5-11 周转轮系

有一个中心轮的转速为零（固定不动）的周转轮系称为行星轮系，如图 5-12 所示。

中心轮的转速都不为零的周转轮系称为差动轮系，如图 5-13 所示。中心轮 1、3 和行星架 H 均绕各自的轴线回转，行星轮 2 做行星运动。

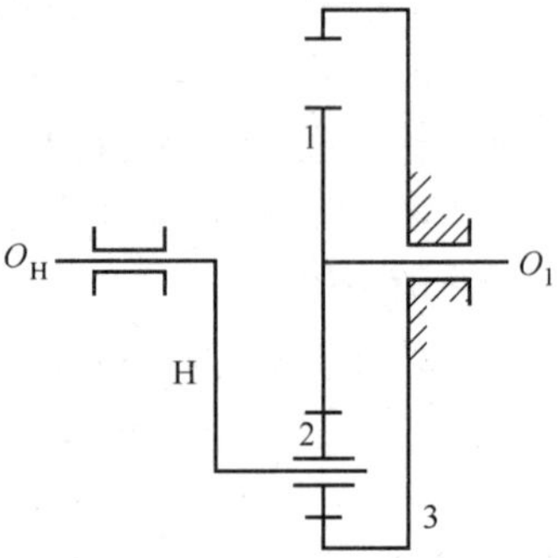

图 5-12 行星轮系

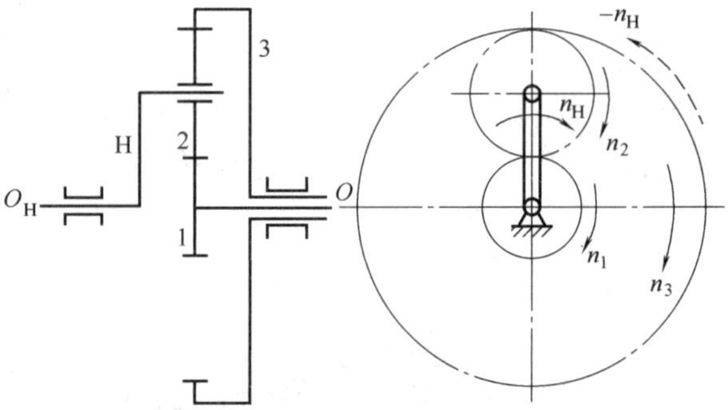

图 5-13 差动轮系

三、周转轮系传动比

由于行星轮的运动有自转和公转，所以周转轮系传动比的计算方法不同于定轴轮系。

如图 5-14（a）所示的周转轮系中，行星架、中心轮和行星轮分别以转速 n_H、n_1、n_2 和 n_3 做逆时针方向转动。当给整个轮系加上一个大小为 n_H，而方向与 n_H 相反的公共转速（$-n_H$）后，各构件之间的相对运动并不改变，行星架 H 却静止不动了。这样，所有齿轮的几何轴线的位置全部固定，原来的周转轮系便化为定轴轮系了，如图 5-14（b）所示。

各构件转化前后的转速表见表 5-1。

表 5-1　　各构件转化前后转速表

构件代号	原来的转速	转化轮系中的转速
1	n_1	$n_1^H=n_1-n_H$
2	n_2	$n_2^H=n_2-n_H$
3	n_3	$n_3^H=n_3-n_H$
H	n_H	$n_H^H=n_H-n_H=0$

转化轮系中各构件的转速 n_1^H、n_2^H、n_3^H、n_H^H表示这些转速是各构件相对行星架 H 的相

对转速。

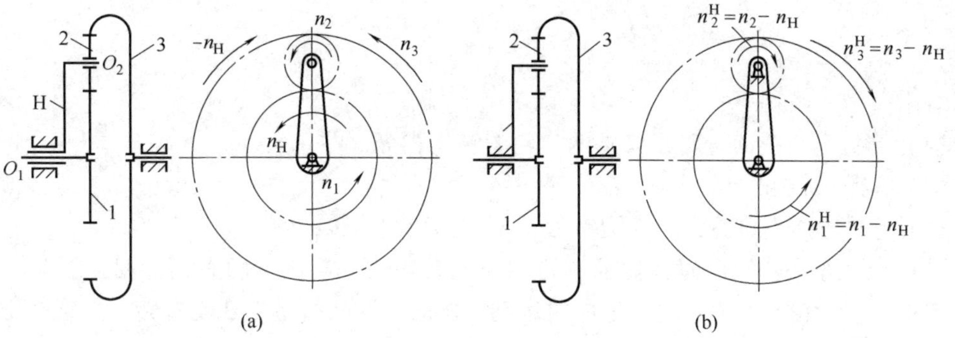

图 5-14　周转轮系机构的转化

转化轮系中齿轮 1 对齿轮 3 的传动比 i_{13}^{H} 的计算公式可以根据传动比的定义写出：

$$i_{13}^{H}=\frac{n_1^{H}}{n_3^{H}}=\frac{n_1-n_H}{n_3-n_H}$$

由定轴轮系的传动比公式得：

$$i_{13}^{H}=(-)\frac{z_2z_3}{z_1z_2}=-\frac{z_3}{z_1}$$

所以：

$$\frac{n_1-n_H}{n_3-n_H}=-\frac{z_3}{z_1}$$

设 n_A 和 n_B 为周转轮系中任意两个齿轮 A 和 B 的转速，将上述结论推广到一般情形，则可得周转轮系传动比计算公式：

$$i_{AB}^{H}=\frac{n_A^{H}}{n_B^{H}}=\frac{n_A-n_H}{n_B-n_H}=(-1)^m\frac{\text{从动轮 }A\text{ 至 }B\text{ 间所有从动齿轮的连成积}}{\text{从动轮 }A\text{ 至 }B\text{ 间所有主动齿轮的连成积}}$$

式中　m——齿轮 A 至 B 之间外啮合圆柱齿轮对数。

【例 5-2】 如图 5-15 所示为汽车后桥的差速器。设已知各轮的齿数，求当汽车转弯时，其后轴左、右两车轮的转速 n_1、n_3 与齿轮 4 的转速 n_4 的关系。

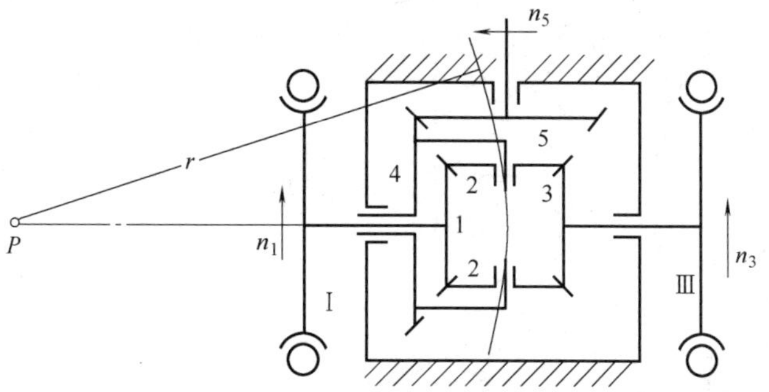

图 5-15　汽车后桥的差速器

解：此轮系中，圆锥齿轮 5 和 4 啮合构成一定轴轮系，圆锥齿轮 2（上下各两个）由圆锥齿轮 4 带动绕着圆锥齿轮 1 的轴线转动，构成一周转轮系，圆锥齿轮 2 为行星齿轮，圆锥齿轮 1 为中心轮，圆锥齿轮 4 为行星架；

周转轮系（差动轮系）的传动比方程式：

$$i_{13}^{4}=\frac{n_1-n_4}{n_3-n_4}=-\frac{z_3}{z_1}=-1$$

因为从图中标注箭头判断出圆锥齿轮 1 与 3 转向相反，所以上式中传动比值为负。

$$n_1-n_4=n_4-n_3$$

$$n_4=\frac{n_1+n_3}{2}$$

可以看出：

（1）当汽车直线前进时，要求两个轮的转速相等，即 $n_1=n_3$。

由上式得：$n_4=n_1=n_3$。

这时行星轮 2 不自转，只绕圆锥齿轮 1 的轴线做公转；

（2）当汽车向左转弯时，要求右轮比左轮转得快，当汽车向右转弯时，要求左轮比右轮转得快，齿轮 1 和 3 之间发生相对运动，此时，这时行星轮 2 既自转，又绕圆锥齿轮 1 的轴线做公转。

（3）由主动齿轮 4 输入的转速 n_4，根据外部条件分解为两个适应需要的转速 n_1 和 n_3，这种转速分解的功能是定轴轮系所无法实现的。

项 目 练 习

5-1　定轴轮系和周转轮系的区别是什么？

5-2　定抽轮系传动比如何计算？传动比的符号表示什么意义？如何确定轮系的转向关系？

5-3　何谓惰轮？它在轮系中有何作用？

5-4　在题 5-4 图①和图②轮系中，根据齿轮 1 的转动方向，在图上标出各轮的转动方向。

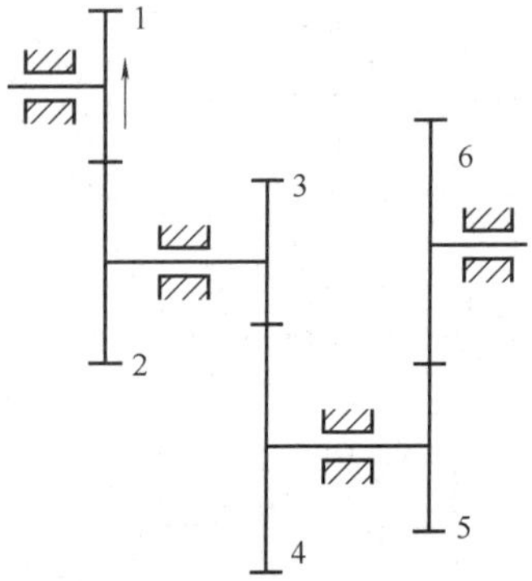

题 5-4 图①

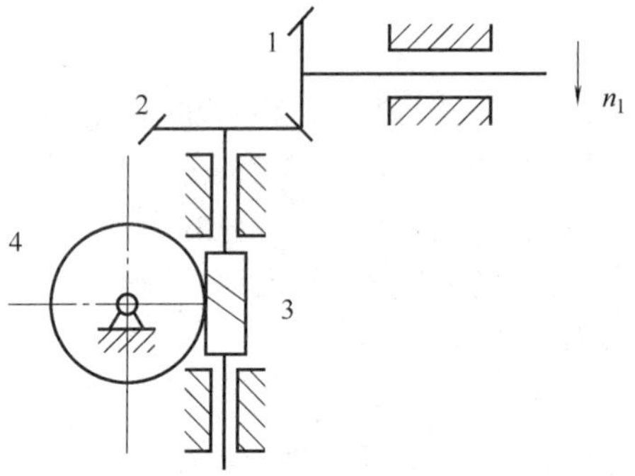

题 5-4 图②

5-5　如题 5-5 图所示轮系，已知 $z_1=18$、$z_2=20$、$z_2'=25$、$z_3=25$、$z_3'=2$、$z_4=40$，求该轮系的传动比，并判断蜗轮 4 的转向。

5-6　如题 5-6 图所示的轮系中，试分析由哪些构件组成了哪些轮系？已知 $z_1=10$，$z_2=20$，$z_3=8$，$z_4=16$，$z_4'=24$，$z_5=10$，$z_6=50$，$z_7=30$，$z_8=12$，$z_9=60$，求各轮的转向及轴Ⅰ与轴Ⅱ的传动比。

5-7　在如题 5-7 图所示的轮系中，已知各齿轮齿数 $z_1=20$，$z_2=40$，$z_3=15$，$z_4=60$，

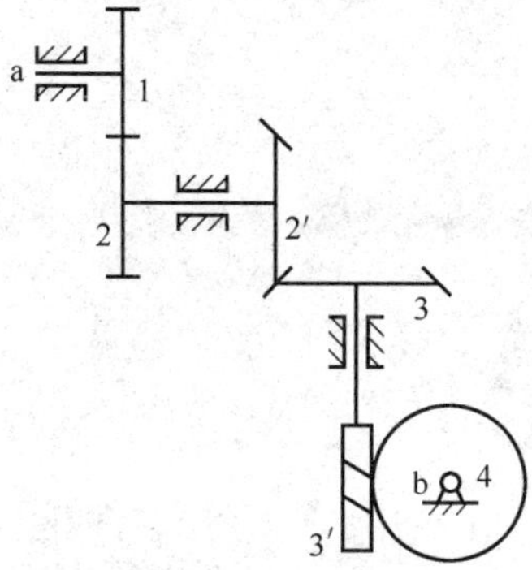

题 5-5 图

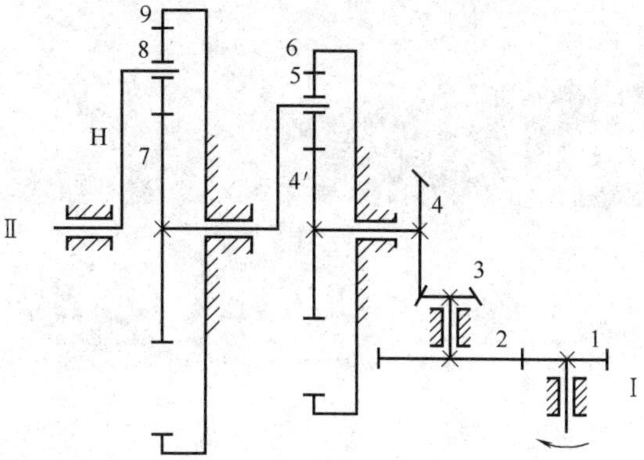

题 5-6 图

$z_5=18$，$z_6=18$，$z_9=20$，齿轮 9 的模数 $m=3$mm，蜗杆（左旋）头数 $z_7=1$，蜗轮齿数 $z_8=40$，齿轮 1 的转向如箭头所示，转速 $n_1=100$r/min。试求齿条 10 的速度和移动方向。

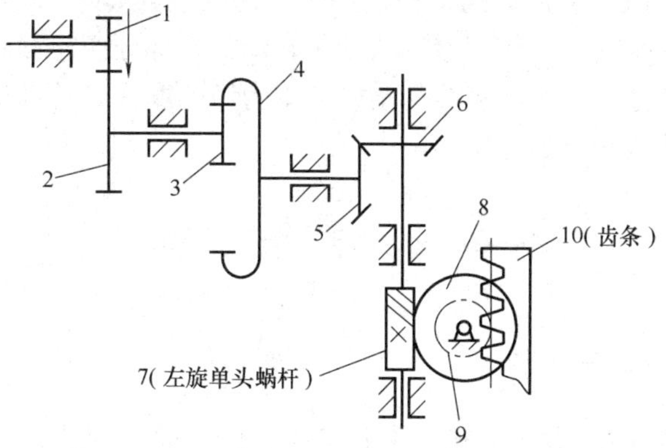

题 5-7 图

5-8　下列说法正确的打“√”，错误的打“×”并加以更正。

（1）轮系可以传递两轴较远距离的传动，并且可以获得较大的传动比。(　　)

（2）轮系的作用仅在于能实现变速和变向运动。(　　)

（3）轮系中的某一个中间齿轮，可以既是前级的从动轮，又是后级的主动轮。(　　)

（4）周转轮系传动比可按定轴轮系传动比计算公式计算。(　　)

（5）齿轮传动和蜗杆蜗轮传动，其转动方向都可以在传动比计算中用正负号表示。(　　)

项目六

其他机械传动

本项目以带传动、链传动、摩擦轮传动为学习对象，对其工作原理、机械特性等进行讲述：带传动和链传动都是通过中间挠性件（带或链）传递运动和动力的，适用于两轴中心距较大的场合。在这种场合下，与应用广泛的齿轮传动相比，它们具有结构简单，成本低廉等优点。因此，带传动和链传动也是常用的传动。摩擦轮传动是利用两轮直接接触所产生的摩擦力来传递运动和动力的一种机械传动。在正常传动时，主动轮依靠摩擦力的作用带动从动轮转动，并保证两轮面的接触处有足够大的摩擦力，使主动轮的摩擦力矩足以克服从动轮的阻力矩，摩擦轮传动适合两轴中心距比较近、高速、小功率传动的场合。

带传动和链传动

任务一 带 传 动

一、带传动的组成及分类

带传动是由主动带轮 1、从动带轮 2 和传动带 3 所组成（图 6-1），工作时依靠带与带轮之间的摩擦或啮合来传递运动和动力。

带传动分为摩擦传动和啮合传动两类。属于摩擦传动的带传动有平带传动、V 带传动和圆带传动，属于啮合传动的带传动有同步带，它们的结构形式如图 6-2 所示。汽车及维修设备上经常用的是平带、V 带、多楔带和同步带。

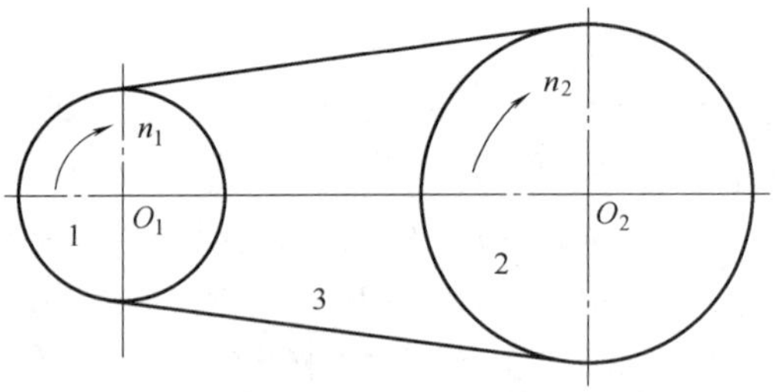

图 6-1 带传动

1—主动带轮 2—从动带轮 3—传动带

1. 平带传动

如图 6-2（a）所示，平带的截面形状为矩形，内表面为工作面。常用的平带有胶带、编织带和强力锦纶带等。平带传动结构简单，带长可以根据需要剪截，然后用接头接成封闭环形。

2. V 带传动

如图 6-2（b）所示，V 带的截面形状为等腰梯形，两侧面为工作面，传动时 V 带与轮槽两侧面接触，与轮槽底不接触。当带对带轮的正压力和带与带轮间的摩擦因数均相同时，V 带的摩擦力比平带大，传动功率也比较大。

3. 多楔带传动

如图 6-2（c）所示，它是在平带基体上由多根 V 带组成的传动带，工作面是带楔的侧面，兼有平带和 V 带的特点，同条件下，多楔带比平、V 带可传递的功率大，但加工成本略高些。

4. 圆形带传动

如图 6-2（d）所示，横截面为圆形，只用于小功率传动，主要应用于轻载仪器装置。

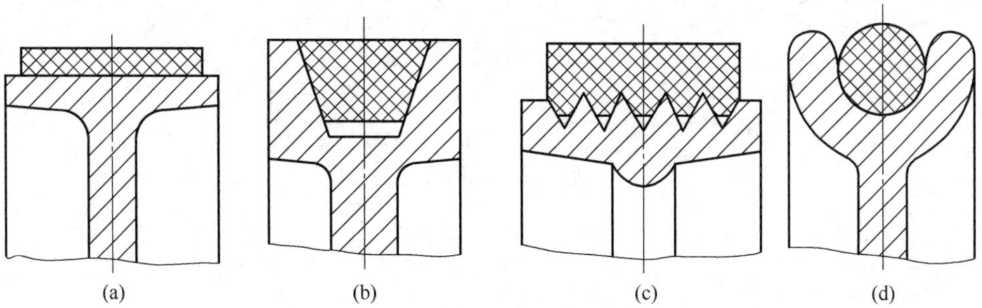

图 6-2　常用带传动的类型

（a）平带传动　（b）V 带传动　（c）多楔带传动　（d）圆形带传动

带传动的主要优点是：带传动属于挠性传动，传动平稳，噪声小，可缓冲、吸振；带传动允许较大的中心距，结构简单，制造、安装和维护较方便，且成本低廉；对于摩擦带传动，过载时带会在带轮上打滑，从而起到保护其他传动件免受损坏的作用。

带传动的主要缺点是：由于摩擦带与带轮之间存在滑动，传动比不能严格保持不变；带传动的传动效率较低，带的寿命一般较短，且不宜在易燃易爆场合下工作；带传动常需要张紧装置。

5. 同步带

如图 6-3 所示，同步带是带齿的环形带，与它相配合的带轮的工作表面也有相应的轮齿。工作时，带齿与轮齿相啮合，既缓冲、吸振，又能使主动轮与从动轮的圆周速度同步，保证准确的传动比，缺点是不像其他带传动有过载打滑保护。

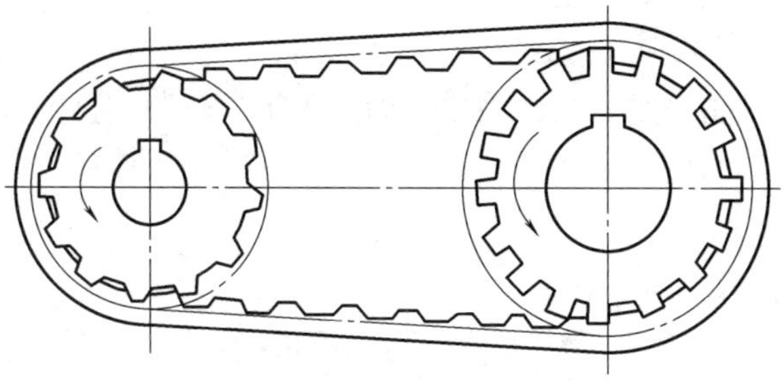

图 6-3　同步带

二、平带传动

1. 平带传动比

如图 6-4 所示，把一根连接成环形的平带张紧在主动轮 D_1 和从动轮 D_2 上，使带与两带轮之间的接触面产生正压力。当主动轮 D_1 转动时，依靠胶带与带轮接触面之间的摩擦力来带动从动轮转动，主动轴的动力通过传动带传递给从动轴。在带传动过程中，主动轮和从动轮的圆周速度与平带带速相等。

即：$n_1 D_1 = n_2 D_2$

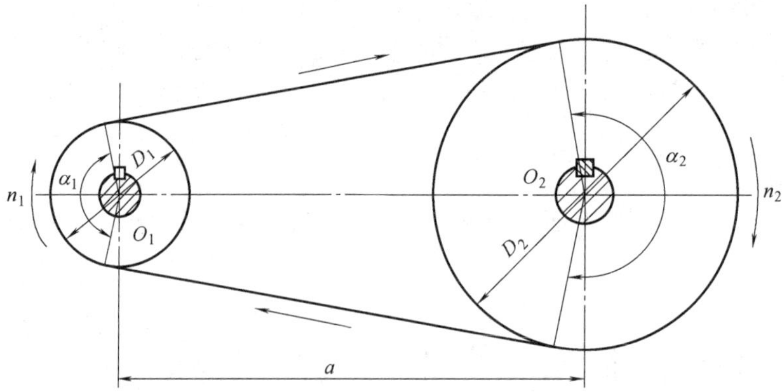

图 6-4 平带传动

或：$\frac{\omega_1}{\omega_2}=\frac{n_1}{n_2}=\frac{D_2}{D_1}$

平带的传动比 i 就是两带轮的角速度（或转速）之比，也等于两带轮的直径之反比，即：

$$i=\frac{\omega_1}{\omega_2}=\frac{n_1}{n_2}=\frac{D_2}{D_1}$$

式中 ω_1，n_1——主动轮的角速度（rad/s），转速（r/min）；

ω_2，n_2——从动轮的角速度（rad/s），转速（r/min）；

D_1——主动轮的直径，mm；

D_2——从动轮的直径，mm。

平带的传动比为 $i \leqslant 5$，带速 $v=5\sim25\text{m/s}$。

带的滑动率 0.01~0.02，其值很小，在一般传动计算中可不予考虑。

2. 平带传动的形式

平带在工作时，带的环形内表面与带轮接触，结构简单，而且平带比较薄，挠曲性能好，适用于高速运转的传动。又由于平带的扭转性能好，适用于平行轴的交叉传动。其传动形式如表 6-1 所示。

表 6-1 平带的传动形式

传动形式	图 示	应用场合
开口式	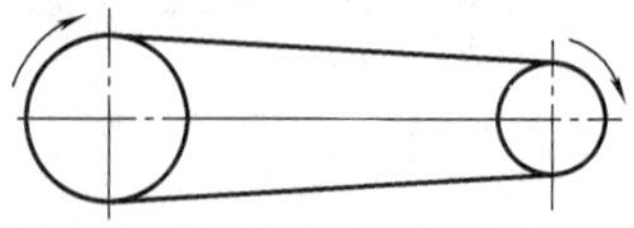	用于两轴轴线平行且旋转方向相同的场合,应用最广泛
交叉式	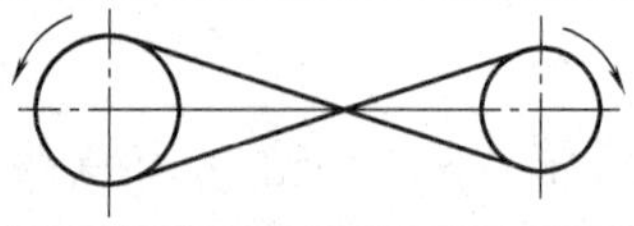	用于两轴轴线平行且旋转方向相反的场合,应用比较广泛
半交叉式	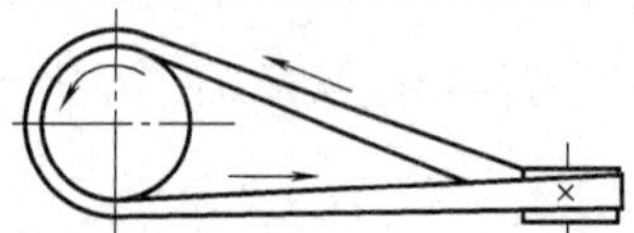	用于两轴轴线互不平行、空间相错的场合,角度通常为 90°

3. 平带的接头形式

平带的接头形式主要有如图 6-5 所示的几种。

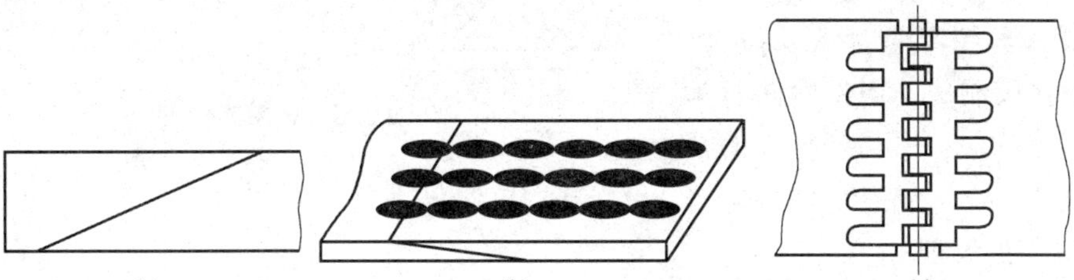

(a)　(b)　(c)

图 6-5　平带接头形式

（a）胶合　（b）缝合　（c）扣合

4. 平带的主要参数

（1）带轮的包角 α。就是胶带与带轮接触面的弧长所对应的中心角（如图 6-4）。包角的大小反映带与带轮接触弧的长短。包角越小，接触弧长越短，接触面间所产生的摩擦力总和也就越小。为了提高平带的承载能力，包角就不能太小，一般包角 $\alpha \geqslant 120°$。由于大带轮上的包角总是比小带轮上的包角大，因此只需要验算小带轮上的包角是否满足要求即可。小带轮的包角计算公式，如表 6-2 所示。

表 6-2　　平带的参数计算

传动形式	小带轮包角	胶带几何长度
开口式	$\alpha \approx 180°-(D_2-D_1)/a\times 60°$	$L=2a+\pi/2(D_2+D_1)+(D_2-D_1)^2/4a$
交叉式	$\alpha \approx 180°+(D_2+D_1)/a\times 60°$	$L=2a+\pi/2(D_2+D_1)+(D_2-D_1)^2/4a$
半交叉式	$\alpha \approx 180°+D_1/a\times 60°$	$L=2a+\pi/2(D_2+D_1)+(D_2^2-D_1^2)/2a$

（2）带长 L。平带的带长是指带的内周长度，其计算方法见表 6-2。在实际使用中，还须考虑平带在带轮上的张紧量、悬垂量和平带的接头量。

【例 6-1】　在平带开口式传动中，已知主动轮直径 $D_1=200$mm，从动轮直径 $D_2=600$mm，两传动轴中心距 $a=1200$mm。试计算其传动比、验算包角和求出带长。

解：（1）传动比：$i=n_1/n_2=D_2/D_1=600/200=3$

（2）小带轮包角：$\alpha_1 \approx 180°-(D_2-D_1)/\alpha\times 60°$

$=180°-(600-200)/1200\times 60°$

$=160°$

（3）带长：$L=2a+\pi/2\times(D_2-D_1)+(D_2-D_1)^2/4a$

$=2\times 1200+3.14/2\times(600+200)+(600-200)^2/(4\times 1200)$

$=3689.3$mm

三、V 带传动

1. V 带的结构

V 带是没有接头的环形带，截面形状为梯形，其两个侧面是工作面，如图 6-6 所示为

V 带的构造，由顶胶、抗拉体、底胶以及包布层构成。包布层：由胶帆布制成，起保护作用；顶胶：由橡胶制成，当带弯曲时承受拉伸；底胶：由橡胶制成，当带弯曲时承受压缩；抗拉层：由几层挂胶的帘布或浸胶的棉线（或尼龙）绳构成，承受基本拉伸载荷。

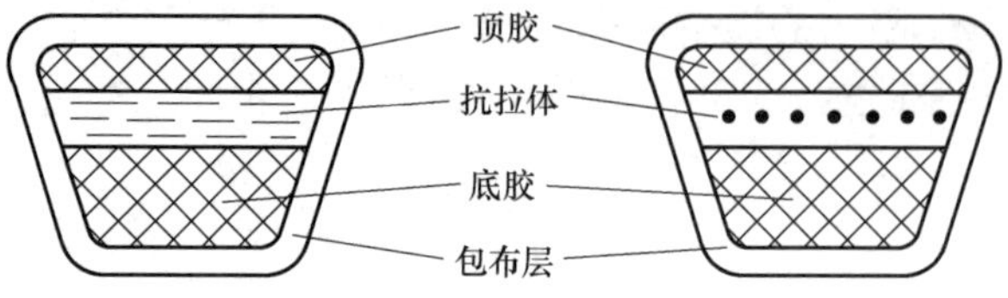

图 6-6　V 带的构造

2. V 带的类型

常用的 V 带主要类型有：普通 V 带、窄 V 带、宽 V 带、半宽 V 带等，它们的楔角（V 带两侧边的夹角 α）均为 40°。另外，还有楔角为 60°的大楔角 V 带、汽车 V 带等。其中以普通 V 带应用最为广泛。

3. V 带传动比

$$i=\frac{n_1}{n_2}=\frac{d_{p2}}{d_{p1}}$$

式中　d_{p1}——小带轮的节圆直径，mm；

d_{p2}——大带轮的节圆直径，mm。

V 带传动的传动比 $i \leqslant 7$。

4. 普通 V 带传动的主要参数

（1）普通 V 带的截面尺寸。普通 V 带分 Y、Z、A、B、C、D、E 七种型号，各型号 V 带截面形状和尺寸如表 6-3 所示。V 带的截面积越大，其传递的功率也越大。

表 6-3　普通 V 带的截面尺寸

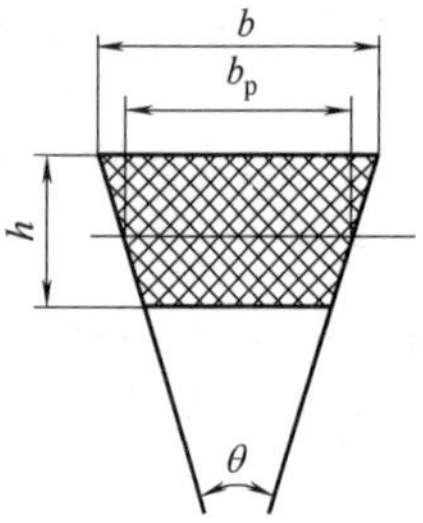

节宽 b_p：V 带绕在带轮上产生弯曲，外层受拉伸变长，内层受压缩变短，两层之间存在一长度不变的中性层。中性层面称为节面，节面的宽度称为节宽

顶宽 b：V 带横截面中梯形轮廓最大宽度叫作顶宽

带 h：梯形轮廓的高度叫作带的高度

楔角：$\theta=40°$

型号	Y	Z	A	B	C	D	E
节宽 b_p/mm	5.3	8.5	11	14	19	27	32
顶宽 b/mm	6.0	10	13	17	22	32	38
高度 h/mm	4.0	6	8	11	14	19	25
单位长度质量 q/(kg/m)	0.02	0.06	0.10	0.17	0.30	0.02	0.90

（2）普通 V 带带轮的轮槽尺寸。带轮由轮缘、腹板（轮辐）和轮毂三部分组成，如图 6-7 所示。轮缘是带轮的工作部分，制有梯形轮槽，如图 6-8 所示。轮槽尺寸，如表 6-4 所示。轮毂是带轮与轴的连接部分，轮缘与轮毂则用轮辐（腹板）连接成一整体。

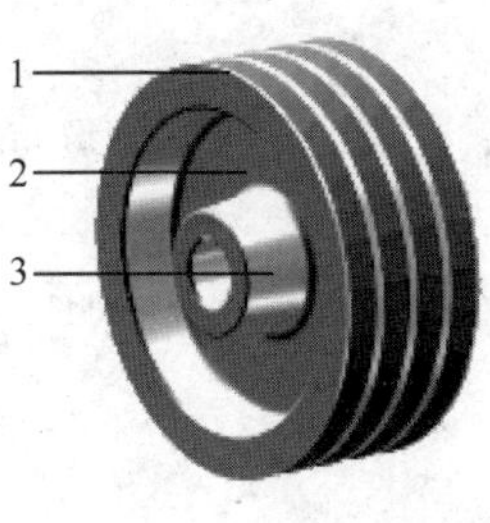

图 6-7　V 带轮的结构

1—轮缘　2—腹板　3—轮毂

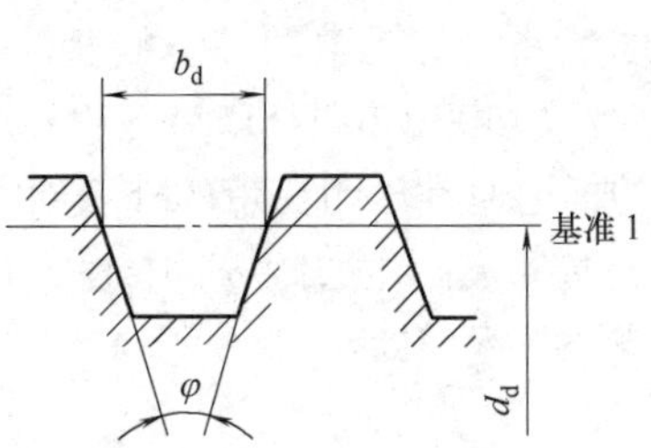

图 6-8　V 带轮的轮槽

表 6-4　带轮轮槽的基本尺寸

带型号	Y	Z	A	B	C	D	E
带轮基准宽度 b_d	5.3	8.5	11	14	19	27	32
带轮最小基准直径 d_d	20	50	75	125	200	355	500

① 基准宽度 b_d。基准宽度是指和配用的 V 带的节面处于同一位置的轮槽宽度，它等于带的节宽，即：$b_d=b_p$。

② 基准直径 d_d。指轮槽基准宽度处带轮的直径。带轮的基准直径不能太小，否则传动时带在带轮上弯曲变形严重。因此对各型号的普通 V 带轮都规定有最小基准直径。

③ 槽角 φ。指轮槽横截面两侧边的夹角。对于 $\alpha=40°$ 的 V 带传动，槽角常取 38°、36°、34°。

(3) 带的基准长度 L_d。带的基准长度是 V 带在规定的张紧力下，位于测量带轮基准直径上的周线长度。

国家标准对普通 V 带的基准长度做了具体规定，如表 6-5 所示。

表 6-5　普通 V 带基准长度（摘自 GB/T 11544—1997）　单位：mm

型号						
Y	Z	A	B	C	D	E
200	405	630	930	1565	2740	4660
224	475	700	1000	1760	3100	5040
250	530	790	1100	1950	3330	5420
280	625	890	1210	2195	3730	6100
315	700	990	1370	2420	4080	6850
355	780	1100	1560	2715	4620	7650
400	820	1250	1760	2880	5400	9150
450	1080	1400	1950	3080	6100	12230
500	1330	1550	2180	3520	6840	13750
	1420	1600	2300	4060	7620	15280
	1540	1750	2500	4600	9140	16800
		1940	2700	5380	10700	
		2050	2870	6100	12200	
		2200	3200	6815	13700	
		2300	3600	7600	15200	
		2480	4060	9100		
		2700	4430	10700		
			4820			
			5370			
			6070			

普通 V 带的标记由型号、基准长度公称值和标准号组成。

例如：A1400 GB/T 11544—1997，表示为 A 型普通 V 带，基准长度为 1400mm。

带的标记通常压印在带的外表面上，以便选用识别。

(4) 传动实际中心距 a。中心距一般根据结构要求来确定，若未给出中心距，可根据下式初定中心距，即：

$$0.7(d_{d1}+d_{d2})\leqslant a\leqslant 2(d_{d1}+d_{d2})$$

(5) 小带轮包角 α_1。

$$\alpha_1=180°-\frac{d_{d2}-d_{d1}}{a}\times 57.3°$$

5. 普通 V 带传动的安装与维护

正确的安装与维护是保证 V 带正常传动工作和延长使用寿命的有效措施。普通 V 带传动的安装与维护，如表 6-6 所示。

表 6-6 普通 V 带传动安装与维护内容

序号	安装维护内容	图　解
1	安装 V 带时，首先缩小中心距，将 V 带套入轮槽中，再按初拉力进行张紧。同组使用的 V 带应型号相同、长度相等，不同厂家生产的 V 带或新旧 V 带不能同组使用	 (a) 正确 (b) 错误 (c) 错误
2	安装带轮时，两带轮轴线应相互平行，两带轮相对应的 V 形槽的对称平面应重合，误差不得超过 20′，带轮安装在轴上不得摇晃、摆动	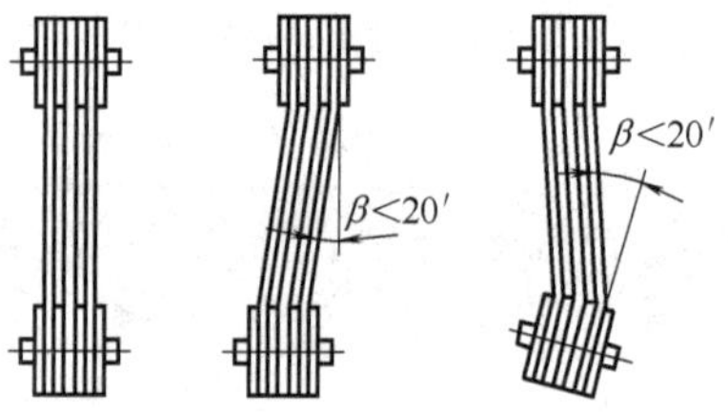 (a) 正确 (b) 错误 (c) 错误
3	V 带张紧程度要适当，带的张紧程度以大拇指能将带按下 15mm 为宜。新带使用前，最好预先拉紧一段时间	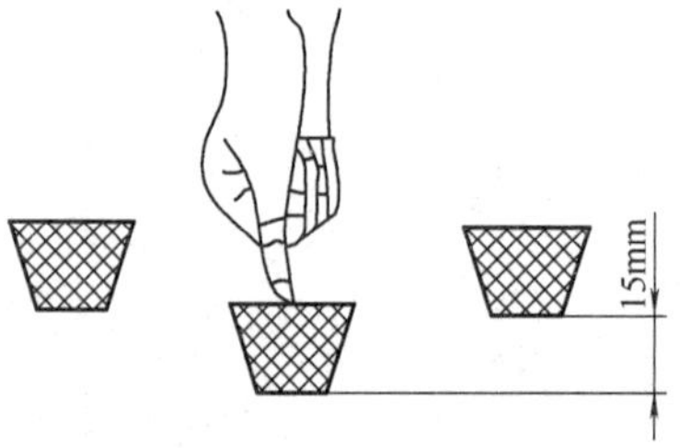

对 V 带传动定期检查调整，如发现不宜继续使用的 V 带要及时更换。

更换时应一组同时更换，而且一组 V 带中各根带的实际长度尽量接近相等，以使各根 V 带在传动中受力均匀。

V 带传动还必须安装防护罩，防止伤人事故发生。

四、带传动的张紧装置

带传动中，由于带长期受到拉力的作用，会产生永久变形而伸长，带由张紧变为松弛，张紧力逐渐减小，导致传动能力降低，甚至无法传动，因此必须将带重新张紧。带传动的张紧方式有两种，调整中心距和使用张紧轮。

1. 调整中心距

如图 6-9（a）所示，通过调节螺钉 3，使电动机 1 水平移动，或绕定轴转动如图 6-9（b）所示，来调整中心距，以便定期调整带的初拉力。也可依靠电动机 1 自重使电机转动，如图 6-9（c）所示，可自动调整带的初拉力。

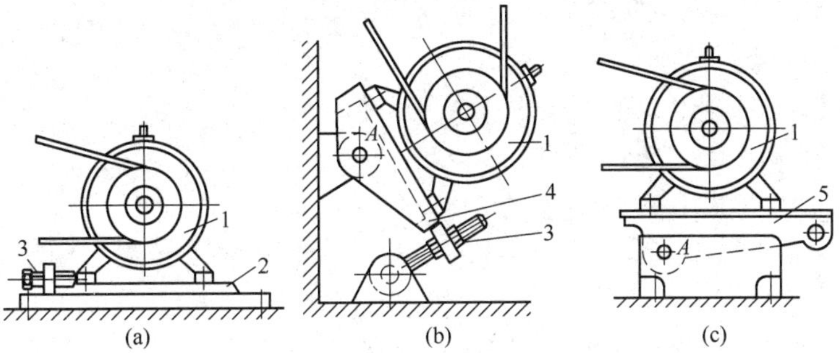

图 6-9　带的张紧装置

（a）水平定期张紧　（b）垂直定期张紧　（c）自动张紧

1—电动机　2—滑道　3—调节螺钉　4—摆动底座　5—摇摆架

2. 使用张紧轮

当两带轮的中心距不能调整时，可使用张紧轮装置，如图 6-10 所示。V 带传动的张紧轮应安放在 V 带松边的内侧，如图 6-10（a）所示，这是因为张紧轮放在带的外侧，如图 6-10（b）所示带在传动时受双向弯曲会影响其使用寿命。放在带的内侧时，传动时带只受单方向的弯曲，但会引起小带轮上包角的减小，影响带的传动能力，因此，应使张紧轮尽量靠近大带轮处，这样可以使小带轮上的包角不致减小太多。

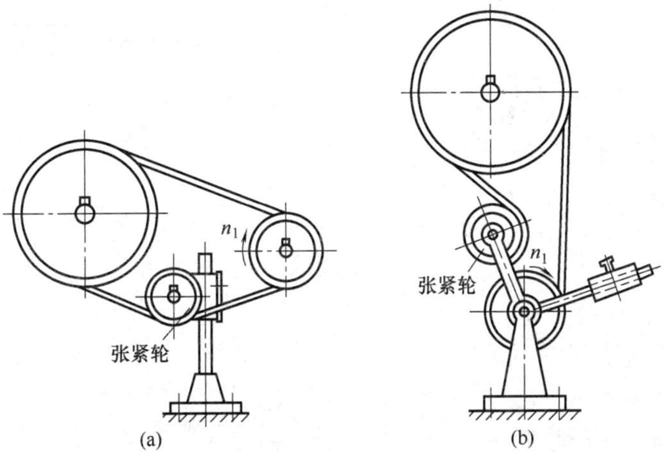

图 6-10　V 带张紧轮装置

（a）张紧轮放在带内侧　（b）张紧轮放在带外侧

任务二 链 传 动

链传动是链条与链轮的啮合传动，它同时具有“刚、柔”的特点，是一种常见的机械传动形式。如图 6-11 所示，链传动由从动链轮 1、主动链轮 2 和链条 3 组成，通过链条的链节与链轮上的轮齿相啮合传递运动和动力。

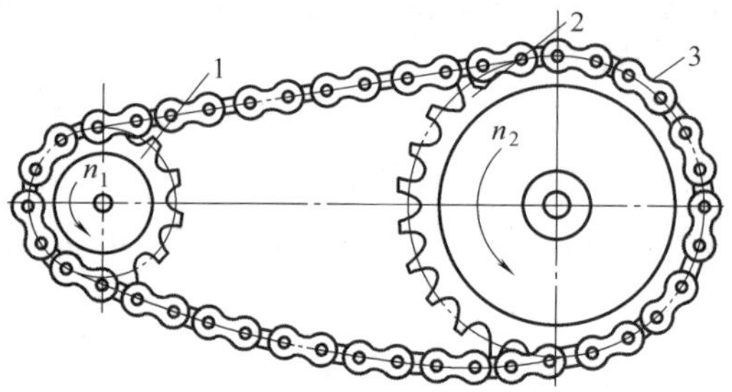

图 6-11 链传动

1—从动链轮 2—主动链轮 3—链条

一、链传动的特点和类型

1. 链传动的特点

和带传动相比，链传动的主要优点是：①没有滑动；②工况相同时，传动尺寸比较紧凑；③不需要很大的张紧力，作用在轴上的载荷较小；④效率较高；⑤能在温度较高、湿度较大的环境中使用等。

缺点是：①只能用于平行轴间的传动；②瞬时速度不均匀，高速运转时不如带传动平稳；③不宜在载荷变化很大和急促反向的传动中应用；④工作时有噪声；⑤制造成本比带传动高。

2. 链传动的类型

按照工作性质的不同，可分为传动链、起重链和输送链三种。传动链主要用来传递动力，通常都在中等速度（$v \leq 15\text{m/s}$）以下工作；起重链主要用在起重机械中提升重物，其工作速度不大于 0.25m/s；输送链主要用于运输机械中移动重物，其工作速度不大于 2~4m/s。

传动链的形式主要有：套筒链、滚子链、齿形链和成型链。其中滚子链应用最广，本任务只讨论滚子链。

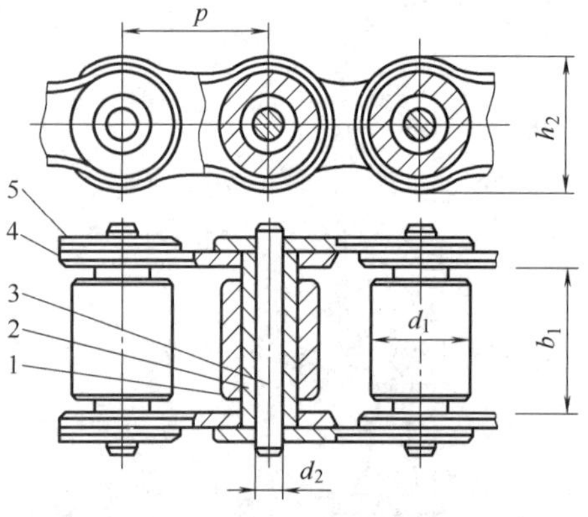

图 6-12 滚子链的结构

1—滚子 2—套筒 3—销轴

4—内链板 5—外链板

二、滚子链和链轮的结构

1. 滚子链的结构

如图 6-12 所示，滚子链由内链板 4、外链板 5、销轴 3、套筒 2 和滚子 1 组成。内链板与套筒、外链板与销轴间均为过盈配合，套筒与销轴、滚子与套筒间均为间隙配合。内、外链板交错连接而构成铰链。相邻两滚子轴线间的距离称为链节距，用 p 表示，链节距 p 是传动链的重要参数。

滚子链有单排链、双排链、多排链。当传递功率较大时，可采用双排链（图 6-13）或多排链。多排链的承载能力与排数成正比，但多排链的排数较多时，各排受载不易均匀，因此实际运用中排数一般不超过 4。

链条在使用时封闭为环形，当链节数为偶数时，正好是外链板与内链板相接，可用开口销或弹簧卡固定销轴，如图 6-14 所示；若链节数为奇数，则需采用过渡链节，如图 6-15 所示。由于过渡链节的链板要受附加的弯矩作用，一般应避免使用，最好采用偶数链节。

2. 滚子链的参数

滚子链的基本特性参数为节距 p（图 6-12）。节距越大，链的各组件尺寸就越大，链传动的功率也越大。但当链轮齿数确定后，节距大会使链轮直径增大。因此，在需要承受较大载荷的场合下，一般采用的是双排链或多排链。滚子链已经标准化，共分为 A、B 两个系列，我国主要采用 A 系列。滚子链的规格和主要参数见表 6-7。

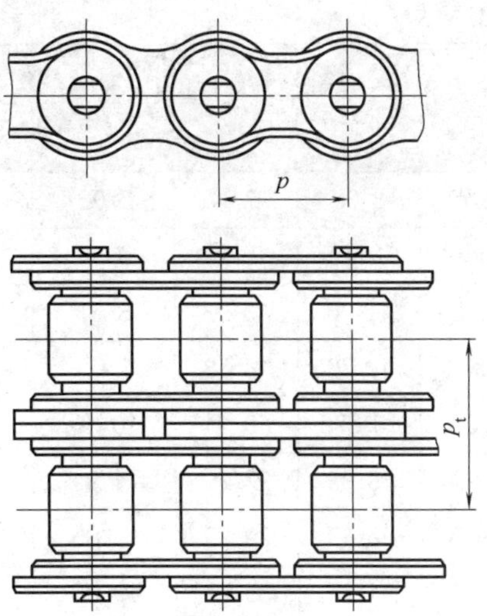

图 6-13　双排滚子链

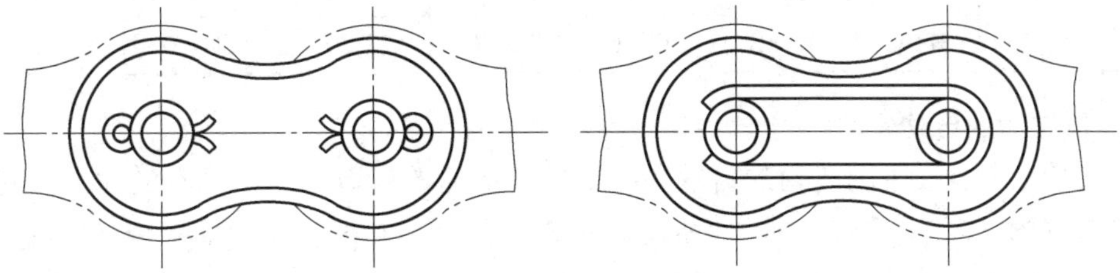

图 6-14　偶数链接头形式

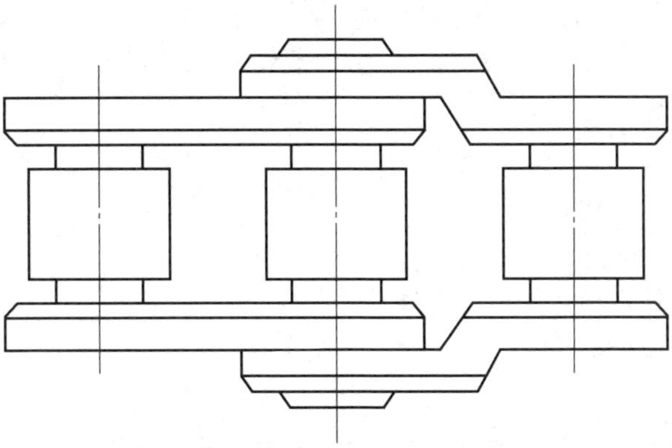

图 6-15　奇数链接头形式

按照 GB/T 1243—2006 的规定，套筒滚子链的标记为：链号—排数×整链节数

例：10A-2×88　GB/T 1234. 1 — 1983

表示：A 系列，10 号链，节距 15. 875mm，双排，88 节，标准号为 GB/T 1243 — 2006 的滚子链。

表 6-7　　滚子链规格与主要参数

链号	节距 p /mm	排距 p_t /mm	滚子外径 d_1/mm	内链节内宽 b_1/mm	销轴直径 d_2/mm	链板高度 h_2/mm	极限拉伸载荷 F_Q/N（单排）	每米质量 g/kg·m^{-1}（单排）
05B	8.00	5.64	5.00	3.00	2.31	7.11	4400	0.18
06B	9.525	10.24	6.35	5.72	3.28	8.26	8900	0.40
08B	12.70	13.92	8.51	7.75	4.45	11.81	17800	0.70
08A	12.70	14.38	7.95	7.85	3.96	12.07	13800	0.60
10A	15.875	18.11	10.16	9.40	5.08	15.09	21800	1.00
12A	19.05	22.78	11.91	12.57	5.94	18.08	31100	1.50
16A	25.40	29.29	15.88	15.75	7.92	24.13	55600	2.60
20A	31.75	35.67	19.05	18.90	9.53	30.18	86700	3.80
24A	38.10	45.44	22.23	25.22	11.10	36.20	124600	5.60
28A	44.45	48.87	25.40	25.22	12.70	42.24	169000	7.50
32A	50.80	58.55	28.58	31.55	14.27	48.26	222400	10.10
40A	63.50	71.55	39.68	37.85	19.84	60.33	347000	16.10
48A	76.20	87.83	47.63	47.35	23.80	72.39	500400	22.60

3. 链传动的传动比

在链传动中，设主动链轮的齿数为 z_1，从动链轮的齿数为 z_2，主动链轮每转过一个齿，链条就移动一个链节，链条带动从动链轮也转过一个齿。当主动链轮转动 n_1 转时，其转过的齿数为 z_1n_1，从动链轮随着转动 n_2 转，转过的齿数为 z_2n_2。在同一时间内，两链轮转过的齿数应相等：$z_1n_1=z_2n_2$，所以：$\frac{n_1}{n_2}=\frac{z_2}{z_1}$

链传动的传动比 i 就是主动链轮 n_1 与从动链轮 n_2 之比，也等于从动链轮与主动链轮齿数之比，即：$i_{12}=\frac{n_1}{n_2}=\frac{z_2}{z_1}$

式中　n_1——主动链轮转速，r/min；

n_2——从动链轮转速，r/min；

z_1——主动链轮齿数；

z_2——从动链轮齿数。

4. 链轮的结构

链轮的直径较小时通常制成实心式，如图 6-16（a）所示；直径较大时制成孔板式，如图 6-16（b）所示；直径很大时制成组合式，可将轮圈焊接在轮毂上如图 6-16（c）所示，或用螺栓连接，如图 6-16（d）所示。

三、链传动的失效形式

链传动的常见失效形式有以下几种：

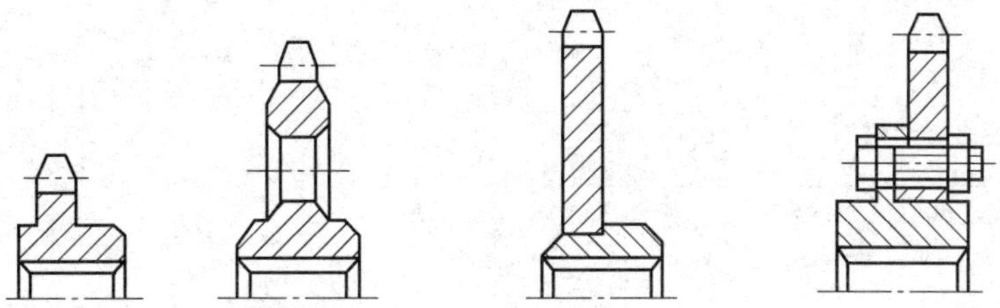

图 6-16　链轮结构图

(a) 实心式　(b) 孔板式　(c) 焊接式　(d) 螺栓连接式

(1) 链板的疲劳破坏。工作时，链条周而复始地由松边到紧边不断运动着，它的各个元件都是在变应力作用下工作，经过一定循环次数后，链板将会出现疲劳断裂。在正常的工作条件下，一般是链板首先发生疲劳断裂，其疲劳强度成为限定链传动承载能力的主要因素。

(2) 滚子和套筒的冲击疲劳破坏。链传动在反复启动、制动或反转时产生巨大的惯性冲击引起的冲击疲劳，会使滚子和套筒发生冲击疲劳破坏。

(3) 链条铰链的磨损。链的各元件在工作过程中都会有不同程度的磨损，但主要磨损发生在铰链的销轴与套筒的承压面上。磨损使链条的节距增加，容易产生跳齿和脱链。一般开式传动时极易产生磨损，降低链条寿命。

(4) 链条铰链的胶合。当链轮转速达到一定值时，链节啮入时受到的冲击能量增大，工作表面的温度过高，销轴和套筒间的润滑油膜被破坏使两摩擦表面相互粘接，并在相对运动中将较软的金属撕下，产生胶合。胶合在一定程度上限制了链传动的极限转速。

(5) 链条静力拉断。在低速（$v<0.6$m/s）重载或突然过载时，载荷超过了链条的静力强度，导致链条被拉断。

链条在中、高速时（$v\geqslant0.6$m/s），上述链传动失效形式的前四种都有可能发生；当链速度较低时（$v<0.6$m/s），主要失效为链条静力拉断，其具体设计方法可查相关的设计手册。

四、链传动的布置、张紧和润滑

1. 链传动的布置

链传动的布置原则：在链传动中，两链轮的转动平面应在同一平面内，两轴线必须平行，最好成水平布置，如图 6-17（a）所示，如需倾斜布置时，两链轮中心连线与水平线的夹角 β 应小于 45°，如图 6-17（b）所示。同时链传动应使紧边（即主动边）在上，松边在下，以便链节和链轮轮齿可以顺利地进入和退出啮合。如果松边在上，可能会因松边垂度过大而出现链条与轮齿的干扰，甚至会引起松边与紧边的碰撞。

2. 链传动的张紧

为防止链条垂度过大造成啮合不良和松边的颤动，需用张紧装置，链条包在链轮上应松紧适度。通常用测量松边垂度 f 的办法来控制链的松紧程度。合适的松边垂度为 f=

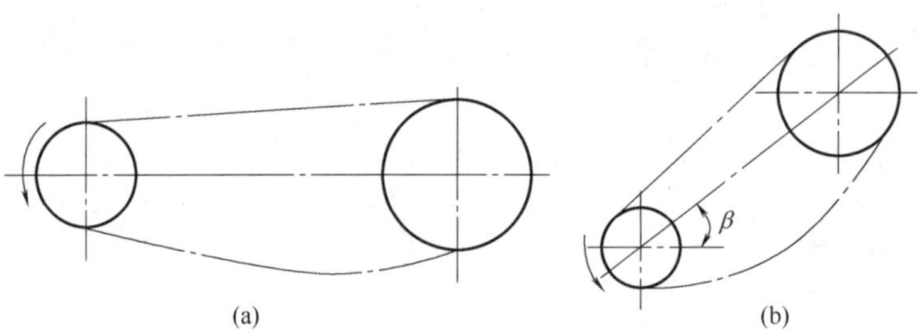

图 6-17 链传动的布置

(a) 两链轮水平布置 (b) 两链轮倾斜布置

(0.01~0.02)a。式中，a 是中心距。如中心距可以调节时，可用调节中心距来控制张紧程度；如中心距不可调节时，可用张紧轮。张紧轮应安装在链条松边靠近小链轮处，放在链条内、外侧均可，分别如图 6-18（a）、图 6-18（b）所示。张紧轮可以是链轮，也可以是无齿的滚轮，其直径可比小链轮略小些，可布置在链的内侧或外侧。

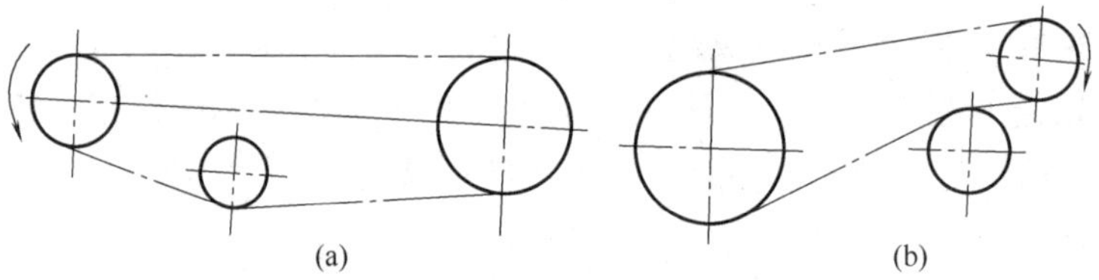

图 6-18 链传动的张紧

(a) 张紧轮安装在链条内侧 (b) 张紧轮安装在链条外侧

3. 链传动的润滑

链传动良好的润滑将会减少磨损、缓和冲击，提高承载能力，延长使用寿命，因此链传动应合理地确定润滑方式和润滑剂种类。常用的润滑方式有以下几种：

① 人工定期润滑：用油壶或油刷给油，如图 6-19（a）所示，每班注油一次，适用于链速 $v \leqslant 4$m/s 的不重要传动；

② 滴油润滑：用油杯通过油管向松边的内、外链板间隙处滴油，用于链速 $v \leqslant 10$m/s 的传动，如图 6-19（b）所示；

③ 油浴润滑：链从密封的油池中通过，链条浸油深度以 6~12mm 为宜，适用于链速 $v=0.6 \sim 2$m/s 的传动，如图 6-19（c）所示；

④ 飞溅润滑：在密封容器中，用甩油盘将油甩起，经由壳体上的集油装置将油导流到链上。甩油盘速度应大于 3m/s，浸油深度一般为 12~15mm，如图 6-19（d）所示；

⑤ 压力油循环润滑：用油泵将油喷到链上，喷口应设在链条进入啮合之处。适用于链速 $v \geqslant 8$m/s 的大功率传动，如图 6-19（e）所示。

链传动常用的润滑油有 L-AN32、L-AN68、L-AN100。温度低时，黏度宜低；功率大时，黏度宜高。对于不便使用润滑油的场合，可用润滑脂，定期清洗和涂抹。为了安全与防尘，开式的链传动应装防护罩。

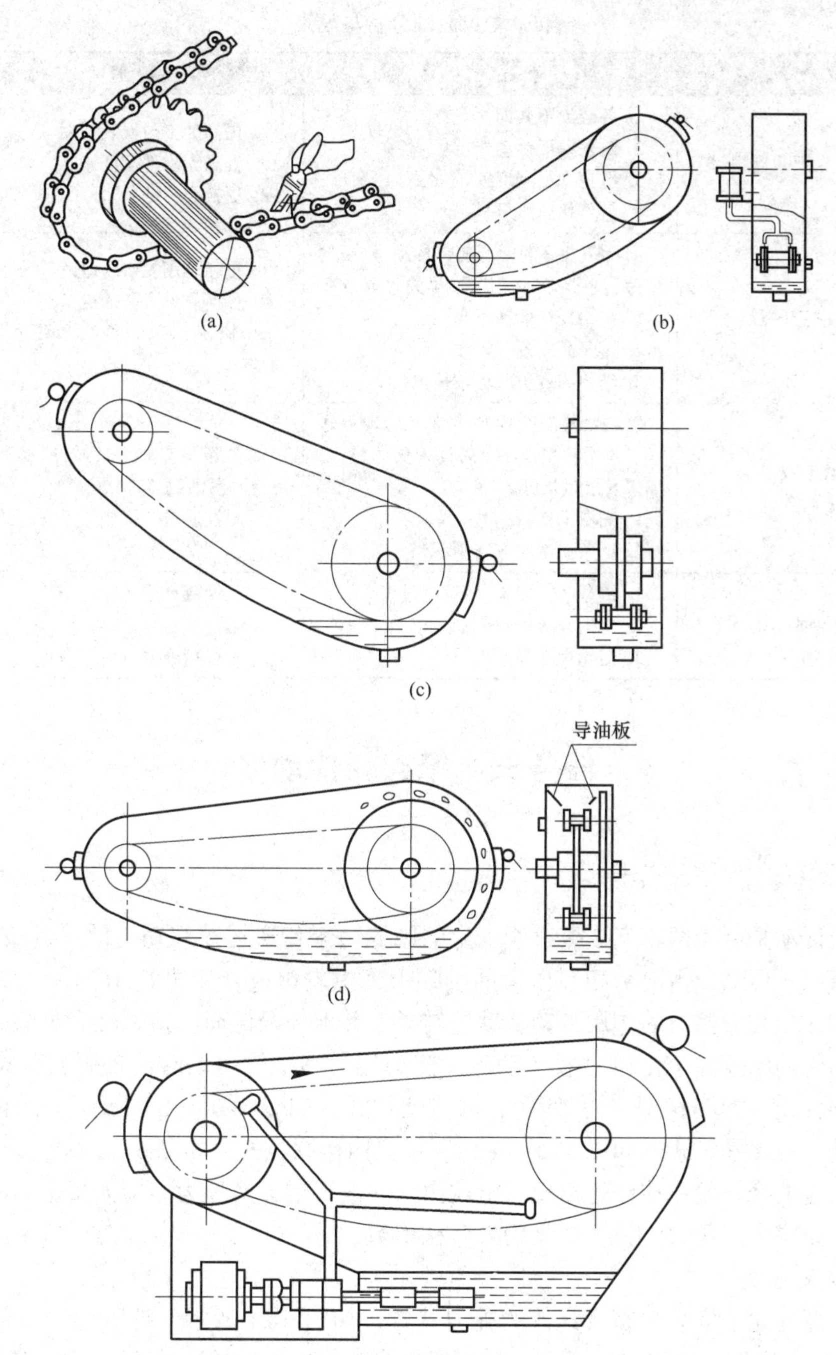

图 6-19　链传动润滑方法

（a）人工定期润滑　（b）滴油润滑　（c）油浴润滑　（d）飞溅润滑　（e）压力油循环润滑

五、链传动的常见故障分析及维护

链传动常见故障有疲劳破坏、磨损、胶合、跳齿等原因，产生的原因和维修措施见表 6-8。

表 6-8 链传动常见故障分析与维修

故障	产生原因	维修措施
链板与链轮严重磨损	1. 各链轮不共面 2. 链轮端面跳动严重 3. 链轮支承刚度差 4. 链条扭曲严重	1. 提高加工与安装精度 2. 提高支承件刚度 3. 更换合格链条
链板疲劳开裂	润滑条件好的中低速链传动,链板的疲劳是主要矛盾,但若过早失效则 1. 链条规格选择不当 2. 链条品质差 3. 动力源或负载动载荷大	1. 重新选用规格合适的链条 2. 更换质量合格的链条 3. 控制或减弱负载和动力源的冲击振动
销轴磨损或销轴与套筒胶合	链条铰链的磨损是最常见的现象之一。正常磨损是一个缓慢发展的过程。如果发展过快,则 1. 润滑不良 2. 链条质量差或选用不当	1. 消除润滑油内杂质,改善润滑条件,更换润滑油,加防护罩 2. 更换质量合格或稍大规格链条
链条跳齿或抖动	1. 链条磨损伸长,使垂度过大 2. 冲击或脉动载荷较重 3. 链轮齿磨损严重	1. 更换链条或链轮 2. 适当张紧 3. 采取措施使负荷较稳定

任务三 摩擦轮传动

一、摩擦轮传动工作原理

摩擦轮传动是利用两轮直接接触所产生的摩擦力来传递运动和动力的一种机械传动。最简单的摩擦轮传动，由两个相互压紧的圆柱形摩擦轮组成，如图 6-20 所示。在正常传动时，主动轮依靠摩擦力的作用带动从动轮转动，并保证两轮面的接触处有足够大的摩擦力，使主动轮的摩擦力矩足以克服从动轮的阻力矩。摩擦轮传动有两轴平行的摩擦轮传动，外接圆柱式，如图 6-20（a）所示，内接圆柱式，如图 6-20（b）所示；两轴相交的摩擦轮传动，外接圆锥式，如图 6-20（c）所示，内接圆锥式，如图 6-20（d）所示。

为了防止两摩擦轮在传动时出现打滑现象，一般要增大摩擦力。增大摩擦力的途径有两个，一个是增大正压力，另一个是增大摩擦因数。

1. 增大正压力

可以在摩擦轮上安装弹簧或其他的施力装置，如图 6-21 所示，拧紧螺钉 1 可以压缩弹簧 2，增加两摩擦轮之间的正压力，从而增加两摩擦轮之间的摩擦力。但这样会增加作用在轴与轴承上的载荷，导致增大传动件的尺寸，使机构变得笨重。

2. 增大摩擦因数

通常是将其中一个摩擦轮用钢或铸铁材料制造，在另一个摩擦轮的工作表面粘上一层石棉、皮革、橡胶布、塑料或纤维材料等。

一般来说，轮面比较软的摩擦轮适宜作主动轮，这样可以避免传动中产生打滑导致从动轮的轮面遭受局部磨损，从而影响传动质量。

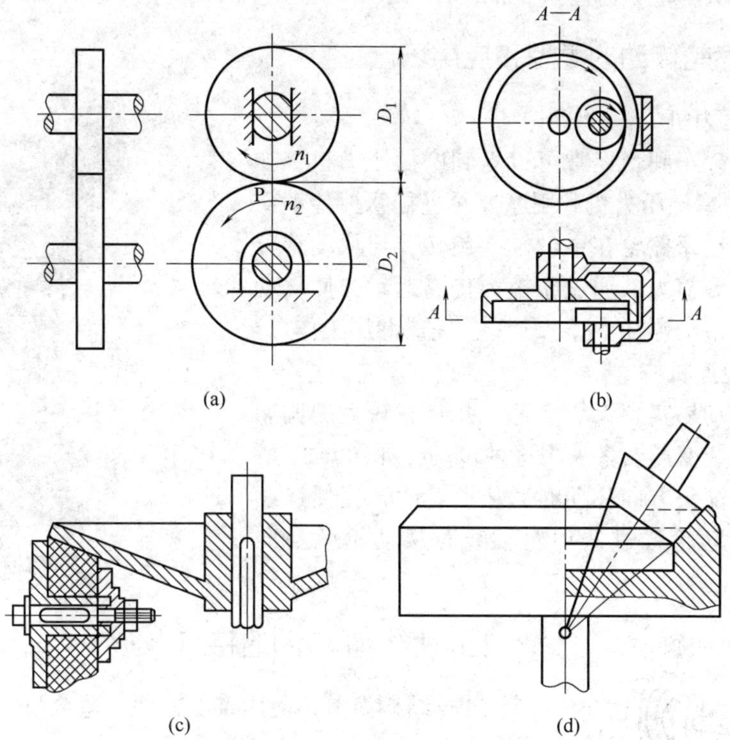

图 6-20　摩擦轮传动

（a）外接圆柱式　（b）内接圆柱式　（c）外接圆锥式　（d）内接圆锥式

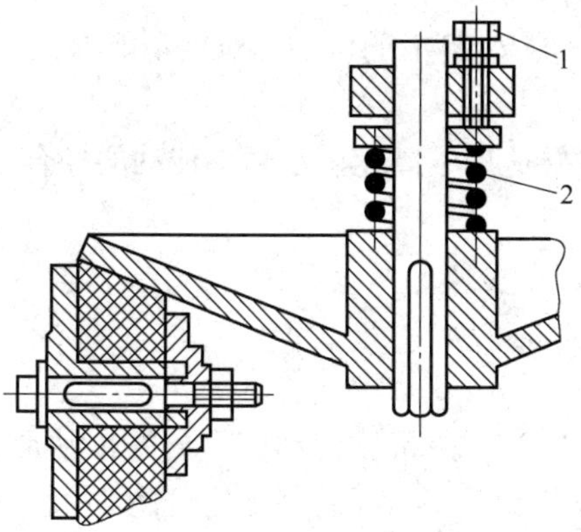

图 6-21　增压装置

1—螺钉　2—弹簧

二、摩擦轮传动比

如图 6-20（a）所示两个摩擦轮在 P 点接触，假设没有相对滑动，那么两个轮在 P 点的圆周速度是相等的，即 $v_1=v_2$（m/s）。

因为：

$$v_1=\frac{\pi D_1 n_1}{1000\times 60}$$

$$v_2=\frac{\pi D_2 n_2}{1000\times 60}$$

所以：

$$n_1 D_1 = n_2 D_2$$

或：

$$\frac{n_1}{n_2}=\frac{D_2}{D_1}$$

两摩擦轮的转速之比等于它们直径的反比，这一比值就是摩擦轮的传动比 i，即：

$$i_{12}=\frac{n_1}{n_2}=\frac{D_2}{D_1}$$

式中　n_1——主动摩擦轮转速，r/min；

n_2——从动摩擦轮转速，r/min；

D_1——主动摩擦轮直径，mm；

D_2——从动摩擦轮直径，mm。

三、摩擦轮传动的类型和应用场合

1. 摩擦压力机

在汽车修理车间，经常可以看到摩擦压力机，如图6-22所示。摩擦压力机利用摩擦轮进行摩擦传动而工作，两个主动摩擦轮在主动轴上旋转，与从动轮分别接触并产生摩擦力，通过摩擦力传递运动，使从动轮旋转，从而带动螺杆下降、上升，完成冲压工作。

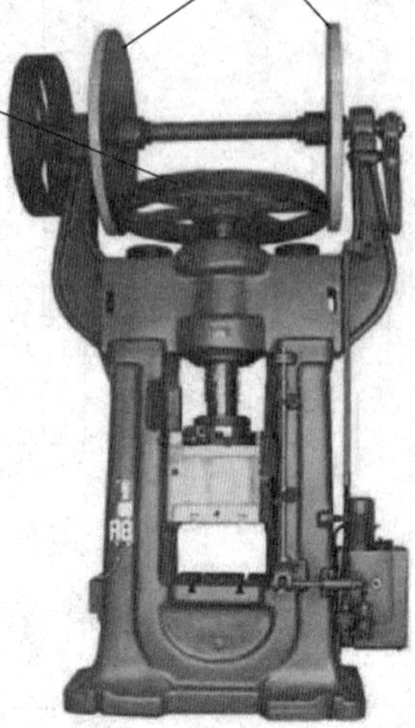

图6-22 摩擦压力机

2. 无级变速机构

摩擦轮传动易实现无级变速，并具有较大的调速幅度。机械无级变速器多采用这种传动，如图6-23所示，主动轮按箭头方向移动时，从动轮的转速便连续地变化，当主动轮移过从动轮轴线时从动轮就反向回转。

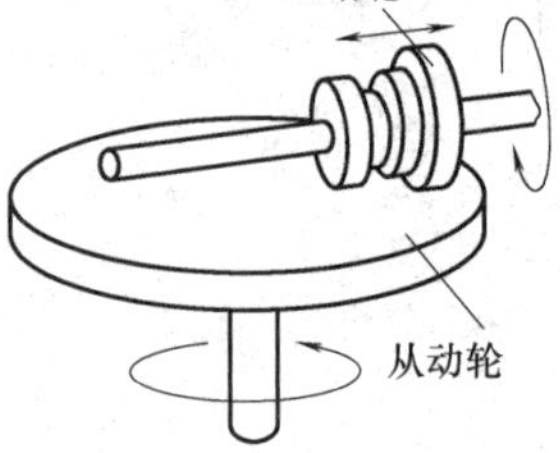

图6-23 无级变速机构

四、摩擦轮传动的特点

（1）结构简单，使用维修方便，适合两轴中心距比较近的传动。

（2）传动时噪声小，并可在运转中变速、变向。

（3）过载时，两轮接触处会产生打滑，可以防止薄弱零件的损坏，起到安全保护作用。

（4）因在接触处有产生打滑的可能，所以不能保证准确的传动比。

（5）传动效率较低，不宜传递较大的转矩，主要适用于高速、小功率传动的场合。

项 目 练 习

6-1 填空题。

（1）带传动与链传动用于传递________和________，是机械传动中重要的传动形式。适用于的运动与动力传递，其________与主、从动轮的直径成反比，瞬时传动比________，传递运动的准确性不如齿轮传动。

（2）汽车上的发电机、风扇和水泵等均由曲轴通过________来传递运动和动力。

（3）V带是________，截面形状为________形。V带的工作面是________。

（4）带传动根据其传动原理分为________和________两大类。摩擦型带传动包括________、________、________等，它主要是靠________和________间接触面之间的来传递动力和运动；而啮合型带传动即为________，它是靠________与________的啮合传递运动和动力的。

（5）传动带的张紧有________和________两种。

(6) 带传动在汽车中的应用有两种，一是________传动，另一种是________传动。

(7) 汽车多楔带 6PK1150 表示________。

(8) V 带已标准化，国家标准规定的普通 V 带按截面尺寸由小到大有________________七种型号，窄 V 带有________________四种型号。

(9) 按用途不同，链传动可分为________、________和________。传动链主要用于工作速度的一般机械传动中；起重链用于________；牵引链用于________中，工作速度 $v\leqslant 4$m/s。常用的传动链主要有________和________两种。其中________传动应用最为广泛，一般所说的链传动即指________传动。

(10) 滚子链的主要参数有________、________和________。其中________是链传动的基本特性参数。多排链的排数一般不超过________。

(11) 摩擦轮传动是利用________所产生的摩擦力来传递运动和动力的一种机械传动。

(12) 为了防止两摩擦轮在传动时出现打滑现象，一般采用________方法。其途径是________和________。

6-2　选择题（将正确答案的代号填入括号内）。

(1) 带传动中，在预紧力相同的条件下，V 带比平带能传递较大的功率，是因为 V 带（　　）。

A. 强度高　　B. 尺寸小　　C. 有楔形增压作用　　D. 摩擦面积大

(2) 为提高带传动的工作能力，一般设计要求 a（　　）。

A. ≥120°　　B. ≥100°　　C. ≤100°　　D. ≤90°

(3) 属于啮合传动的带传动是（　　）。

A. 平带　　B. V 带　　C. 多楔带　　D. 同步带

(4) V 带的楔角为（　　）。

A. 40°　　B. 38°　　C. 36°　　D. 34°

(5) 链传动的特点（　　）。

A. 传动比较差　　B. 传动功率大　　C. 效率低　　D. 传动平稳性差

(6) 运输机中驱动输送带用（　　）。

A. 传动链　　B. 起重链　　C. 牵引链　　D. 循环链

6-3　下列说法正确的打“√”，错误的打“×”并更正。

(1) 带传动是依靠带与带轮接触面之间的正压力来传递运动和动力的。（　　）

(2) 与平带传动相比较，V 带传动的优点是传动效率高。（　　）

(3) V 带的截面积以 A 型带最小，E 型带最大。（　　）

(4) 带轮的直径越小，带的使用寿命越短。（　　）

(5) V 带传动的张紧轮安装位置在 V 带松边内侧，并尽量靠近大带轮。（　　）

(6) 在功率一定时，为了使 V 带工作不打滑，它的速度控制在 $5\text{m/s}<v<25\text{m/s}$ 范围内。（　　）

(7) 带传动不能保证精确的传动比，其原因是带在带轮上打滑。（　　）

(8) 链传动张紧的目的是使链条产生初拉力，以使链传动能传递运动和功率。（　　）

(9) 链条节数应选择偶数。（　　）

（10）带传动两带轮的中心距越大，小带轮的包角就越大。（　　）

6-4　简答题。

（1）带传动有什么优缺点？根据带的剖面形状不同，带可以分为哪几种类型？

（2）带传动产生弹性滑动和打滑的原因是什么？对传动各有什么影响？

（3）与带传动相比链传动有哪些优缺点？

（4）摩擦轮传动有哪些特点？

6-5　计算题。

某平带传动，主动轮直径 $D_1=80\text{mm}$，转速 $n_1=1450\text{r/min}$，在不考虑打滑的情况下，欲使从动轮转速 $n_2=290\text{r/min}$，则求传动比 i 和从动轮直径 D_2。

6-6　题 6-6 图为平带传动时采用的张紧装置，张紧轮安放在平带松边的外侧且靠近小带轮处，为什么？

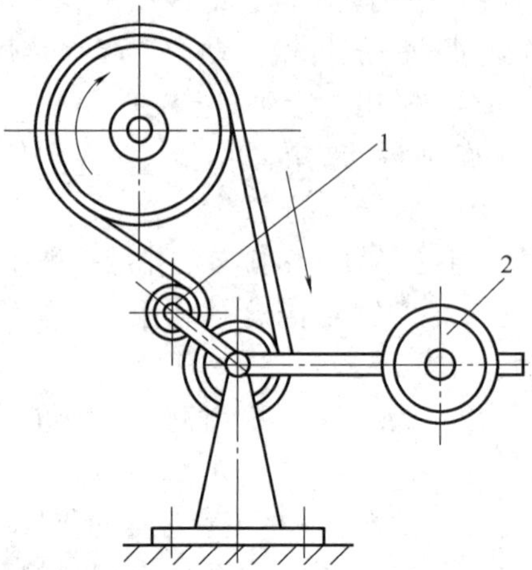

题 6-6 图　平带的张紧轮装置

1—张紧轮　2—平衡重锤

6-7　如题 6-7 图所示，采用张紧轮将带张紧，小带轮为主动轮。在题 6-6 图（a）、（b）、（c）、（d）所示的四种张紧轮的布置方式中，指出哪些是合理的，哪些是不合理的？为什么？（注：最小轮为张紧轮。）

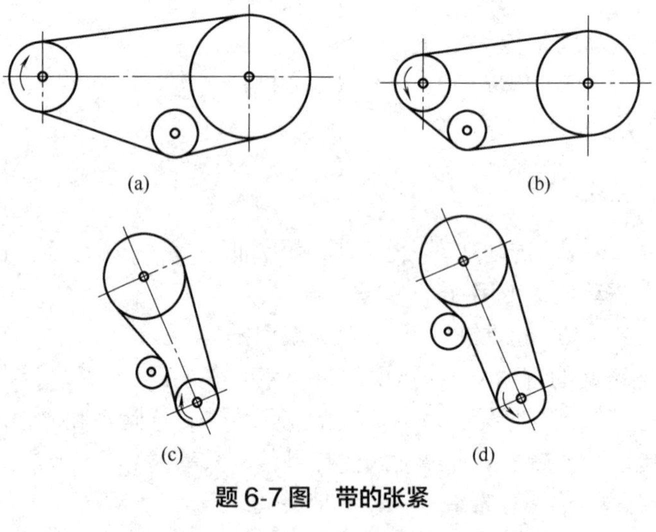

题 6-7 图　带的张紧

项目七

螺纹、键销连接和弹簧

任务一　螺 纹 连 接

螺纹连接是利用螺纹零件构成的可拆连接，它的主要功能是把需要相对固定在一起的零件连接起来。这种连接装拆方便，连接可靠，且多数螺纹连接件已标准化，大批生产，成本低，应用非常广泛。螺栓、螺母等螺纹紧固件是最常用的连接方式，它们依靠螺纹将各种零部件按一定的要求连接起来，这种依靠螺纹起作用的连接称为螺纹连接。常用的螺纹连接，如图 7-1 所示。

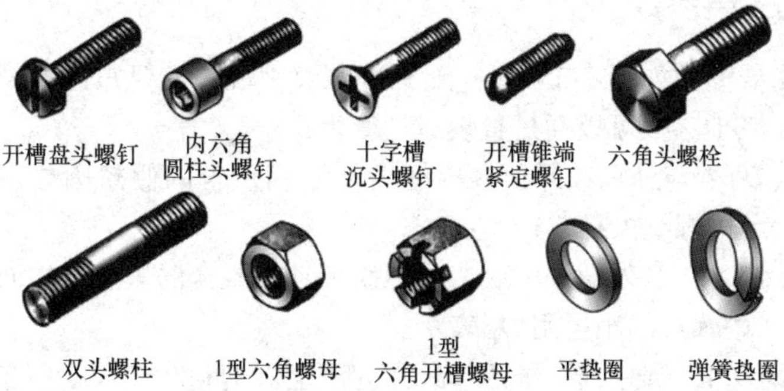

图 7-1　螺纹连接件

一、螺纹的形成

螺纹是回旋体表面沿螺旋线所形成的具有相同断面的连续凸起和沟槽。在零件外表面加工的螺纹称为外螺纹，在零件内表面加工的螺纹称为内螺纹。

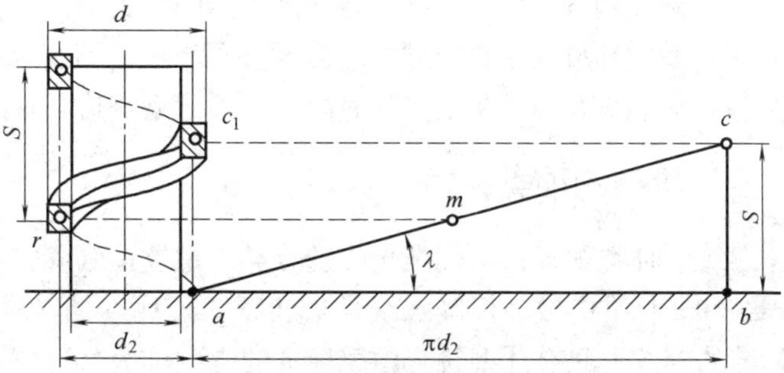

图 7-2　螺旋线的形成

螺纹实际上可以认为是由平面图形（三角形、梯形、矩形等）绕和它共同的回转轴线做螺旋运动的轨迹。如图 7-2 所示，将一直角三角形 abc 绕在直径为 d_2 圆柱体表面上，使三角形底边 ab 与圆柱体的底边重合，则三角形的斜边 amc 在圆柱体表面形成一条螺旋线。三角形 abc 的斜边与底边的夹角 λ，称为螺纹升角。当直角三角形平面始终通过圆柱体的轴线并沿着螺旋线运动，则这个平面在空间形成一个螺旋形体，便形成了螺纹，由于平面图形绕在回旋体外表面上，故称为外螺纹。

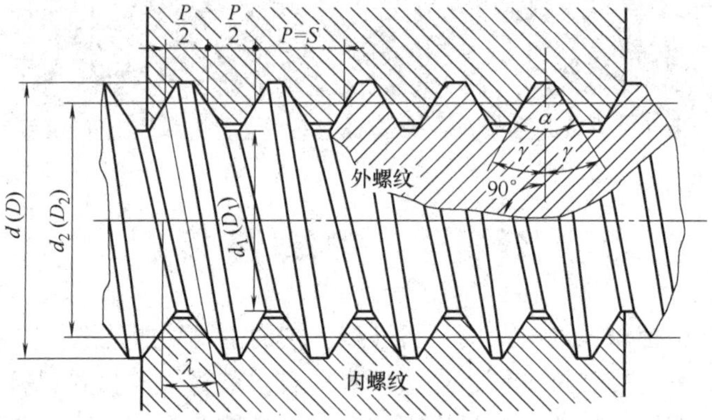

图 7-3 螺纹的主要参数

二、螺纹的主要参数

普通螺纹的主要参数如图 7-3 所示。对标准螺纹来说，只要知道大径、线数、螺距和牙型角就可以了，其他参数可以通过查表或计算得出。

（1）大径 d（D）。与外螺纹牙顶或内螺纹牙底相重合的假想圆柱面的直径。d 表示外螺纹大径，D 表示内螺纹大径。

（2）小径 d_1（D_1）。与外螺纹牙底或内螺纹牙顶相重合的假想圆柱面的直径。外螺纹的小径用 d_1 表示，内螺纹的小径用 D_1 表示。

（3）中径 d_2（D_2）。圆柱或圆锥的母线在牙型上沟槽和凸起宽度相等的地方。外螺纹的中径用 d_2 表示，内螺纹的中径用 D_2 表示。

（4）螺距 P。相邻两牙在中径线上对应两点的轴向距离。

（5）线数 n。指一螺纹零件的螺纹线数目。

（6）导程 S。同一条螺纹线上的相邻两牙在中径线上对应两点间的轴向距离。单线螺纹的导程等于螺距，即 $S=P$，多线螺纹的导程等于线数乘以螺距，即 $S=nP$。

（7）牙型角 α。螺纹牙型上相邻两牙侧间的夹角。

（8）螺旋升角 λ。在中径圆柱或圆锥上螺旋线的切线与垂直于螺纹轴线的平面的夹角。

（9）牙型斜角 γ。在轴向剖面内，螺纹牙型侧边与轴线垂直平面间的夹角。

三、螺纹的种类

螺纹的种类很多，按标准化程度分类：螺纹按其参数的标准化程度分为标准螺纹、特殊螺纹和非标准螺纹。标准螺纹是指牙型、公称直径（大径）和螺距三个要素均符合国家标准的螺纹。只有牙型符合国家标准的螺纹称为特殊螺纹。凡牙型不符合国家标准的螺纹称为非标准螺纹。

如图 7-4 所示，按旋向不同分为右旋螺纹和左旋螺纹；按螺旋线的数目多少分为单线螺纹和多线螺纹，如图 7-4（a）、图 7-4（b）、图 7-4（c）所示；按附着在零件的内、外表面分为内螺纹和外螺纹；按截面的牙型分为三角形、梯形、锯齿形、矩形和其他特殊形状的螺纹，常用螺纹的牙型与应用如表 7-1 所示。

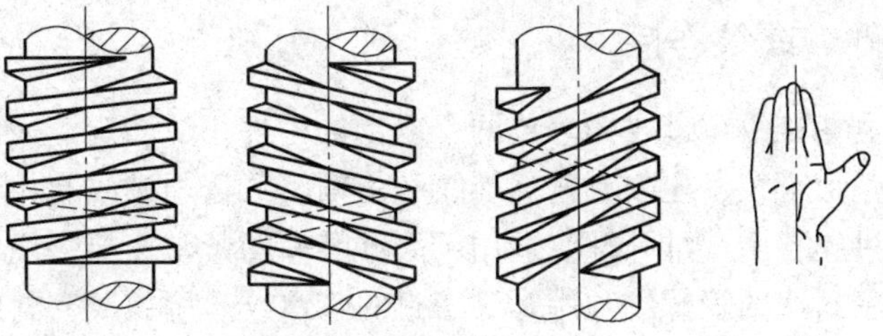

(a)　(b)　(c)　(d)

图 7-4　螺纹旋向和线数

（a）单线右旋螺纹　（b）双线左旋螺纹　（c）三线右旋螺纹　（d）旋向判断

如图 7-4（d）所示，螺纹旋向的判断方法是：伸展右手，掌心对着自己，四指并拢与螺杆的轴线平行，并指向旋入方向。如果螺纹的旋向与拇指的指向一致为右旋螺纹，反之为左旋螺纹。

表 7-1　　常用螺纹的牙型与应用

种类	截面牙型	应用场合
连接螺纹	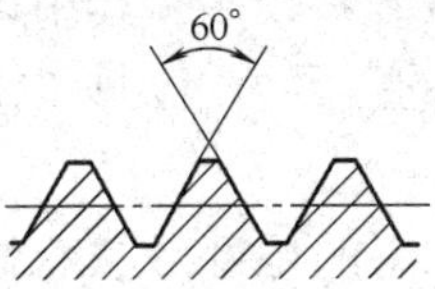	牙型角为 60°，同一直径按螺距大小可分为粗牙与细牙螺纹两类 应用最广。一般连接多用粗牙螺纹；细牙螺纹用于薄壁零件，也常用于受冲击、振动和微调机构
	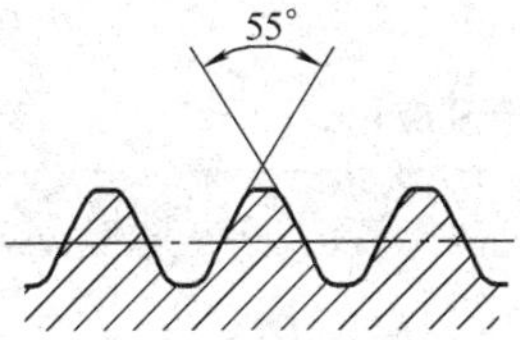	牙型角为 55°，公称直径近似为管子内径多用于水、油、气的管路以及电器管路系统的连接中
	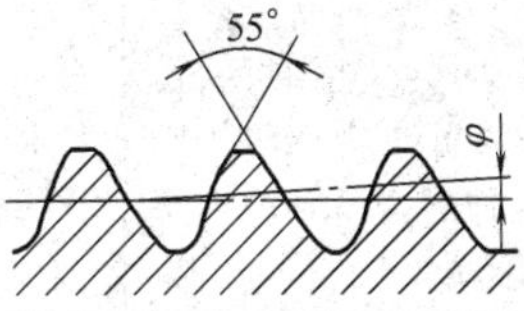	牙型角为 55°，螺纹分布在 1∶16 的圆锥管上 适用于管子、管接头、旋塞、阀门和其他螺纹连接的附件，用螺纹密封的管螺纹
传动螺纹	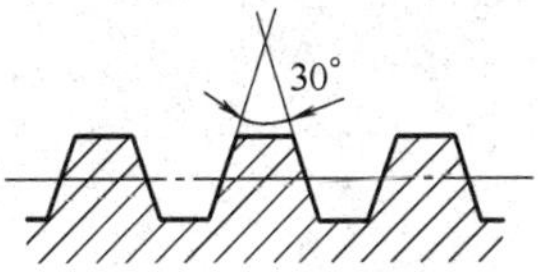	牙型角为 30°，内径与外径处有相等的间隙 广泛应用于传力或螺旋传动中，加工工艺性好，牙根强度高，螺旋副的对中性好
	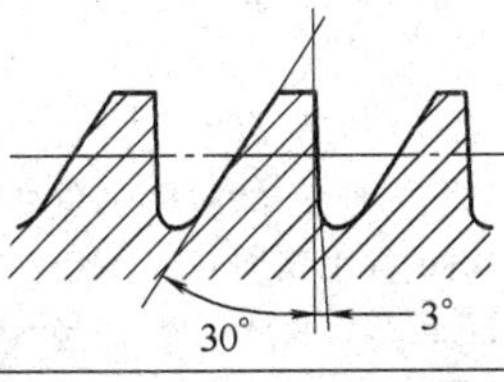	工作面的牙型角为 3°，非工作面的牙型角为 30° 广泛应用于单向受力的传动机构。外螺纹的牙根处有圆角，以减小应力集中。牙根强度高
	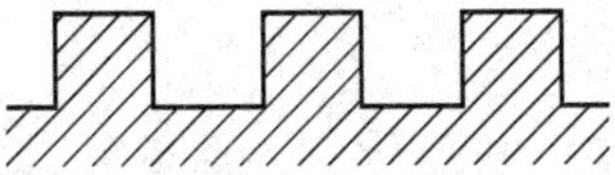	牙型正方形，牙厚为螺距的一半 多用于传力或螺旋传动中，传动效率高，牙根强度较弱，对中性精度低

四、螺纹连接

利用螺纹零件将两个或两个以上的零件相对固定起来的连接，称为螺纹连接。连接常用三角形螺纹，主要有普通螺纹和管螺纹。普通螺纹有粗牙和细牙之分。粗牙螺纹广泛用于各种连接中；细牙螺纹适用于薄壁零件的紧密连接，用于不常拆卸的地方。管螺纹分非螺纹密封用的管螺纹和用螺纹密封的管螺纹。用螺纹密封的管螺纹又分为圆柱管螺纹和圆锥管螺纹。圆柱管螺纹广泛用于水、煤气等管道连接；圆锥管螺纹连接密封性好、不用填料，适用于密封要求高的管道连接。

1. 螺纹连接用的连接件

常用的标准螺纹连接件有螺栓、双头螺柱、螺钉、螺母、垫圈等。这些连接件品种、类型很多，下面介绍这些连接件的特点。

（1）螺栓。按加工精度不同，有粗制螺栓和精制螺栓两种。螺栓头部形状有标准六角头、小六角头、方头等。

（2）双头螺柱。两端均制有螺纹，双头螺柱拧入机体端的螺纹长度的大小与被连接件的材料有关。

（3）螺钉。结构形状与螺栓类似，但螺钉头部形式较多。其中内、外六角头可施加较大的拧紧力矩，圆头及十字头都不便于施加较大的拧紧力矩，所以采用这种螺钉时，选用直径最好不要过大，通常不超过10mm。

（4）紧定螺钉。其头部和尾部的形式很多，常用的尾部形状有锥形。螺纹连接的主要类型见表7-2。

表7-2　　螺纹连接的基本类型及应用

基本类型	图例	特点	应用
螺栓连接	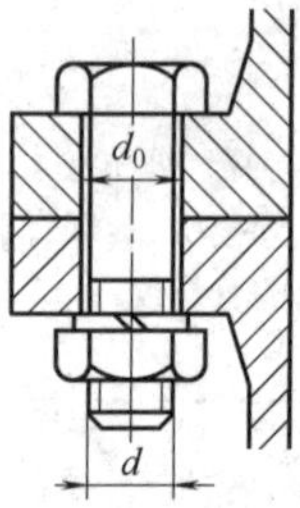	将螺栓一端穿过被连接件的孔，套上垫圈再拧紧螺母，从而将机件连接起来。这种形式具有结构简单，拆装方便的特点	主要用于被连接件都不厚且能加工成通孔的情况
双头螺栓连接	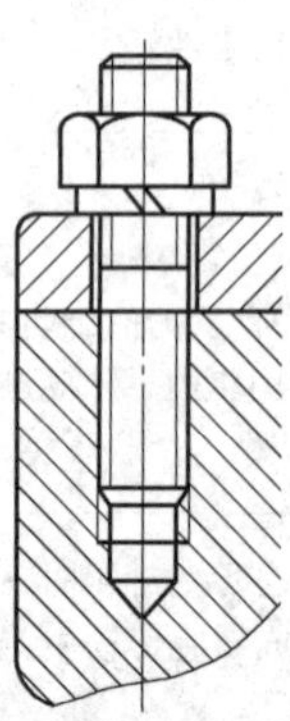	在连接时将螺纹较短的一端旋入被连接件的螺孔内拧紧，然后放上第二个被连接件，套上垫圈并拧紧螺母，从而将被连接件连成一体	这种连接主要用于被连接件之一太厚，不能穿孔且需要经常拆卸或因结构限制不易采用螺母连接的场合

续表

基本类型	图 例	特 点	应 用
螺钉连接	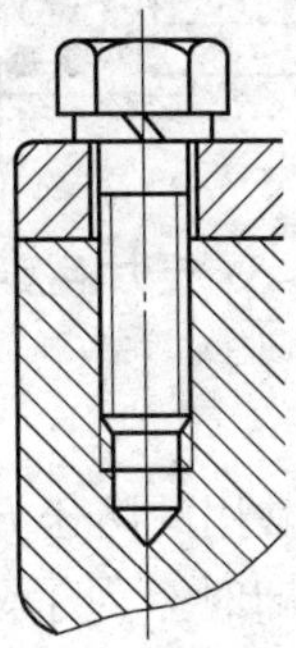	螺钉直接拧入被连接件的螺纹孔中,不用螺母,结构上比双头螺柱简单紧凑	常用于轴和孔的轴向定位,且不需要传递力和转矩的场合
紧定螺钉连接	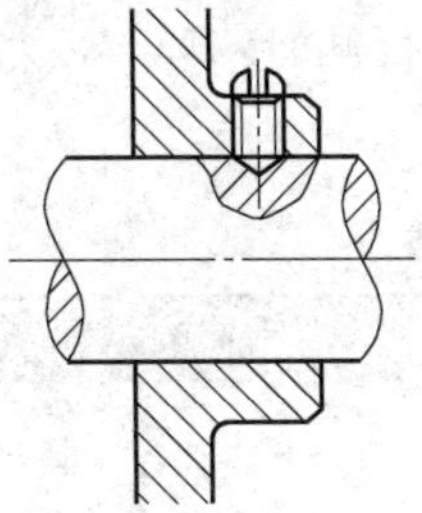	利用拧入零件螺孔中的螺钉末端顶住另一零件的表面或顶入相应的凹坑中,以固定两个零件的相对位置,并可传递不大的力或转矩	螺钉除作为连接和紧定用外,还可用于调整零件位置

2. 螺纹连接的预紧与防松

（1）螺纹连接的预紧。预紧使被连接件在承受工作载荷之前受到压缩，同时螺栓杆受到拉伸。预紧的目的是为了提高螺纹连接的可靠性、紧密性、防松能力。对于承受轴向载荷的螺栓连接还能提高螺栓的疲劳强度。对于受轴向载荷的螺栓连接，可以增大连接接合面间的摩擦力。多数螺纹连接在装配时都要预紧。通常螺栓连接时，若预紧力不足，连接件在工作中易于松动，而预紧力过大，又易于使螺栓损坏。所以，对于重要的螺栓连接，装配时应严格控制预紧力，预紧力的大小根据螺栓组受力的大小和连接的工作要求决定，常用的 M10~M64 的螺栓，预紧力的大小是由施加的扳手力矩 M 的大小来控制的。对于 M10~M68 的粗牙螺纹，无润滑时，加在扳手上的力矩 M 有如下的近似公式：

$$M \approx 0.2F_0 d$$

式中　F_0——预紧拉力，N；

d——螺纹大径，mm。

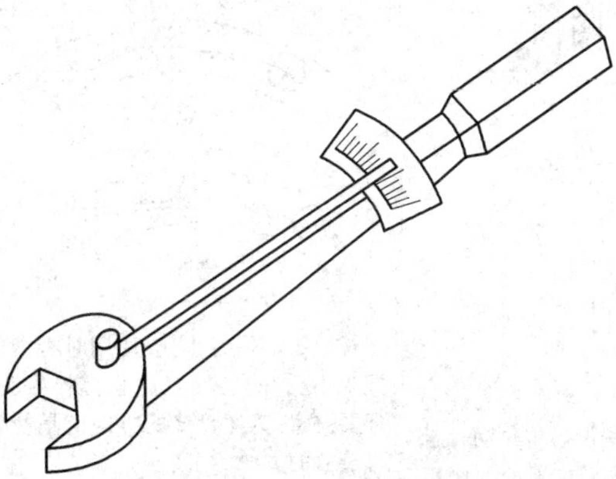

图 7-5　测扭矩扳手

通常螺栓连接的预紧靠操作者的经验来控制，重要的螺栓连接控制预紧力，可用测扭矩扳手（图 7-5）读出扳手力矩 M 值。也可采用定力矩扳手（图 7-6）控制，当达到要求的力矩 M 时，弹簧受压将自动打滑。

（2）螺纹连接的防松。一般指拧紧的螺母，当拿走扳手后，也不会看到有立即松开的现象。螺纹连接的防松就是防止螺纹的相对转动，螺纹紧固件一般都具有自锁性，实际上就是在制造时，使螺纹的螺旋升角小于螺纹副的当量摩擦角。这种自锁只有在静载荷下螺栓不会自动松脱。但在冲击、振动、交变载荷作用下或工作温度变化很大时，则会使连接松动，这不仅影响机器的正常工作，甚至会造成严重事故，因此，螺栓连接要采用防松措施。防松的方法很多，常用的防松方法见表 7-3。

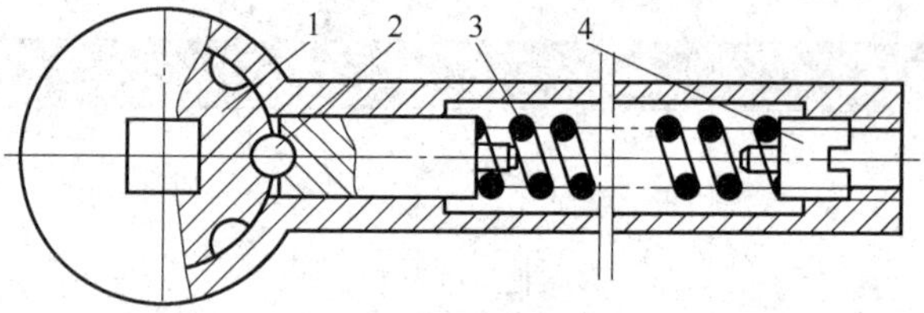

图 7-6 定力矩扳手

1—扳手卡盘 2—圆柱销 3—弹簧 4—调节螺钉

(3) 成组螺母拧紧和拆卸顺序。拧紧成组螺母和拆卸时，为了防止被连接件变形，通常按如下顺序依次拧紧，拧紧时不要一次紧固，每个螺母先拧紧 2~3 圈，然后再逐次紧固。如图 7-7 所示，拆卸顺序与拧紧顺序相反，同样拆卸时不要一次拧松，每个螺母先拧松 2~3 圈，然后再逐次拆卸。

表 7-3 螺纹连接常用的防松方法

形式	图示及说明		
利用摩擦力防松	双螺母防松 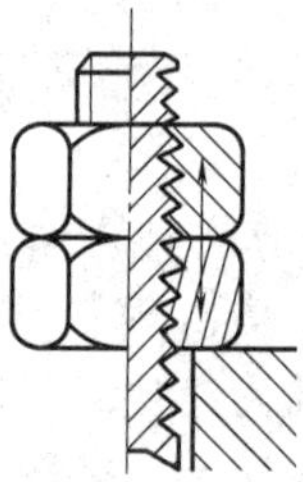 两螺母对顶拧紧，给螺栓旋合段施加一个附加拉力而螺母承受附加压力，从而增大螺纹接触面的摩擦阻力矩	弹簧垫圈防松 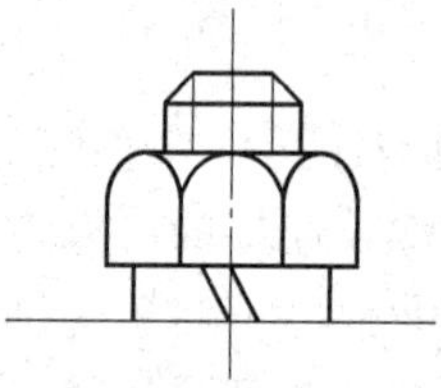 利用拧紧螺母时，弹簧垫圈被压平后产生的弹性力使螺纹间保持一定的摩擦阻力矩	双头螺柱防松 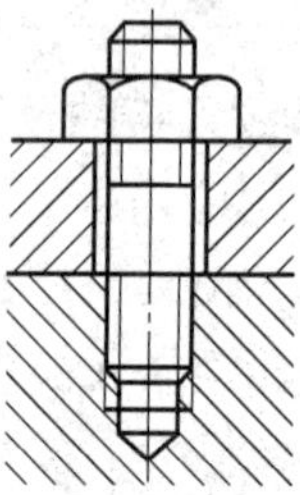 双头螺柱旋入端螺纹尾部过盈地拧入螺纹孔中形成局部横向张紧而产生摩擦力
机械零件防松	槽形螺母与开口销防松 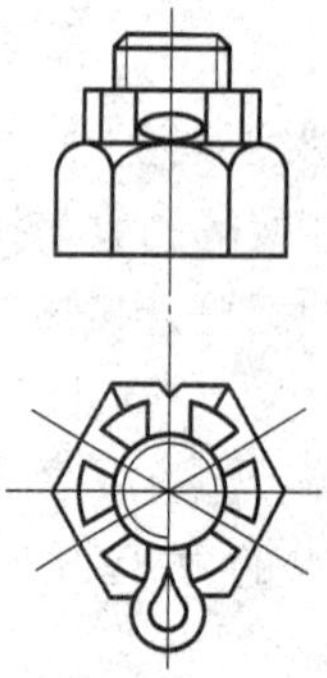 开口销穿过螺母槽插入螺栓孔中，使螺母、螺栓不能相对转动	止动垫圈防松 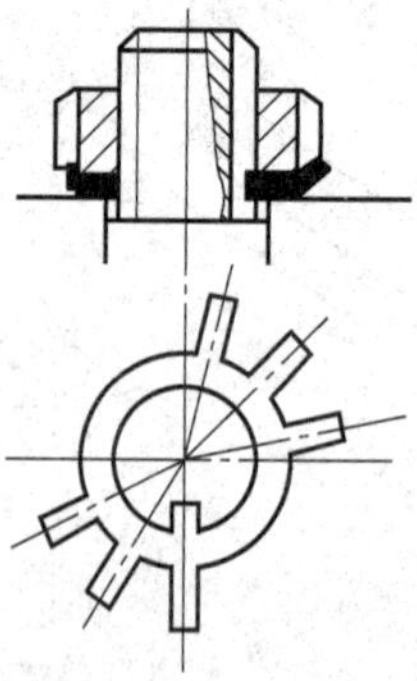 将止动垫圈的内舌插入螺栓的槽内，拧紧螺母后将垫圈外舌之一折弯并贴紧在螺母的侧平面上，以防螺母松动	串联钢丝防松 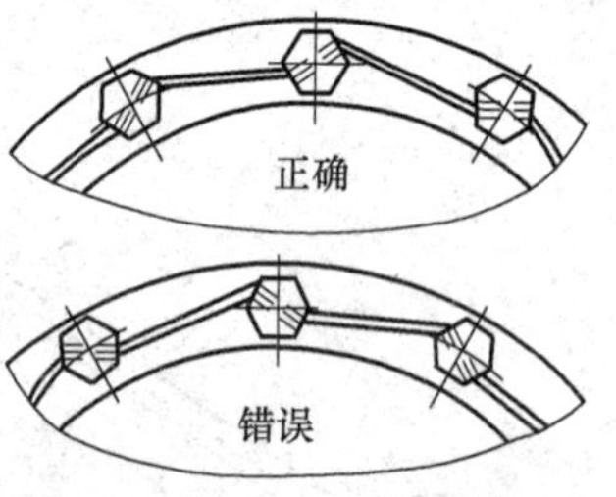 螺栓头部钻有小孔，使用时将钢丝穿入小孔并盘紧，以防止螺栓松脱。但要注意，钢丝盘绕的方向应是使螺母旋紧的方向

续表

形式	图示及说明		
破坏螺纹副运动关系	焊接防松 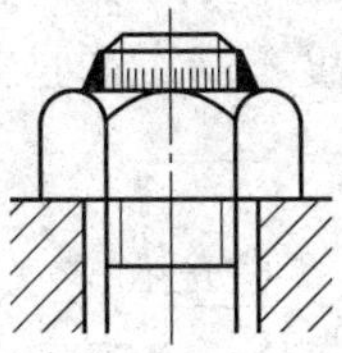 螺母拧紧后，将螺母和螺栓焊接在一起，防松可靠，但拆卸困难，且拆后螺纹零件不能再使用	铆、冲防松 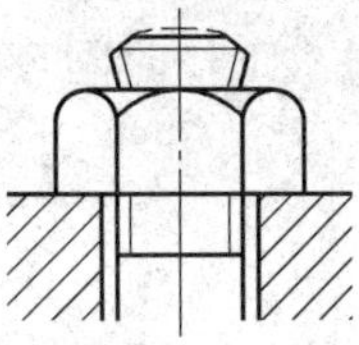 螺母拧紧后，利用铆或冲边破坏螺栓端部的螺纹牙型，防松可靠，但不易拆卸	黏结防松 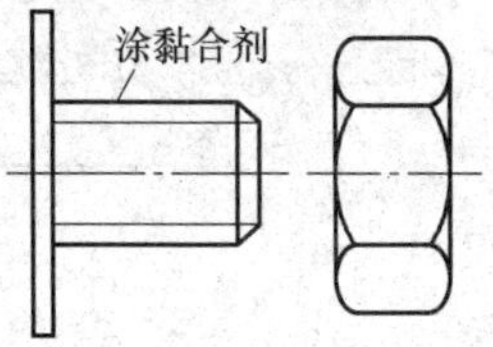 在旋合螺纹间涂以黏合剂，使螺纹副旋紧后黏合在一起，防松可靠，且有密封作用

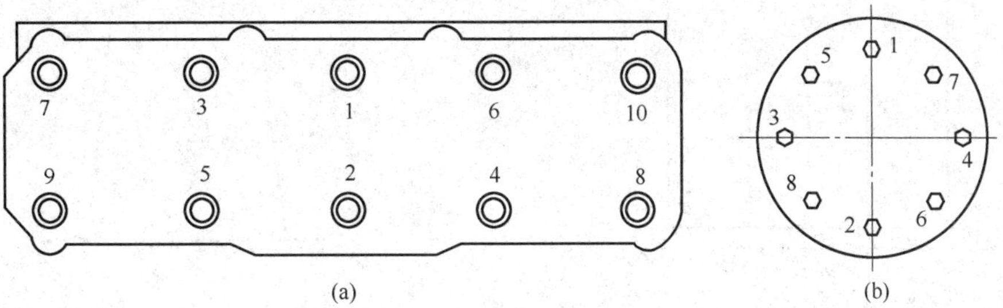

图 7-7　成组螺母拧紧顺序

(a) 矩形均匀分布　(b) 圆周均匀分布

任务二　螺旋传动

摩擦轮传动与螺旋传动

一、螺旋传动的组成及分类

1. 螺旋传动的组成

螺旋传动由螺杆 1、螺母 2 和机架 3 组成，如图 7-8 所示。它主要用于将旋转运动转变为直线运动，同时传递运动和动力。

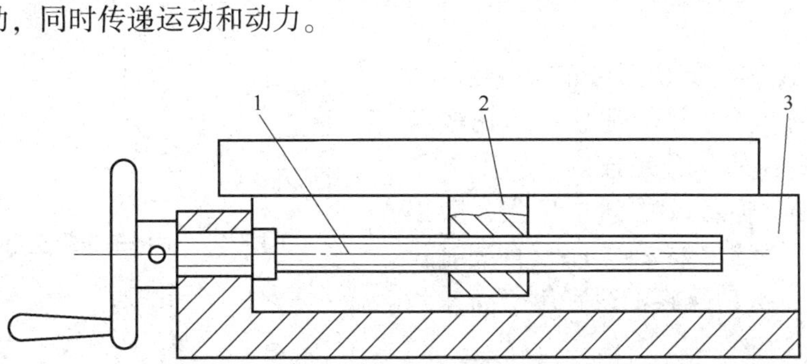

图 7-8　螺旋传动的组成

1—螺杆　2—螺母　3—机架

2. 螺旋传动的分类

（1）传力螺旋。以传递动力为主，一般要求用较小的转矩转动螺杆（或螺母）而使螺母（或螺杆）产生轴向运动和较大的轴向推力。如螺旋压力机（图 7-9）和螺旋千斤顶（图 7-10）工作部分的直线运动都是利用螺旋传动来实现的。这种传力螺旋主要是承受很大的轴向力，通常为间歇性工作，每次工作时间较短，工作速度不高，而且需要自锁。

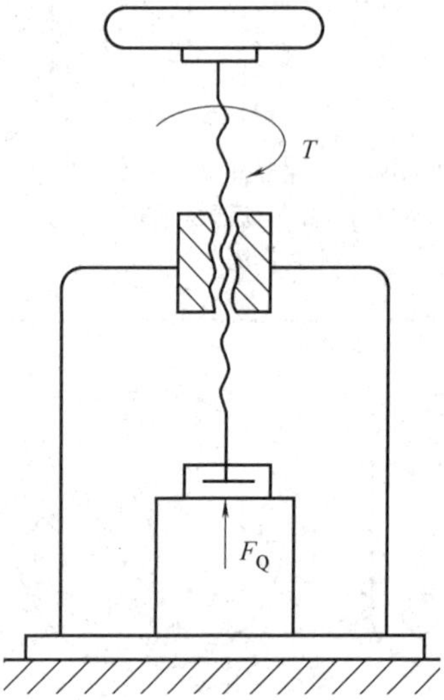

图 7-9 螺旋压力机

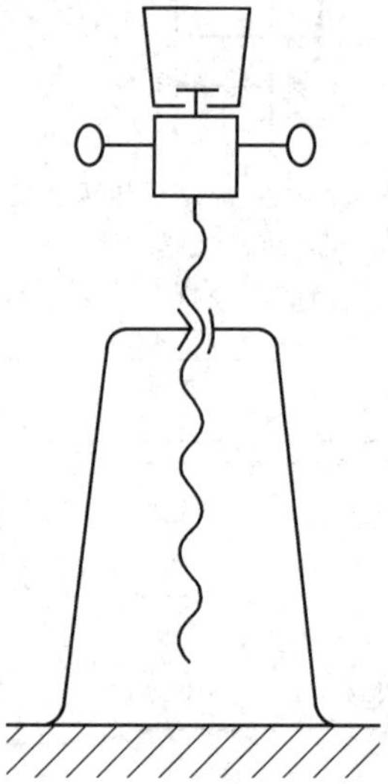

图 7-10 螺旋千斤顶

（2）传导螺旋。以传递运动为主，要求能在较长的时间内连续工作，工作速度较高，因此，要求较高的传动精度，如图 7-11 所示为车床的走刀螺杆。

（3）调整螺旋。用于调整并固定零部件之间的相对位置，它不经常转动，一般在空载下调整，要求有可靠的自锁性能和精度，用于测量仪器及各种机械的调整装置。如图 7-12 所示的千分尺中的测微螺杆的运动为调整螺旋运动。

（4）滑动螺旋。螺旋副做相对运动时产生滑动摩擦的螺旋。滑动螺旋结构比较简单，螺母和螺杆的啮合是连续的，工作平稳，易于自锁。但螺纹之间摩擦大、磨损大、效率低（一般在 25%～70%，自锁时效率小于 50%）；滑动螺旋不适宜用于高速和大功率传动。

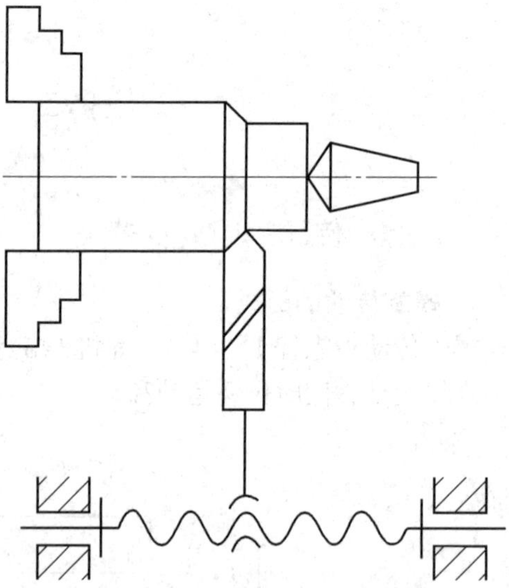

图 7-11 精密车床的走刀螺杆

如图 7-13 所示，为台虎钳结构示意图，当夹紧零件或松开零件时，螺杆 6 在手柄 8 的带动下在光孔 7 内仅做旋转运动，而不产生轴向运动，与其螺纹连接的螺母 4 做直线往

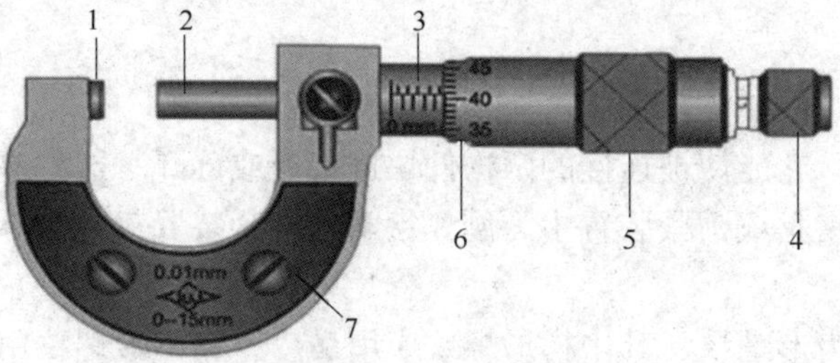

图 7-12　千分尺

1—小拈　2—测微螺杆　3—固定刻度　4—微调旋钮　5—微分筒　6—可动刻度　7—框架

复运动，通过螺纹连接件（图中未画出）带动活动钳口 2 做直线往复运动，实现对零件的夹紧或松开。

（5）差动螺旋。如图 7-14 所示是差动螺旋机构的示意图，其中螺杆 2 分别与支架 1、螺母 3 组成螺旋副 A 和 B，导程分别为 S_A 和 S_B，螺母 3 只能沿导轨（图中未画出）移动不能转动。

若左、右两段螺纹的螺旋方向相同，则螺母 3 的位移 L 与螺杆 2 的转角 φ（rad）有如下关系：

$$L=(S_A-S_B)\frac{\varphi}{2\pi}$$

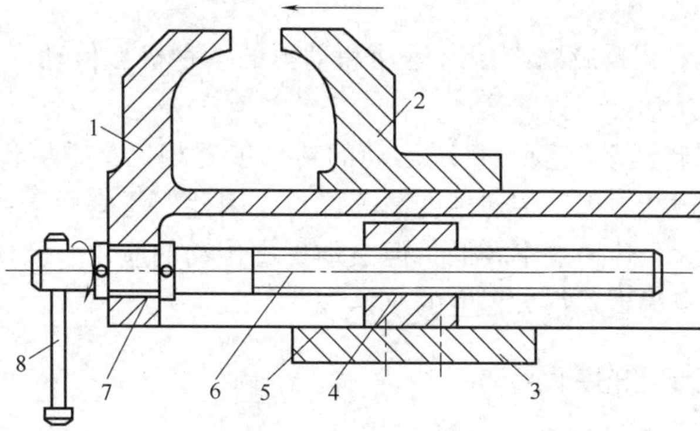

图 7-13　台虎钳

1—固定钳身　2—活动钳口　3—托板　4—螺母　5—导轨　6—螺杆　7—光孔　8—手柄

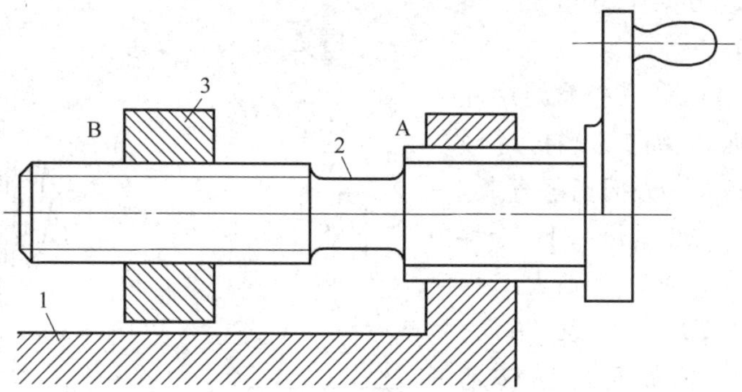

图 7-14　差动滑动螺旋传动

1—支架　2—螺杆　3—螺母

若 A、B 两螺旋副的导程 S_A 和 S_B 相差极小时，则位移 L 也很小，而其螺纹的导程并不需要很小，加工容易。所以，这种差动滑动螺旋传动广泛应用于各种测微器、计算机、分度机及诸多精密切削机床、仪器和工具中。

若左、右两段螺纹的螺旋方向相反，则螺母 3 的位移 L 与螺杆 2 的转角 φ（rad）有如下关系：

$$L=(S_A+S_B)\frac{\varphi}{2\pi}$$

这时，螺母3将获得较大的位移，它能使被连接的两构件快速接近或分开。这种差动滑动螺旋传动常用于要求快速夹紧的夹具或锁紧装置中。例如钢索的拉紧装置，某些螺旋式夹具等。

滑动螺旋通常采用梯形螺纹和锯齿形螺纹，其中梯形螺纹应用最广，锯齿形螺纹用于单面受力。矩形螺纹由于工艺性较差强度较低等原因应用很少；对于受力不大和精密机构的调整螺旋，有时也采用三角螺纹。

二、螺旋传动的特点

（1）螺旋运动是构件的一种空间运动，它由具有一定制约关系的转动及沿转动轴线方向的移动两部分组成。组成运动副的两构件只能沿轴线做相对螺旋运动的运动副称为螺旋副，螺旋副是面接触的低副。

（2）螺旋传动是利用螺旋副来传递运动和动力的一种机械传动，可以方便地把主动件的回转运动转变为从动件的直线运动。

（3）与其他将回转运动转变为直线运动的传动装置相比，螺旋传动具有结构简单，工作连续、平稳，承载能力大，传递精度高等优点，因此广泛应用于各种机械和仪器中。它的缺点是摩擦损失大，传递效率较低；但滚动螺旋传动的应用，已使螺旋传动摩擦大、易磨损和效率低的缺点得到了很大程度的改善。

三、螺旋传动方向的判定

普通螺旋传动时，从动件做直线运动的方向（移动方向）不仅与螺纹的回转方向有关，还与螺纹的旋向有关。正确判定螺杆或螺母的移动方向十分重要。具体判定方法如图7-15所示。

（1）右螺旋用右手，左螺旋用左手。手握空拳，四指指向与螺杆（或螺母）回转方向相同，大拇指竖直。

（2）若螺杆（或螺母）回转移动，螺母（或螺杆）不动，则大拇指指向即为螺杆（或螺母）的移动方向。

（3）若螺杆（或螺母）回转不动，螺母（或螺杆）移动，则大拇指指向的相反方向即为螺母（或螺杆）的移动方向。

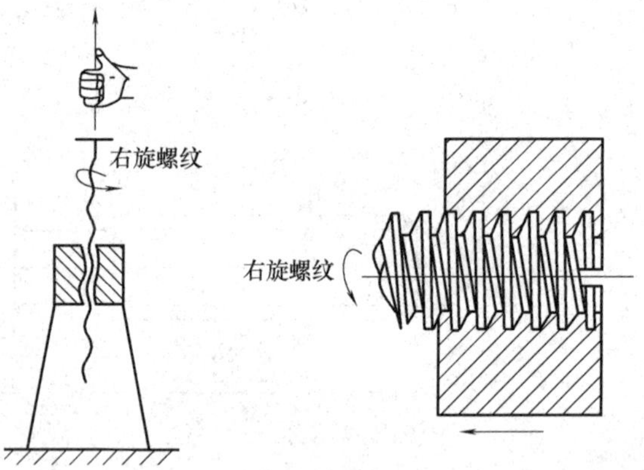

图7-15 直线运动方向的判定

【例7-1】 在图7-16中，若固定螺母的导程 S_A 为1.5mm，活动螺母导程 $S_B=2$mm，螺纹均为左旋。问当螺杆顺时针回转两周时，活动螺母的移动距离是多少？移动方向如何？

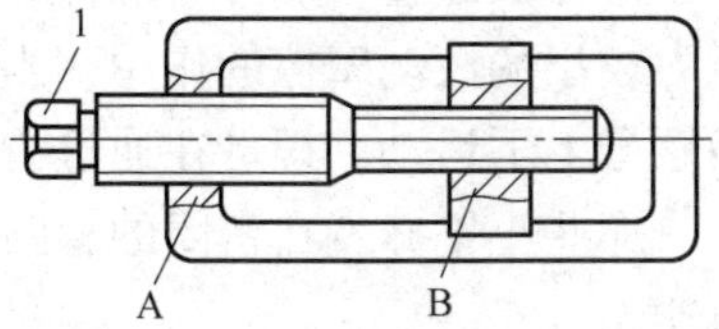

图 7-16 差动滑动螺旋传动

解：因为两螺纹旋向相同，活动螺母移动距离为：

$$L=(S_A-S_B)\frac{\varphi}{2\pi}=(1.5-2)\frac{2\times360}{2\times180}=-1\text{mm}$$

计算结果为负值，活动螺母移动方向与螺杆移动方向相反，即活动螺母向左移动了 1mm。

四、滚动螺旋传动

滑动螺旋传动虽有很多优点，但传动精度还不够高，低速或微调时可能出现运动不稳定现象，不能满足某些机械的工作要求。为此可采用滚动螺旋传动。如图 7-17 所示，滚动螺旋传动是在丝杠 2 和螺母 1 的螺纹滚道内连续填装滚珠 3 作为滚动体，使螺杆和螺母间的滑动摩擦变成滚动摩擦。螺母上有导管或反向器，使滚珠能循环滚动。滚珠的循环方式分为外循环和内循环两种，滚珠在回路过程中离开螺旋表面的称为外循环，外循环加工方便，但径向尺寸较大。滚珠在整个循环过程中始终不脱离螺旋表面的称为内循环，如图 7-18 所示。

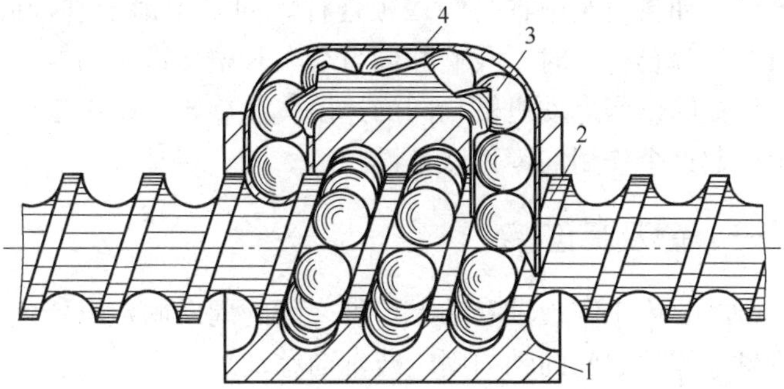

图 7-17 外循环滚珠螺旋机构

1—螺母 2—丝杠 3—滚珠 4—滚珠循环装置

滚动螺旋传动具有滚动摩擦阻力很小、摩擦损失小、传动效率高、温度低、动作灵敏等优点。但其结构复杂，外形尺寸较大，制造技术要求高，因此成本也较高。目前滚动螺旋传动主要用于对传动精度要求高的场合，如精密传动的数控机床（滚珠丝杠传动），以及自动控制装置、升降机构和精密测量仪器等。

汽车循环球式转向器就是利用滚动螺旋传动。如图 7-19 所示，循环球式转向器主要

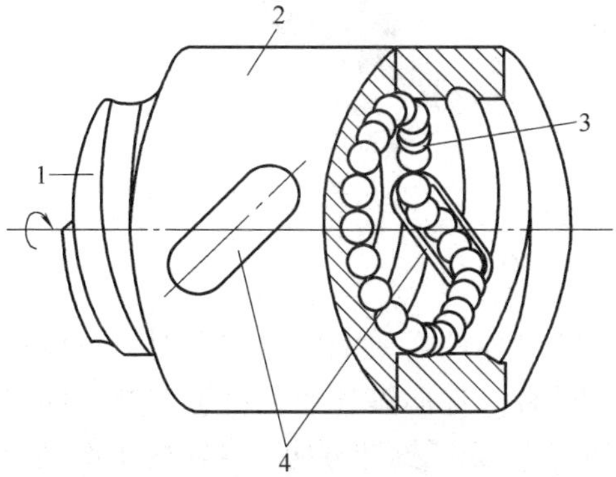

图 7-18 内循环滚珠螺旋机构

1—丝杠 2—螺母 3—滚珠 4—反向器

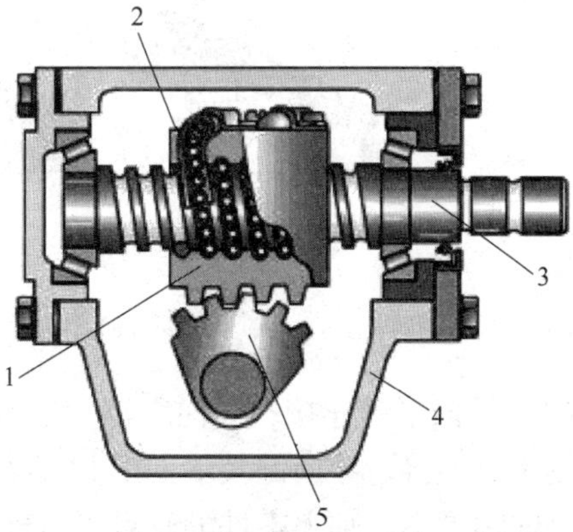

图 7-19 汽车循环球式转向器

1—螺母 2—钢球 3—螺杆 4—转向器壳体 5—齿轮

由螺杆、螺母、转向器壳体以及许多小钢球等部件组成。循环球被放置于螺母与螺杆之间的密闭管路内，起到将螺母螺杆之间的滑动摩擦转变为阻力较小的滚动摩擦的作用，当与方向盘转向管柱固定到一起的螺杆转动起来后，螺杆推动螺母上下运动，螺母在通过齿轮来驱动转向摇臂往复摇动从而实现转向。在这个过程当中，那些小钢球就在密闭的管路内循环往复地滚动，所以这种转向器就被称为循环球式转向器。

任务三　键销及其连接

螺纹-键销联接

键和销是将轴与轴上零件连接在一起，实现周向固定，并传递力矩的零件。如自行车中轴与脚踏板连杆之间采用销子进行固定，以防止连杆打滑。骑自行车时，我们踩动自行车脚踏板产生力矩，就能使中轴旋转。电动机的带轮之所以能够以与电动机轴相同的速度飞速旋转，是由于带轮不打滑而紧紧地固定在电动机轴上，起这个作用的零件就是键。

一、键及其连接

键主要用来实现轴和轴上零件之间的周向固定以传递扭矩。有些类型的键还可以用于实现轴上零件之间的轴向固定或轴向移动。

键是标准件，分为平键、半圆键、楔键、切向键和花键等。

1. 平键连接

平键连接分为普通平键、导向平键和滑键连接三种。平键连接靠两侧面传递转矩，对中性良好，结构简单，拆卸方便，但不能轴向固定轴上零件。

（1）普通平键连接。普通平键有圆头（A 型）、方头（B 型）和半圆头（C 型）三种类型，如图 7-20 所示。A 型键在键槽中轴向固定良好，装卸方便。通常键与键槽配合较紧，但不能轴向固定轴上零件。A 型键键槽应力集中大，而 B 型键键槽的应力集中小，二者通常都用在轴的中间部位。C 型键应用较少一些，常用于轴端连接。普通平键连接应用很广，常用来固定轴上齿轮、蜗轮、带轮、链轮、凸轮等回转零件，构成静连接。普通平键应用最广，图 7-21 为普通平键连接。

(a)　　(b)　　(c)

图 7-20　普通平键

(a) A 型　(b) B 型　(c) C 型

（2）导向平键连接。导向平键用于动连接。当轴上零件需要沿轴向移动时，可以用导向键构成连接。导向键其端部形状有 A 型和 B 型两种。导向键连接是将键用螺钉固定在轴上的键槽中，轴上零件的轮毂可在轴上沿轴向滑动。为了拆卸方便，在键的中部制有起键用的螺钉孔。导向键用于轴上零件的轴向移动量不大的场合，如图 7-22 所示。

注意：轴上用螺钉孔、销钉孔固定键，只适合扭矩不大的场合，如轴需承载大扭矩，

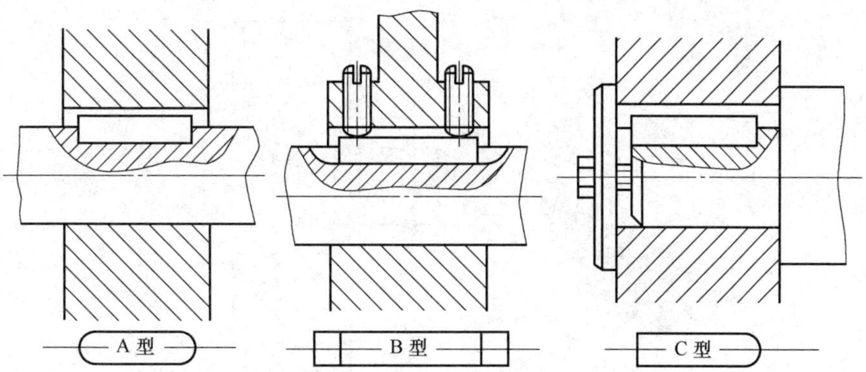

图 7-21　普通平键连接

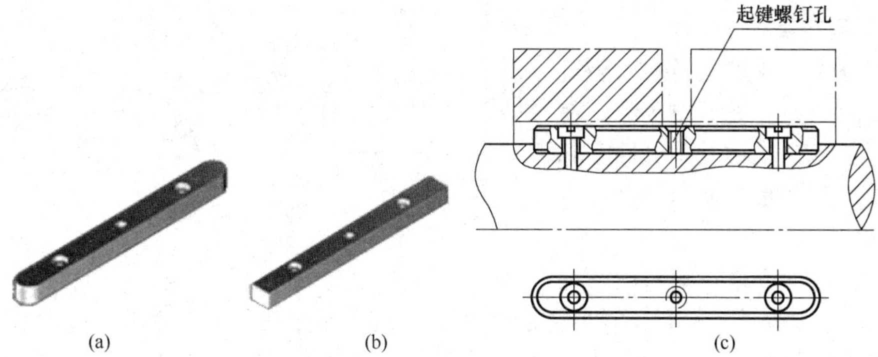

图 7-22　导向平键连接

（a）A 型导向平键　（b）B 型导向平键　（c）连接图

则不可在轴上钻孔（孔眼易产生应力集中）。

当轴上零件的轴向移动量很大时，导向平键将很长，不容易制造，这时可采用滑键连接（图 7-23）。键固定在轮毂上，并与轮毂一起在轴上的键槽中滑动。

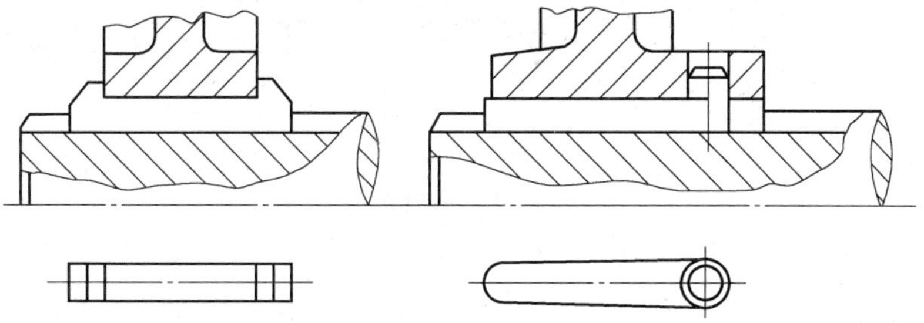

图 7-23　滑键连接

2. 半圆键连接

半圆键连接如图 7-24 所示。半圆键上表面为一平面，下表面为半圆形，两侧面互相平行。连接工件时靠键两侧的工作面传递转矩。键在轴槽中能绕槽底圆弧曲率中心摆动，装配方便。但轴上的键槽较深，降低了轴的强度。半圆键连接主要用于轻载、轮毂宽度较窄和轴端处的连接，尤其适用于圆锥形轴端的连接。

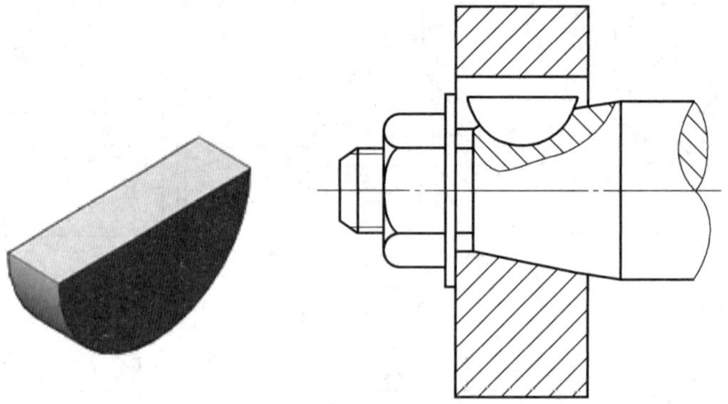

图 7-24 半圆键连接

3. 楔键连接

楔键分为普通楔键与钩头楔键两种，如图 7-25 所示。键的顶端有 1 : 100 的斜度，楔键的两侧面互相平行，上下两面是工作面，键楔紧在轴毂之间。

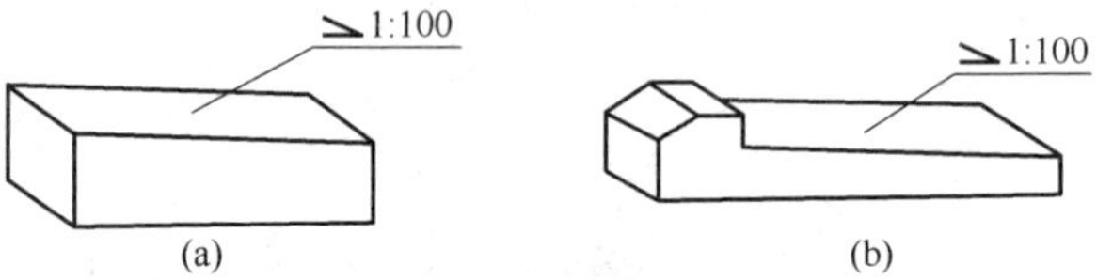

图 7-25 楔键

（a）普通楔键 （b）钩头楔键

键楔紧后，依靠压紧面的摩擦力传递转矩，与轴上零件的对中性差，在冲击、振动或变载荷的作用下，连接容易松动。普通楔键连接只适用于不要求准确定心、低速运转的场合。钩头楔键用于不能从另一端将键打出的场合。钩头供拆卸用，应注意加以保护，如图 7-26 所示。

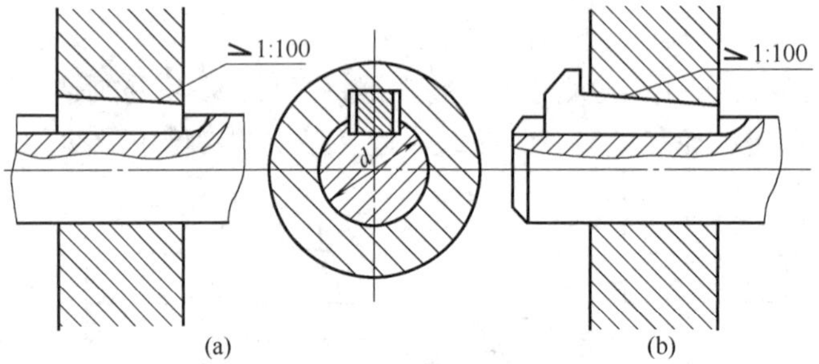

图 7-26 楔键连接

（a）普通楔键连接 （b）钩头楔键连接

4. 切向键连接

切向键是由一对具有 1 : 100 单面斜度的键沿斜面拼合而成，其上下两工作面互相平行，如图 7-27 所示。

切向键在装配时一对键自两端打入，楔紧在轴与轮毂的键槽中。装配后，切向键的下平面在通过轴线的平面内，工作面上的压力沿轴的切线方向作用，能传递很大的转矩。一对切向键只传递一个方向的转矩，传递双向转矩时须用两对切向键，并在轴上互成 120°～130°分布。

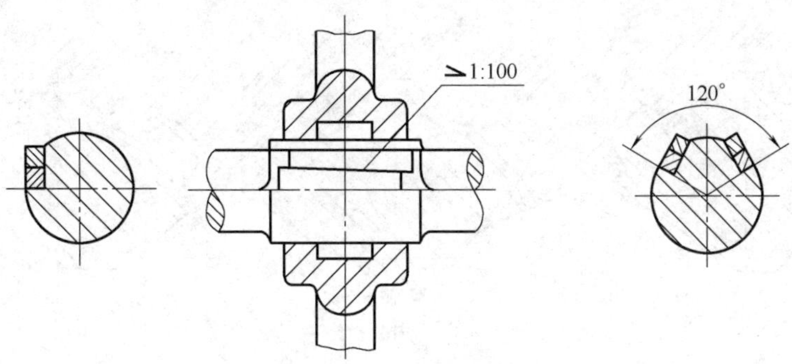

图 7-27　切向键连接

5. 花键连接

花键结构有外花键和内花键，如图 7-28 所示。由于花键传递的扭矩大且具有很好的导向性，因而在各种机械传动中被广泛应用。

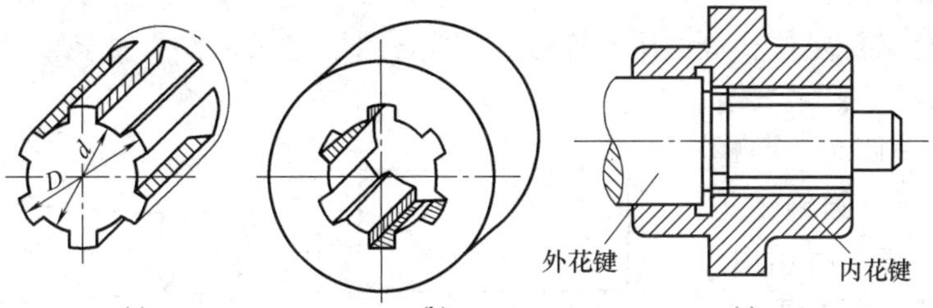

图 7-28　花键类型

（a）外花键　（b）内花键　（c）连接图

花键已标准化，按齿形不同，花键分为矩形花键、渐开线花键和三角形花键，如图 7-29 所示。矩形花键键齿端面为矩形，定心方式为小径定心，如图 7-29（a）所示，定心精度高，定心稳定性好。渐开线花键一般采用齿形角为 30°的渐开线齿形，主要采用齿侧定心，如图 7-30（c）所示，各齿均匀承力，强度高，使用寿命长。但加工需要专用的设备、量具和刃具，成本高。它适用于承受重载和定心精度要求较高的静、动连接，尤其适用于经常滑移的连接。三角形花键齿多而小，轴与孔的削弱程度小，适用于薄壁零件的静连接。

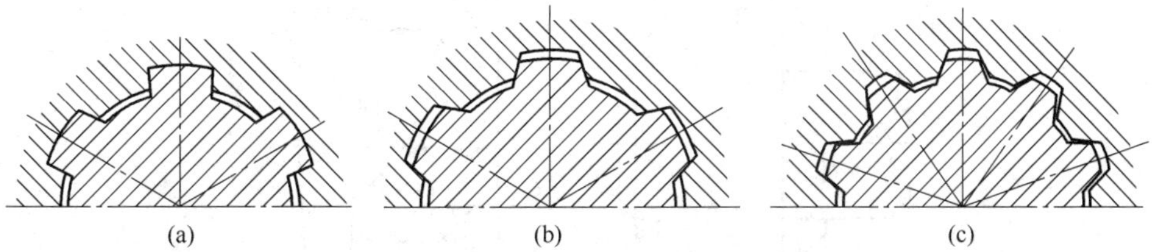

图 7-29　花键齿形

（a）矩形花键　（b）渐开线花键　（c）三角形花键

渐开线齿形定心具有自动定心的特点，有利于各齿均匀承载，故应优先选用这种定心方式，可以发挥渐开线花键的优点。主要有小径定心、大径定心和齿侧定心，如图 7-30 所示。

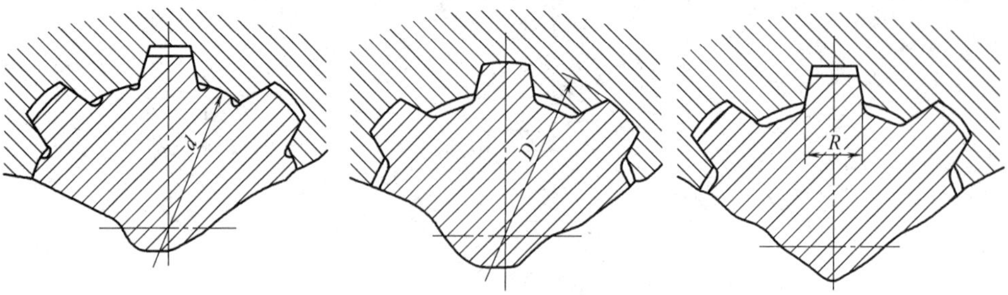

(a) (b) (c)

图 7-30 渐开线花键定心方式

(a) 小径定心 (b) 大径定心 (c) 齿侧定心

二、销及其连接

1. 销的基本形式

销主要用作装配定位，也可用于连接或锁定零件，还可以作为安全装置中的过载剪断元件。销是标准件，主要有圆柱销和圆锥销两种，内螺纹圆柱销和内螺纹圆锥销是由它们演化而来，使用时，可根据工作情况和结构要求，按标准选择其形式和规格尺寸，如图 7-31 所示。

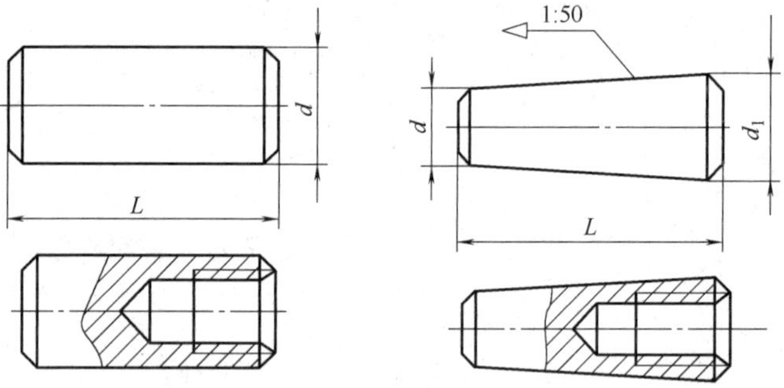

(a) (b)

图 7-31 销

(a) 圆柱销（内螺纹圆柱销） (b) 圆锥销（内螺纹圆锥销）

2. 销的主要作用

圆柱销主要用于连接，将两个或两个以上的零件连接在一起，如图 7-32（a）所示；圆锥销主要用于定位，用作确定零件之间相互位置，如图 7-32（b）所示。当传递的动力或转矩过载时，用于连

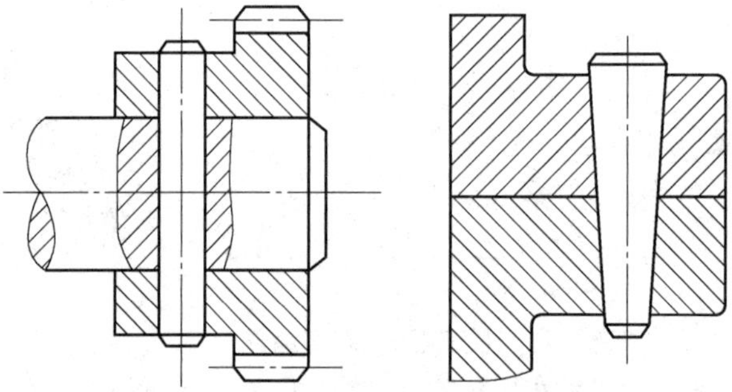

(a) (b)

图 7-32 销连接

(a) 圆柱销连接 (b) 圆锥销定位

接的销首先被切断，从而保护被连接零件免受损坏，这种销称为安全销。销的尺寸通常以过载 20%~30%时即切断为依据确定。

常用销的类型、特点和应用见表 7-4。

表 7-4　　销的类型、特点及应用

类型		图　例	特　点	应　用
圆柱销	圆柱销	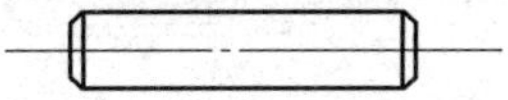	销孔需铰制，多次装拆后会降低定位的精度和连接的紧固。只能传递不大的载荷	主要用于定位，也可用于连接
	内螺纹圆柱销	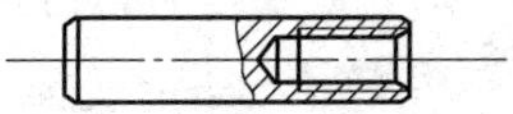		用于不通孔
圆锥销	圆锥销	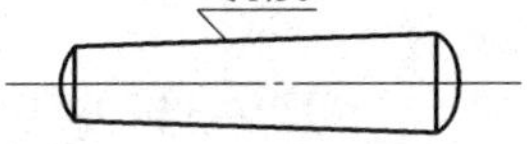	圆锥销有 1∶50 的锥度，其小端直径为标准值。圆锥销易于安装，受横向力时能自锁，销孔需铰制	用于定位，也可用于固定零件，传递动力。多用于经常装拆的场合
	内螺纹圆锥销	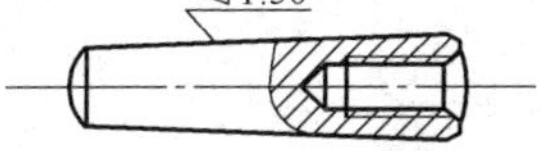		用于不通孔
轴销		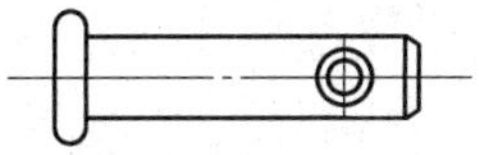	用开口销锁定，拆卸方便	用于铰孔处
带孔轴销		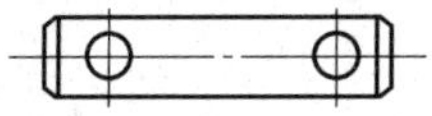		
开口销		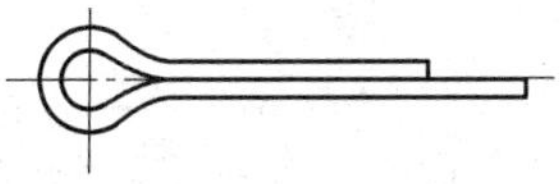	工作可靠，拆卸方便	用于锁定其他紧固件
		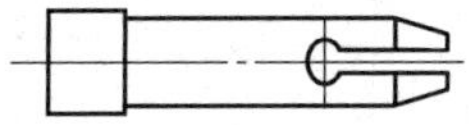		用于尺寸较大处
安全销		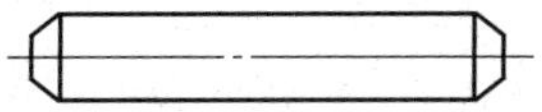	结构简单，形式多样。必要时可在销上切出槽口。为防止断销时损坏孔壁，可在孔内加销套	用于传动装置的过载保护
		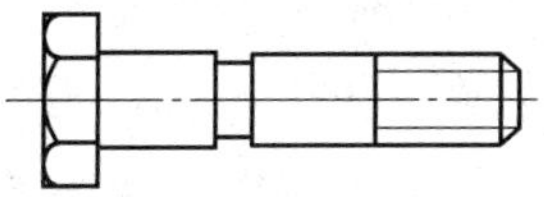		

任务四　弹　　簧

弹簧是机械、电器设备中常用的零件，可用来减振、夹紧、测力、储存能量等。

一、种类

最常见的是圆柱螺旋弹簧、板弹簧等。圆柱螺旋弹簧根据用途又分为压缩弹簧、拉伸弹簧和扭转弹簧等。板弹簧根据用途又分为椭圆形板弹簧、半椭圆形板弹簧、四分之一椭圆形板弹簧等。

常用的圆柱螺旋弹簧如图 7-33 所示，常用的板弹簧如图 7-34 所示。

图 7-33　圆柱螺旋弹簧

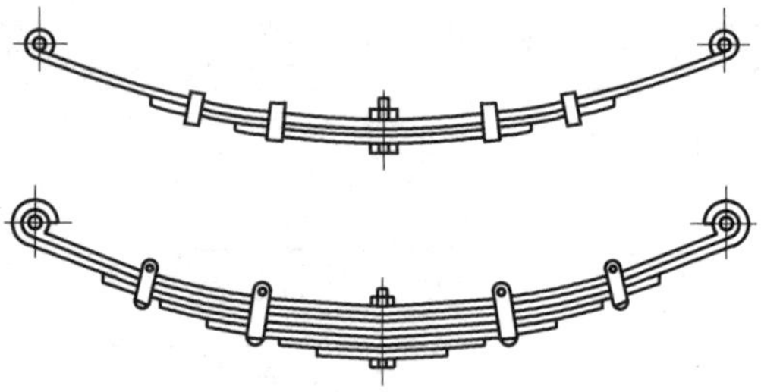

图 7-34　板弹簧

二、应用举例

实例一：如图 7-35 所示，是汽车制动装置结构简图。当驾驶员未踏下制动踏板时，圆柱螺旋压缩弹簧将两摩擦盘压在一起，当驾驶员踏下制动踏板时，复位螺旋拉伸弹簧 1、2 被拉长，当驾驶员松开制动踏板后，复位螺旋拉伸弹簧 1、2 在自身弹力的作用下使汽车制动装置复位。

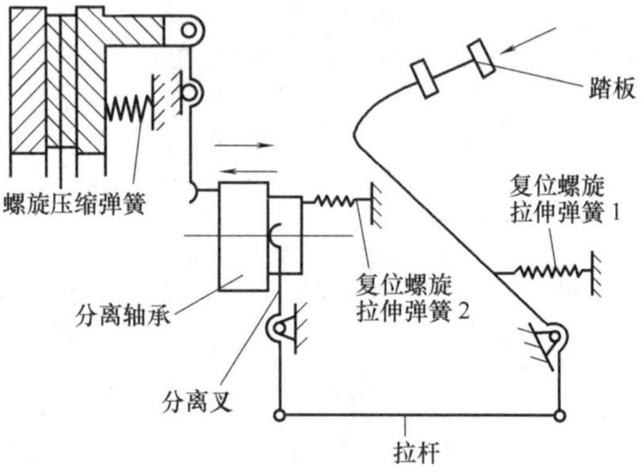

图 7-35　汽车制动装置

实例二：如图 7-36 所示，是汽车气门机构简图。图中气门连杆在圆柱螺旋压缩弹簧自身弹力的作用下，使得气门与气门座结合在一起。当凸轮旋转时，通过气门压板将气门连杆压下，螺旋压缩弹簧被压缩，使得气门与气门座分离。

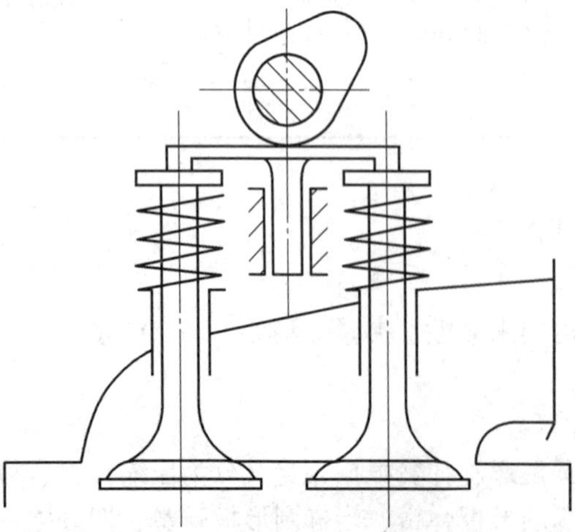

图 7-36　汽车气门机构简图

实例三：如图 7-37 所示为某轻型货车的后悬架。它采用的就是渐变刚度钢板弹簧，即由主簧厚度为 9mm 的 3 片和副簧厚度为 15mm 的 3 片组成逐渐变化刚度的钢板弹簧组件。它的卷耳与弹簧销之间均装有橡胶衬套，可借其弹性变形来保证卷耳对弹簧销的相对转动。钢板弹簧在汽车底盘纵梁耳板上安装好后两端自然向上弯曲。当路面对轮子的冲击力传来时，钢板产生变形，起到缓冲、减振的作用，纵向布置时还具有导向传力的作用。

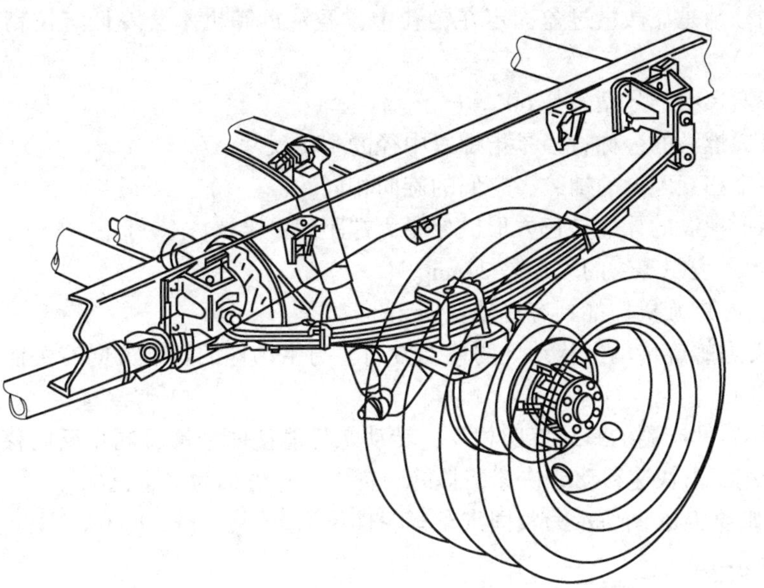

图 7-37　轻型货车的后悬架图

项 目 练 习

7-1　连接的主要作用是什么？连接分为哪几种方法？

7-2　螺纹的主要参数有哪些？螺距和导程有什么区别？

7-3　说明螺纹连接的基本类型及特点、各自的适用场合。

7-4　螺纹连接为什么要预紧？如何控制预紧力？

7-5　螺纹连接为什么要防松？防松原理是什么？常用的防松方法有哪些？

7-6　键连接的主要作用是什么？有哪些类型？

7-7　圆头、方头及单圆头普通平键各有何优、缺点？分别适用于什么场合？轴和轮毂孔上键槽是怎样加工的？

7-8　说明半圆键、楔键的连接特点和应用场合。

7-9　花键与平键比较有哪些优、缺点？

7-10　矩形花键与渐开线花键各有哪些特点？

7-11　销有哪些类型，有何特点？各适用于什么场合？

7-12　圆柱螺旋弹簧根据用途分为哪几种？

7-13　汽车悬架板弹簧的作用是什么？

7-14　下列说法判正确的打“√”，错误的打“×”并加以更正。

（1）楔键靠楔紧作用传递转矩，对中性不好。(　　)

（2）由于楔键在装配时被打入轴和轮毂之间的键槽内，所以造成轮毂与轴的偏心与偏斜。(　　)

（3）键是标准零件。(　　)

（4）平键的选用主要是根据轴的直径，从标准中选定键的长度。(　　)

（5）圆柱销是靠微量过盈固定在销孔中，经常拆卸也不会降低定位精度和连接的可靠性。(　　)

（6）普通螺纹的牙型角是60°。(　　)

（7）普通螺纹的公称直径是指螺纹中径的基本尺寸。(　　)

（8）两个相互配合的螺纹，它们的旋向相同。(　　)

（9）矩形螺纹的牙形是正方形，牙厚为螺距的一半。(　　)

（10）M24 表明螺纹的大径是 24mm。(　　)

（11）所有螺旋机构都具有自锁功能。(　　)

（12）普通螺旋传动，从动件的移动方向，与主动件的转动方向有关而与螺纹的旋向无关。(　　)

（13）两对螺旋副的螺纹旋向相反，转动螺杆能使两个螺母同步反向移动，产生很大的位移，多用于需快速移动或快速调整的装置中，它也称为倍速机构。(　　)

7-15　如题 7-15 图所示为紧固汽车车轮螺母示意图，分析并回答下列问题。

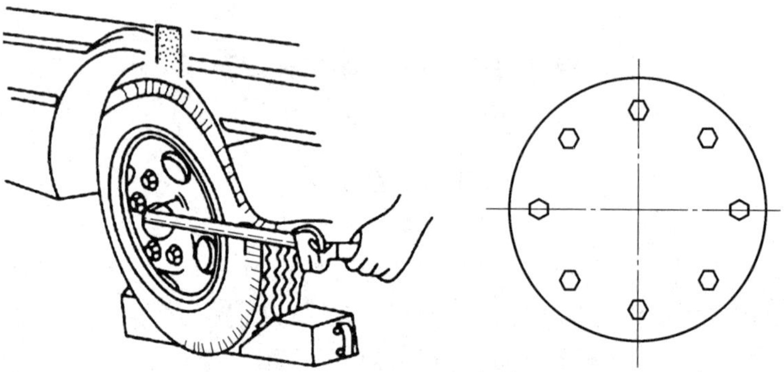

题 7-15 图　紧固汽车车轮螺母

（1）在右图中标注车轮螺母的紧固顺序。

（2）拆卸车轮轮胎时拧松车轮螺母有顺序吗？为什么？

（3）写出拆卸车轮螺母的正确操作步骤。

项目八

轴及其零部件

任务一　轴

轴系

一、轴的功用和分类

轴是机器中的重要零件之一。轴的功用是支承轴上零件，传递运动和动力。根据轴所起的作用以及承受载荷性质的不同，轴分为心轴、转轴、传动轴三类。

1. 心轴

工作时仅支承回转零件，只承受弯曲作用而不传递动力。心轴按其是否转动可分为固定心轴和转动心轴。

如图 8-1 所示，自行车的前轮通过前轴安装在自行车的前叉上，前轴起支承车轮的作用。如图 8-2 所示，火车的两个车轮能够旋转运动，是由于火车轮轴支承着两个车轮并随车轮一同转动。

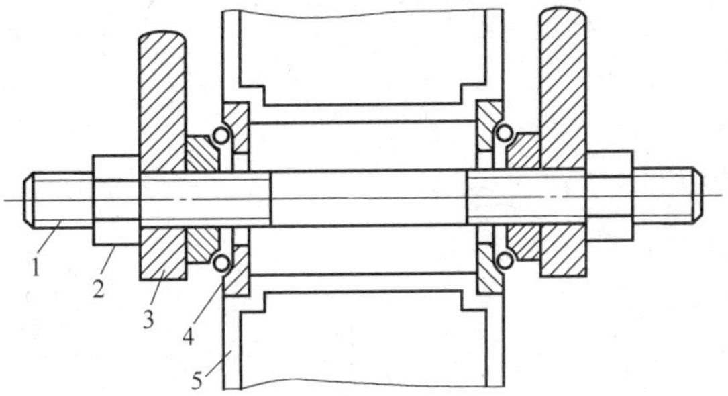

图 8-1　自行车前轮轴

1—心轴　2—螺母　3—前叉　4—轴承　5—前轮

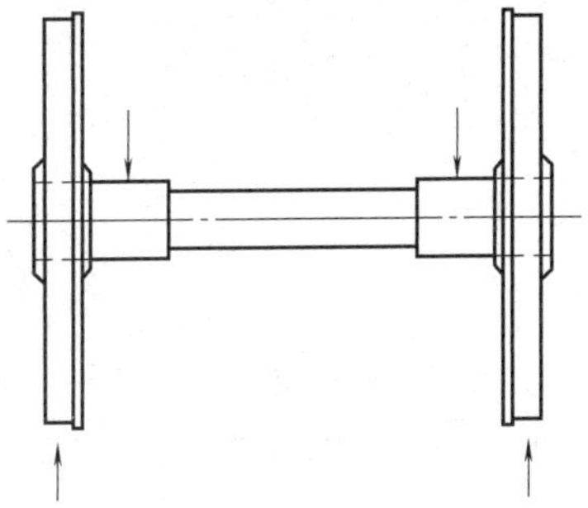

图 8-2　火车轮轴

2. 转轴

转轴工作时既支承回转零件又传递动力，同时承受弯曲和扭转两种作用。一般机械传动的轴大部分是转轴。如图 8-3 所示的减速器阶梯轴即为转轴。

3. 传动轴

工作时仅传递动力，只承受扭转作用而不承受弯曲作用，或弯曲作用很小，如图 8-4 所示为汽车变速箱与前桥之间的传动轴。

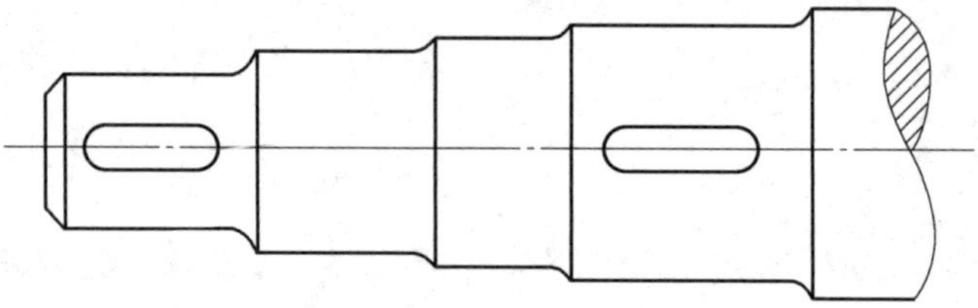

图 8-3 齿轮减速器中的轴

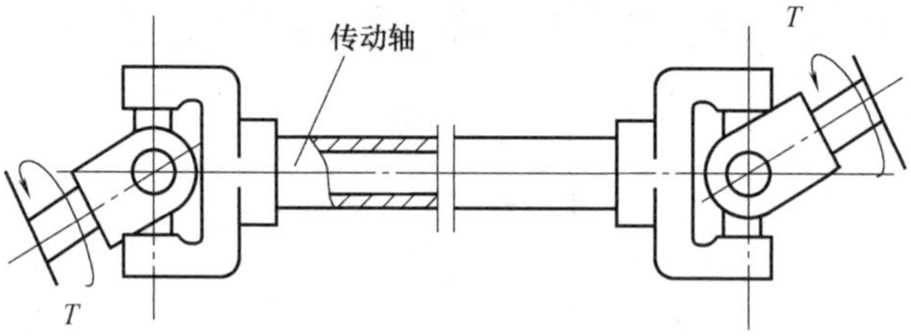

图 8-4 汽车底盘传动轴

此外，根据轴线的形状不同，轴又可分为直轴（图 8-5）、曲轴（图 8-6）和挠性钢丝轴（图 8-7）。直轴按外形不同又可分为光轴和阶梯轴。阶梯轴应用最广泛，曲轴主要应用在内燃机、压缩机等往复式机械中，挠性钢丝轴是由几层紧贴在一起的钢丝层构成的可以把转矩和旋转运动绕过障碍物，灵活地传到任何位置，常用于建筑机械中的捣振器、汽车中的转速表等设备中。本任务主要研究直轴。

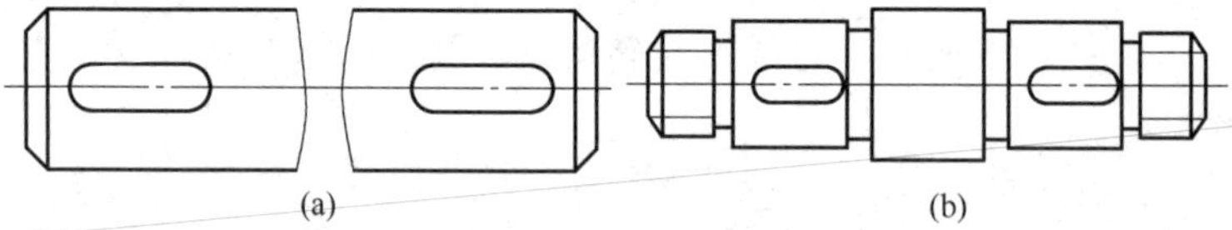

图 8-5 直轴

（a）光轴 （b）阶梯轴

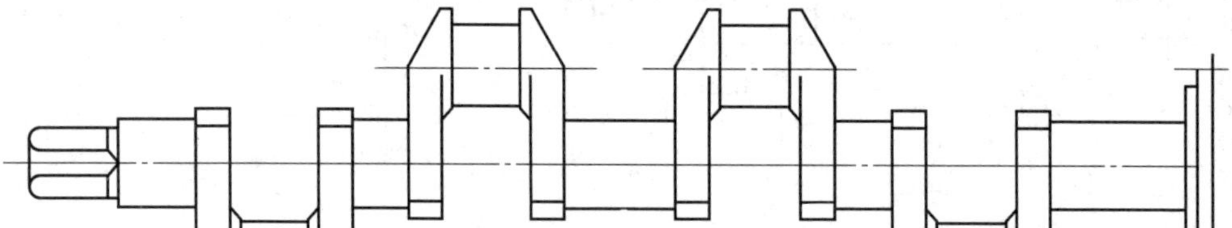

图 8-6 曲轴

二、轴的常用材料

轴的主要材料是碳素钢和合金钢。

（1）碳素钢。由于碳素钢比合金钢价廉，对应力集中的敏感性较小，所以应用广泛。常用的优质碳素钢有 35 号、45 号和 50 号钢，为了改善其力学性能，应进行正火或调质

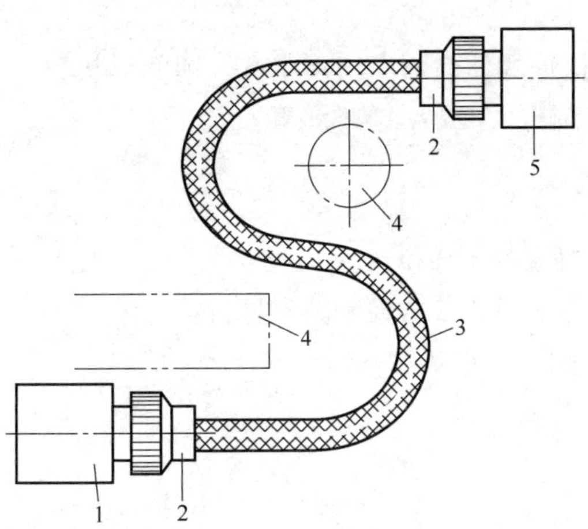

图 8-7　挠性钢丝轴

1—动力装置　2—接头　3—保护套　4—其他设备　5—被驱动装置

处理，尤其是经调质处理的 45 号钢应用最广。不重要或受力较小的轴，可采用 Q235、Q275 等碳素结构钢。

（2）合金钢。合金钢具有较高的力学性能，但价格较贵，多用于有特殊要求的轴。例如，采用滑动轴承的高速轴，常用 20Cr、20CrMnTi 等低碳合金结构钢，经渗碳淬火后可提高轴颈耐磨性；汽轮发电机转子轴在高温、高速和重载条件下工作，必须具有良好的高温力学性能，常采用 40CrNi、38CrMoAlA 等合金结构钢。值得注意的是：钢材的种类和热处理对其弹性模量的影响甚小，因此，如欲采用合金钢或通过热处理来提高轴的刚度并无实效。此外，合金钢对应力集中的敏感性较高，因此设计合金钢轴时，更应从结构上避免或减小应力集中，并减小其表面粗糙度。

轴的毛坯一般用圆钢或锻件，有时也可采用铸钢或球墨铸铁。例如，用球墨铸铁制造曲轴、凸轮轴具有成本低廉、吸振性较好、对应力集中的敏感性较低、强度较好等优点。

三、轴的结构

1. 轴的组成

轴主要由轴颈、轴头、轴身和轴肩组成，如图 8-8 所示。

（1）轴颈：轴上与轴承配合的部分称为轴颈。

（2）轴头：轴上与传动零件（如带轮、齿轮、联轴器）配合的部分称为轴头。

（3）轴身：轴上连接轴颈与轴头的部分称为轴身。

（4）轴肩：阶梯轴上截面变化的部位称为轴肩。

（5）轴环：有时直接使用轴肩需要较大直径的原材料，经济性较差，可采用单独的环形零件套装到轴上（图中未表现出来），具有和轴肩一样的功能，这种环形零件称为轴环。

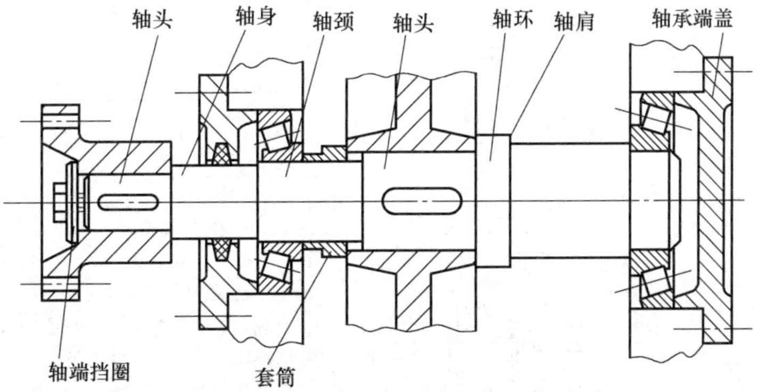

图 8-8　轴的组成

2. 对轴的结构的一般要求

影响轴结构的因素较多，没有标准的结构形式。但轴的结构应有合理的形状和尺寸，这样轴及轴上的零件才能正常工作。对轴的结构的一般要求如下：

① 满足制造安装要求，轴应便于加工；

② 结构上要方便装拆；

③ 满足零件定位要求，轴和轴上零件有准确的工作位置；

④ 要牢固而可靠，具有较好的加工工艺性，使加工方便和节省材料；

⑤ 满足强度要求，尽量减少应力集中等。

四、轴上零件的轴向定位和固定

1. 轴向定位

轴上零件的轴向固定的目的在于保证零件在轴上有确定的轴向位置，防止零件发生轴向移动。常用零件轴向固定方法，如表 8-1 所示。

表 8-1 常用零件轴向固定方法

固定方法	图　例	应用特点
轴肩和轴环固定	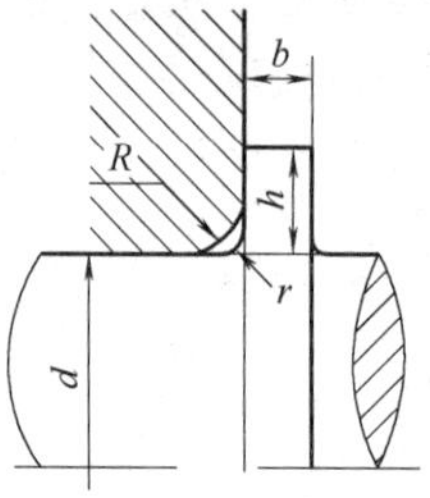	利用轴肩和轴环进行轴向定位，其结构简单、可靠，并能承受较大轴向力。常用于齿轮、带轮、轴承等零件的轴向固定 为了使轴上零件能紧靠定位面，轴肩和轴环的圆角半径 r 必须小于轴上零件孔端的圆角半径 R 或倒角（$r<R$）
套筒固定	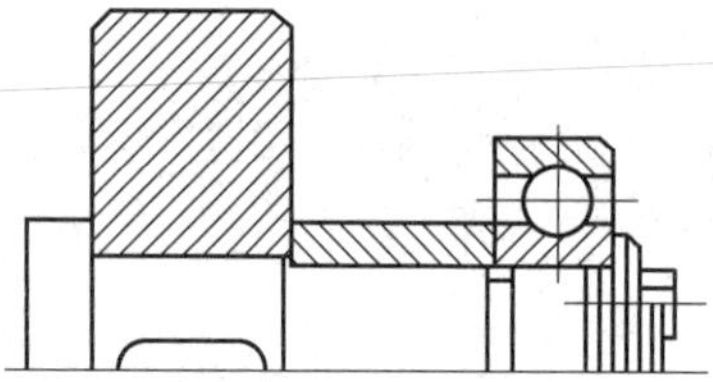	套筒又称为轴套，常用于轴上两个零件距离较小的场合，用套筒定位可以简化轴的结构，套筒定位结构简单、可靠，但不适合高转速情况
轴端挡圈固定	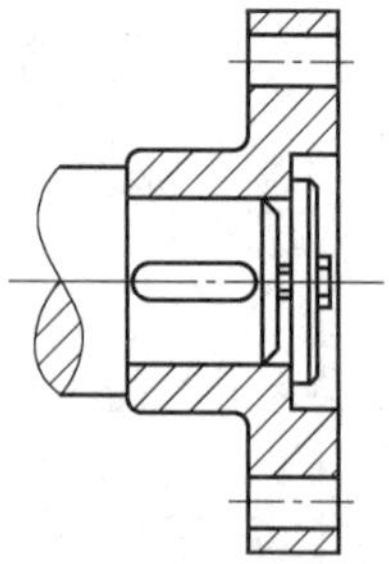	挡圈定位适用于轴端，可承受剧烈的振动和冲击载荷。如带轮的轴向固定是靠轴端挡圈
圆螺母固定	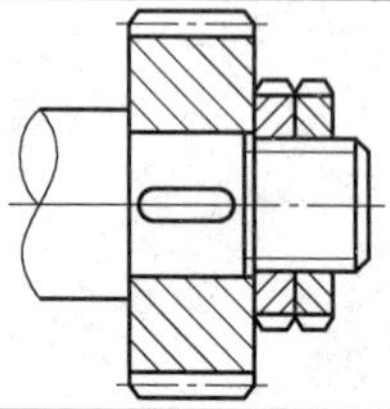	无法采用套筒或套筒太长时，可采用圆螺母加以固定，为了防止螺母松脱，可采用双螺母或加止退垫圈。圆螺母定位可靠、并能承受较大轴向力。通常用在轴端或中部

续表

固定方法	图　　例	应用特点
弹性挡圈固定	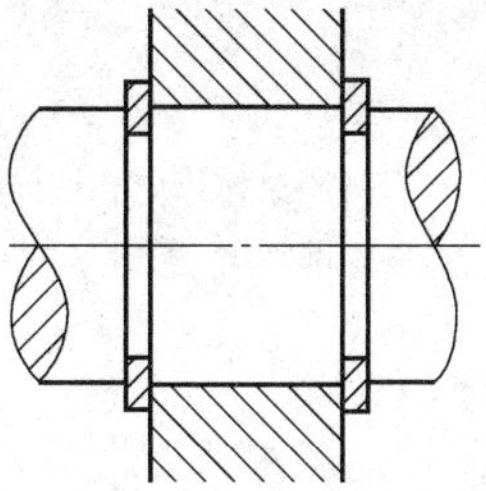	弹性挡圈定位结构简单、紧凑，但只能承受较小的轴向力，可靠性差，可在不太重要的场合使用
圆锥面固定	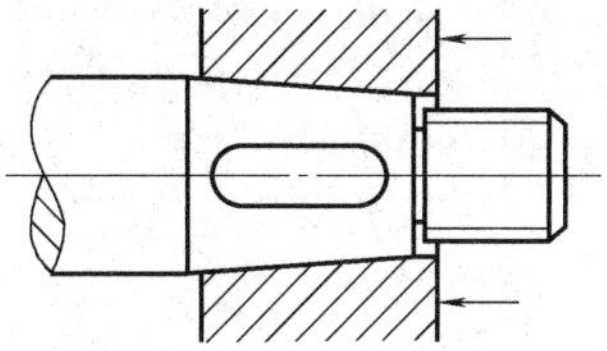	在轴端部可以用圆锥面定位，圆锥面定位的轴和轮毂之间无径向间隙，装拆方便，能承受冲击，但锥面加工较为麻烦

2. 周向固定

轴上零件周向固定的目的是使其能同轴一起转动并传递转矩。轴上零件常用的周向固定方法是键定位，有关键定位在前面项目七中已经介绍，在此不再重复。其他零件周向固定方法，如表 8-2 所示。

表 8-2　　常用零件周向固定方法

固定方法	图　　例	应用特点
销固定	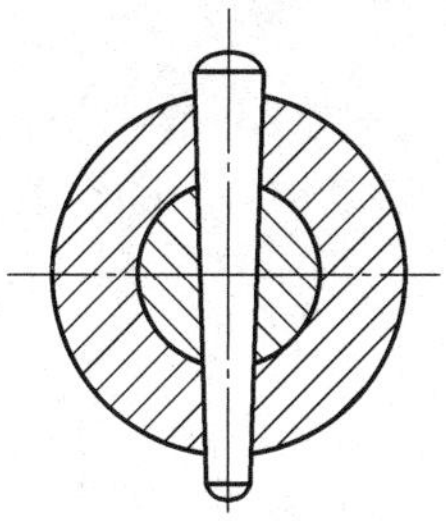	可同时作周向和轴向固定，能自锁，但承受的力不大，且对轴的强度有严重削弱
成形连接固定	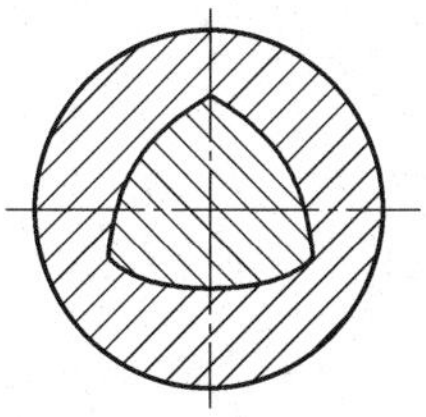	与花键周向定位相似，通常轴颈比较大，一般成型轴与轴套可做相对轴向移动，能够承受较大的载荷
过盈配合固定	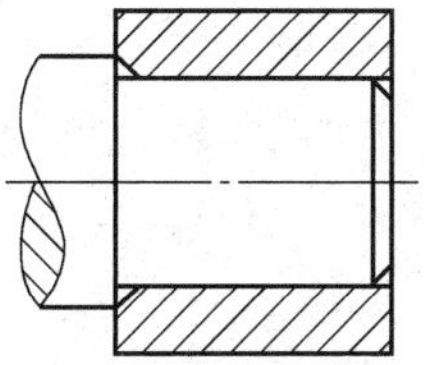	利用过盈量在配合表面间产生的压力使零件周向固定，同时也使零件轴向固定。过盈配合结构简单，定心性好，承载能力大，受变载和冲击载荷的能力大，固定可靠，且轴的剖面面积不减少。缺点是对配合面要求高，配合处有应力集中，装拆不便，圆柱面过盈配合须设置单边轴肩以控制零件装配时的轴向尺寸

续表

固定方法	图例	应用特点
紧定套固定	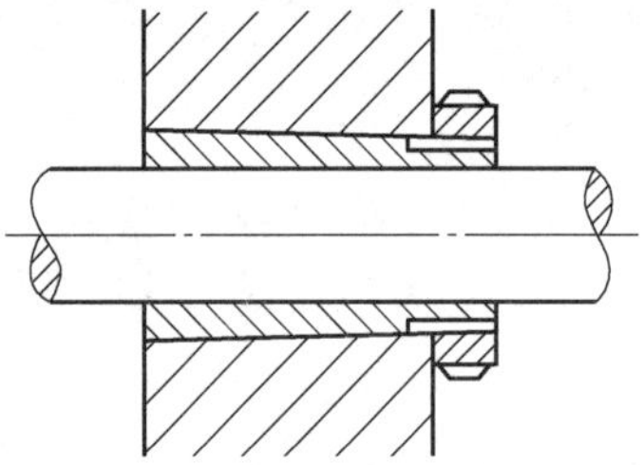	可同时作周向和轴向固定，能轴向调整位置，不削弱轴的强度，多用于光轴上
紧定螺钉固定	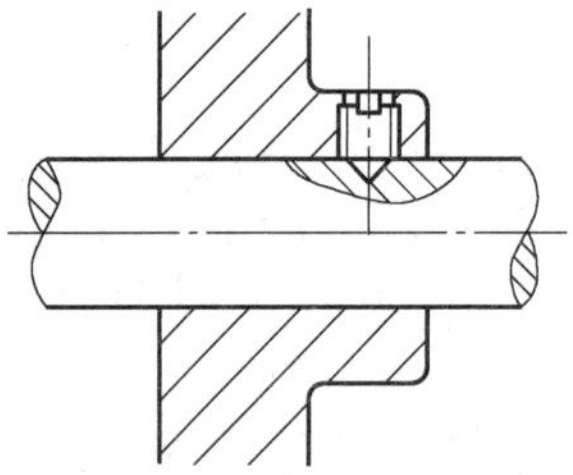	使用时，把紧定螺钉旋入待固定机件的螺孔中，以螺钉的末端紧压在另一机件的表面上，即使前一机件固定在后一机件上。开槽和内六角紧定螺钉用于钉头不允许外露的机件上，方头紧定螺钉适用于钉头允许外露的机件上。紧定螺钉定位只能承受较小的载荷

3. 轴的结构工艺性要求

（1）轴的形状，从满足强度和节省材料考虑，最好是等强度的抛物线回转体，但这种形状的轴既不便于加工，也不便于轴上零件的固定；从加工考虑，最好是直径不变的光轴，但光轴不利于轴上零件的装拆和定位。由于阶梯轴接近于等强度，而且便于加工和轴上零件的定位和装拆，所以实际上轴的形状多呈阶梯形。

（2）为了能选用合适的圆钢和减少切削加工量，阶梯轴各轴段的直径不宜相差太大，一般取 5~10mm。

（3）为了保证轴上零件紧靠定位面（轴肩），轴肩的圆角半径 r 必须小于相配合零件的倒角 c，如图 8-9（a）所示，或圆角半径 R，如图 8-9（b），轴肩高 h 必须大于 c 或 R，如图 8-9 所示。

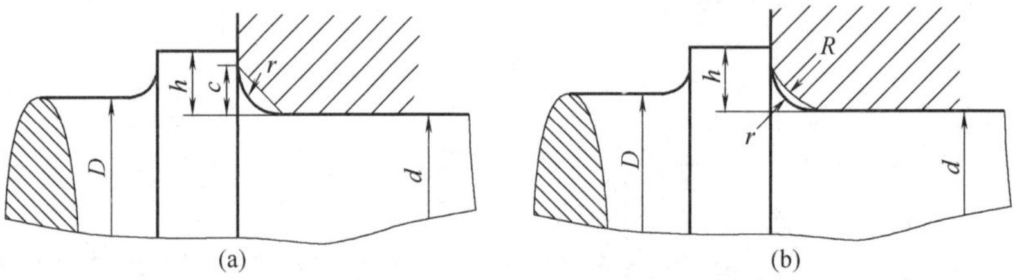

图 8-9　*r* 应小于轴上零件孔端的圆角半径 *R* 或倒角 *c*

（4）在采用套筒、螺母、轴端挡圈作轴向固定时，应把安装零件的轴段长度做得比零件轮毂短 2~3mm，以确保套筒、螺母或轴端挡圈能靠紧零件端面。

（5）轴的结构应便于加工与装配。形状力求简单，阶梯轴的级数尽可能少，并设计成中间大两端小。轴端倒角的尺寸应尽量一样，轴肩的圆角半径也要尽可能相同。若轴上采用多个单键连接时，键宽应尽可能统一，并在同一加工直线上（图 8-10）。

（6）需要磨削的轴段，应留有砂轮越程槽，如图 8-11（a）所示，以便磨削时砂轮可以磨到轴肩的端部。

（7）需切削螺纹的轴段，应留有退刀槽，以保证螺纹牙型均能达到预期的高度，如图 8-11（b）所示，为了便于加工和检验，轴的直径应取圆整值。

（8）与滚动轴承相配合的轴颈直径应符合滚动轴承内径标准；有螺纹的轴段直径应符合螺纹标准直径。为了便于装配，轴端应加工出倒角（一般为 45°），以免装配时把轴上零件的孔壁擦伤，如图 8-12（a）所示；过盈配合零件装入端常加工出导向锥面，如图 8-12（b）所示，以使零件能较顺利地压入。

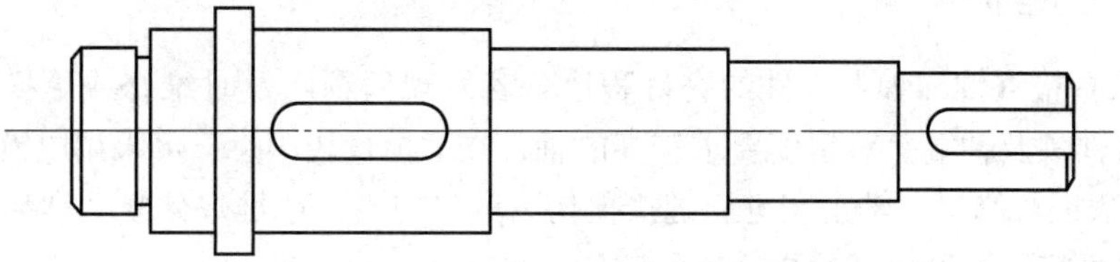

图 8-10　轴上键槽应在同一直线上

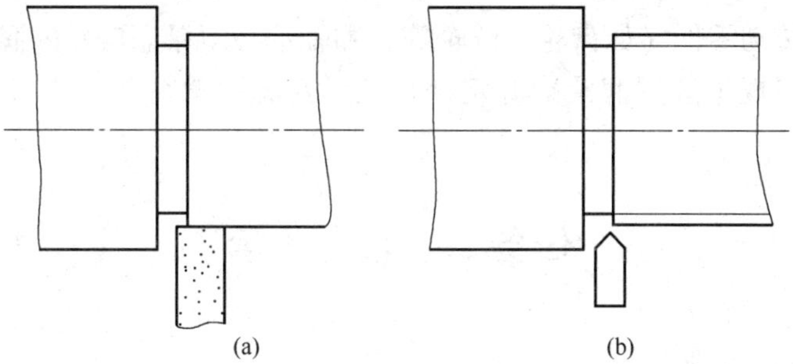

图 8-11　越程槽、退刀槽

（a）越程槽　（b）退刀槽

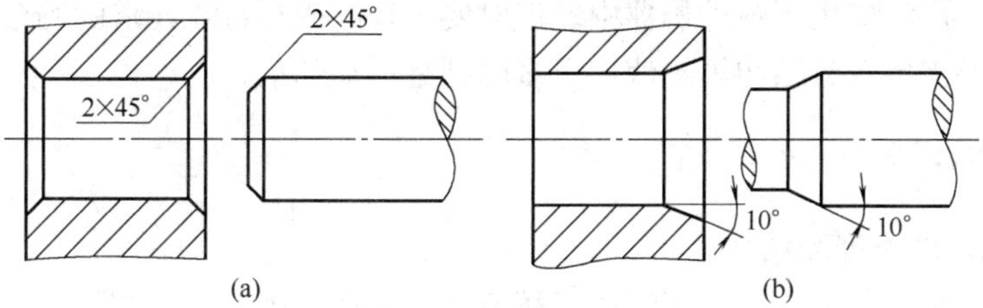

图 8-12　倒角和锥面

（a）倒角　（b）锥面

五、轴径的估算

轴的各部分直径应符合标准尺寸系列，支承轴颈的直径还必须符合轴承内孔的直径系列。轴的直径除根据强度计算确定外，通常可应用经验式进行估算。例如，在一般减速器中，高速输入轴的轴径，可按照与其相连的电动机轴的直径 d_0 来估算，经验公式为 $d=(0.8\sim1.2)d_0$；各级低速轴的直径可按同级齿轮传动中心距 a 来确定，经验公式为 $d=(0.3\sim0.4)a$，其中 $a=r_1+r_2$，r_1、r_2 是两个齿轮分度圆的半径。估算后的轴径，再按表

8-3 取整到标准值即可。

表 8-3 轴的标准直径

10	10.5	11	11.5	12	13	14	15	16	17	18	19	20	21	22	24
25	26	28	30	32	34	38	40	42	45	48	50	52	55	58	60
65	70	75	80	85	90	95	100	105	110	115	120	130			

六、轴的维护

(1) 认真检查轴和轴上零件的完好程度，若发现问题应及时维修或更换。轴的维修部位主要是轴颈及轴端。对精度要求较高的轴，在磨损量较小时，可采用电镀法或热喷涂(或喷焊) 法进行修复。轴上花键、键槽损伤，可以用气焊或堆焊修复，然后再铣出花键或键槽。也可将原键槽焊补后再铣制新键槽。

(2) 认真检查轴以及轴上主要传动零件工作位置的准确性、轴承的游隙变化并及时调整。

(3) 轴上的传动零件 (如齿轮、链轮等) 和轴承必须保证良好的润滑。应当根据季节和工作地点，按规定选用润滑剂并定期加注。要对润滑剂及时检查和补充，必要时更换。

任务二　轴　承

一、轴承的作用与分类

轴承是用来支承轴及轴上零件、保持轴的旋转精度和减少转轴与支承之间的摩擦。根据工作时摩擦性质的不同，轴承分为滑动轴承和滚动轴承两大类。滚动轴承一般由专门的轴承厂家制造，广泛应用于各种机器中。但对要求较高或有特殊要求的场合，如高速、重载、冲击较大及需要剖分结构等，使用更多的则是滑动轴承。

二、滑动轴承

1. 滑动轴承的类型和结构

工作时轴承和轴颈的支承面间形成直接或间接滑动摩擦的轴承称为滑动轴承。根据滑动轴承承受载荷的方向，分为径向滑动轴承和推力滑动轴承。而径向滑动轴承又有整体式滑动轴承、剖分式滑动轴承和调心滑动轴承三种。

(1) 整体式滑动轴承。整体式滑动轴承 (图 8-13) 是用螺栓固定在机架上。轴承孔内装有整体轴套 (轴瓦)，并用紧定螺钉固定。整体式滑动轴承结构简单、紧凑、成本低。但轴瓦磨损后，无法调整轴颈与轴承间的间隙，只能更换轴套，且安装时只能沿轴向安装，故一般用于低速、轻载及间歇工作的地方。

(2) 剖分式滑动轴承。剖分式滑动轴承由轴承座、轴承盖、剖分轴瓦和连接螺栓等组成，如图 8-14 所示。在轴承座和轴承盖的剖分面上制有阶梯形的定位止口，便于安装时对心。两者之间留有 5mm 左右的间隙。若轴瓦出现磨损而引起轴颈与轴承之间间隙增

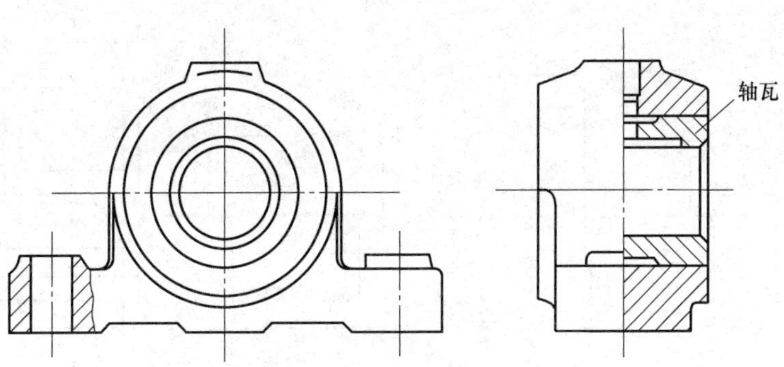

图 8-13 整体式滑动轴承

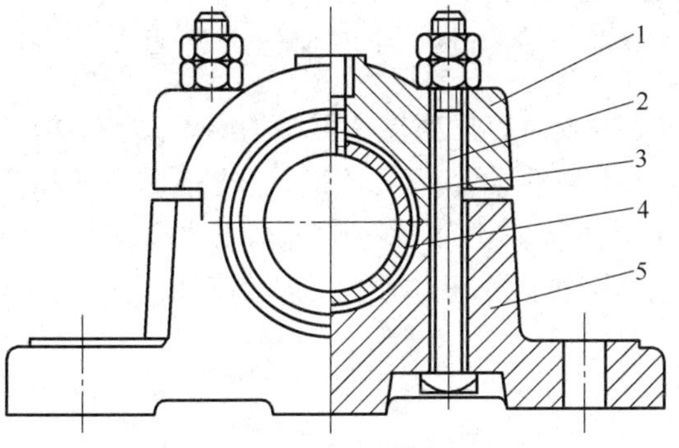

图 8-14 剖分式滑动轴承

1—轴承盖 2—连接螺栓 3—上轴瓦 4—下轴瓦 5—轴承座

大，可通过更换垫片加以调整。

（3）调心滑动轴承。如果轴颈较长（长径比 $L/d>1.5$），或轴的刚性较小，不能保证两轴承孔轴线重合时，均会造成轴颈倾斜，使轴瓦边缘局部严重磨损，如图 8-15（a）所示。为了避免这种现象，可采用如图 8-15（b）所示的轴颈倾斜就是利用球面支承，自动调整轴套的位置，以适应轴的偏斜，主要用于精度不高的农业机械。

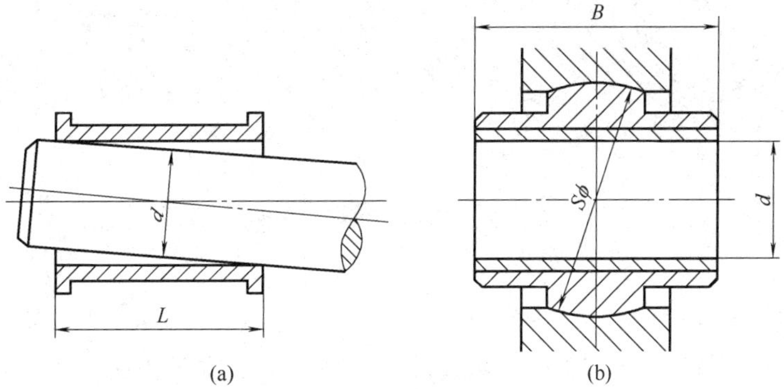

图 8-15 调心滑动轴承

（a）轴颈倾斜 （b）轴颈倾斜的调整

（4）推力滑动轴承。推力滑动轴承用于承受轴向载荷。常见的推力滑动轴承轴颈形状如图 8-16 所示。实心端面轴颈由于工作时轴心与边缘磨损不均匀，以致轴心部分压强极高，所以很少采用。空心端面轴颈和环状轴颈工作情况较好。载荷较大时，可采用多环轴颈。

2. 滑动轴承工作原理和表面的摩擦状态

滑动轴承工作表面的摩擦状态有非液体摩擦和液体摩擦之分。图 8-17（b）、图 8-17（c）是轴承摩擦表面的局部放大图。如图 8-17（b）所示，摩擦表面不能被润滑油完全隔开的

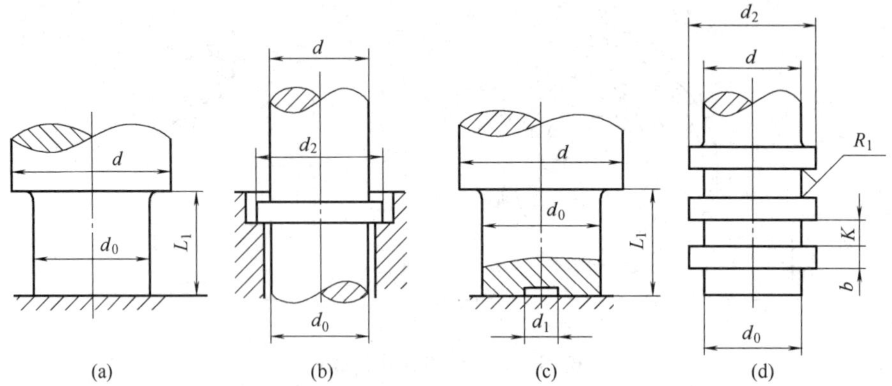

图 8-16 推力滑动轴承

（a）实心端面轴颈 （b）环状轴颈 （c）空心端面轴颈 （d）多环轴颈

轴承称为非液体摩擦滑动轴承。这种轴承的摩擦表面容易磨损，但结构简单，制造精度要求较低，用于一般转速，载荷不大或精度要求不高的场合。摩擦表面完全被润滑油隔开的轴承称为液体摩擦滑动轴承，如图 8-17（c）所示。这种轴承与轴表面不直接接触，因此避免了磨损。液体摩擦滑动轴承制造成本高，多用于高速、精度要求较高或低速、重载的场合。

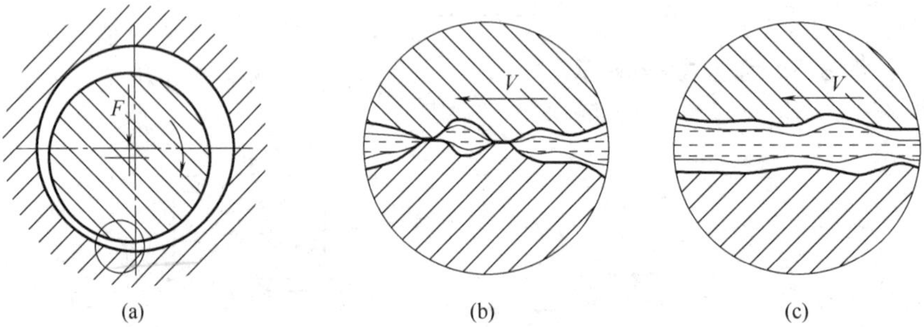

图 8-17 滑动轴承的摩擦状态

（a）滑动轴承原理图 （b）非液体摩擦状态 （c）液体摩擦状态

3. 轴瓦与轴承衬

轴瓦是滑动轴承中直接与轴颈接触的部分。轴瓦有整体式轴瓦，如图 8-18（a）所示

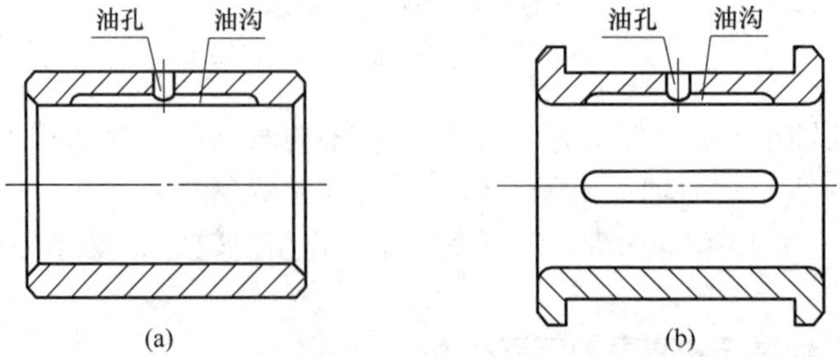

图 8-18 轴瓦

（a）整体式轴瓦 （b）剖分式轴瓦

和剖分式轴瓦，如图 8-18（b）所示两种，整体式轴瓦与轴承座用过盈配合压紧，轴瓦分内孔光滑和纵向带油槽两种；剖分式轴瓦的两端有凸缘，可防止轴瓦在轴承座中轴向移动，用销钉或坚定螺钉固定轴瓦，可防止周向的转动。

轴瓦的内表面开有油槽，油槽开在轴瓦的非承载部位，为了减少润滑油在端部泄漏，油槽不应开通，其长度一般取轴瓦长度的 80%，常见的油槽形式，如图 8-19 所示。

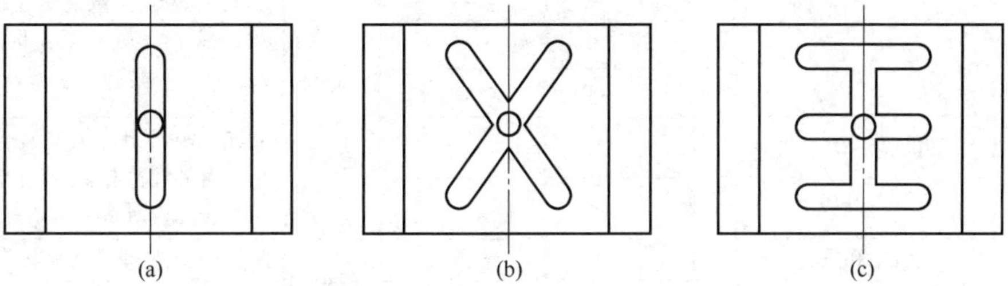

图 8-19　轴瓦上油槽的形式

（a）I 字形　（b）X 字形　（c）王字形

轴瓦可以由一种材料制成，也可以在高强度材料的轴瓦基体上浇注一层或两层轴承合金作为轴承衬，称为双金属轴瓦或三金属轴瓦。为了使轴承衬与轴瓦基体结合牢固，可在轴瓦基体内表面或侧面制出沟槽，如图 8-20 所示。

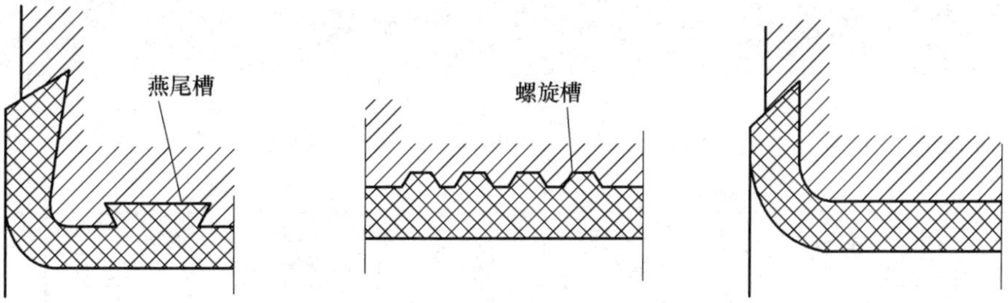

图 8-20　背内壁沟槽

4. 滑动轴承的材料

轴承材料是指与轴颈直接接触的轴瓦或轴承衬的材料。对其材料的主要要求是：

① 具有足够的抗压、抗疲劳和抗冲击能力；

② 具有良好的减摩性、耐磨性和磨合性，抗粘着磨损和磨粒磨损性能较好；

③ 具有良好的顺应性和嵌藏性，具有补偿对中误差和其他几何误差及容纳硬屑粒的能力；

④ 具有良好的工艺性、导热性及抗腐蚀性能等。

常用的轴瓦和轴承衬材料如表 8-4 所示。

5. 滑动轴承的润滑

润滑对减少滑动轴承的摩擦和磨损以及保证轴承正常工作具有重要意义。因此，设计和使用轴承时，必须合理地采取措施，对轴承进行润滑。

滑动轴承常用的润滑剂有润滑油和润滑脂，其中以矿物油应用最广。润滑油的主要性能指标是黏度，通常它随温度的升高而降低。润滑油按轴颈圆周速 v 和压强 p 选择牌号，如表 8-5 所示。

表 8-4 轴瓦和轴衬材料

轴瓦材料		最大许用值				应用场合
		[p] / MPa	[v] / m/s	[p_v] / MPa · m/s	[t] / ℃	
铅锑轴承合金	ZSnb11Cu6	平稳载荷			150	用于高速、重载下工作的重要轴承,变载荷下易于疲劳,价格较贵
		25	80	20		
	ZSnSb8Cu4	冲击载荷				
		20	60	15		
	ZPbSb16Sn16Cu2	15	12	10		用于中速、中等载荷的轴承,不宜受显著的冲击载荷,可作为锡锑轴承合金的代用品
	ZCuSn5Pb5Zn5	5	6	5		
锡青铜	ZCuSn10Pb1	15	10	15	280	用于中速、重载或变载荷的轴承
	ZCuSn5Pb5Zn5	8	3	12		用于中速、中等载荷的轴承
铝青铜	ZCuAl9Mn2	15	4	12	280	最宜用于润滑充分的低速、重载轴承

表 8-5 滑动轴承润滑油的选择（工作温度 10~60℃）

轴颈圆周速度 v/m · s^{-1}	轻载 p<3MPa 工作温度（10 ~60℃）		中载 p=3 ~7.5MPa 工作温度（10 ~60℃）		重载 p>7.5 ~30MPa 工作温度（20 ~80℃）	
	运动黏度 ν_{40}/mm^2 · s^{-1}	适用油牌号	运动黏度 ν_{40}/mm^2 · s^{-1}	适用油牌号	运动黏度 ν_{40}/mm^2 · s^{-1}	适用油牌号
0.3~1.0	45~75	L-AN46,L-AN68	100~125	L-AN100	90~350	L-AN100,L-AN150,L-AN200,L-AN320
1.0~2.5	40~75	L-AN32,L-AN46,L-AN68	65~90	L-AN68 L-AN100		
2.5~5.0	40~55	L-AN32,L-AN46				
5.0~9.0	15~45	L-AN15,L-AN22,L-AN32,L-AN46				
>9	5~23	L-AN7,L-AN10,L-AN15,L-AN22				

注：ν_{40}——40℃时的运动黏度,单位 1mm^2/s = 1Cst(斯托克斯)

润滑脂是由润滑油添加各种稠化剂和稳定剂稠化而成的膏状润滑剂。润滑脂主要应用在速度较低（轴颈圆周速度小于 1~2m/s）、载荷较大、不经常加油、使用要求不高的场合。润滑脂按轴颈圆周速度 v、压强 p 和工作温度 t 选择牌号，如表 8-6 所示。

表 8-6 滑动轴承润滑脂的选择

轴承压强 p/MPa	轴颈圆周速度 v/m · s^{-1}	最高工作温度 t/℃	润滑脂牌号
<1.0	≤1.0	75	3 号钙基脂
1.0~6.5	0.5~5.0	55	2 号钙基脂
1.0~6.5	≤1.0	-50~100	2 号锂基脂
≤6.5	0.5~5.0	120	2 号钠基脂
>6.5	≤0.5	75	3 号钙基脂
>6.5	≤0.5	110	1 号钙钠基脂

在选用润滑剂之后，还要选用恰当的润滑方式。常用的润滑方式和润滑装置，如表 8-7 所示。

表 8-7　　滑动轴承的润滑方式

润滑方式	润 滑 装 置	说　　明
滴油润滑	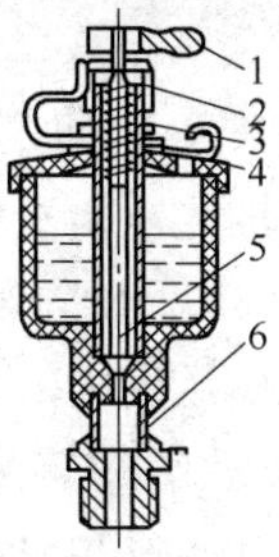 1—手柄　2—调节螺母　3—弹簧锁 4—油孔滤盖　5—针阀杆　6—观察孔	将手柄放到水平位置,阀口关闭,停止供油;当手柄垂直,阀口开启,可连续供油。调节螺母,可调节供油量
油环润滑	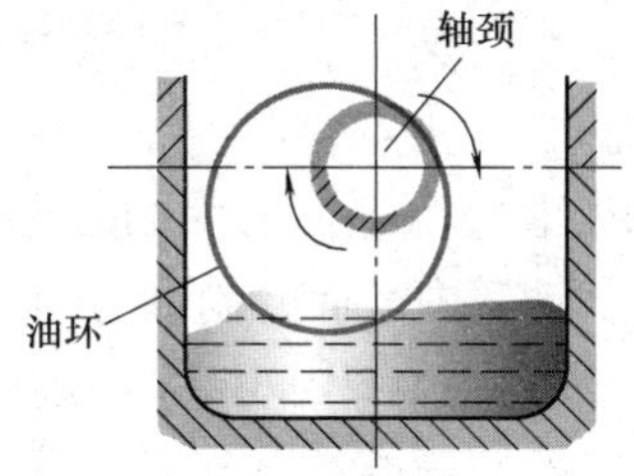	油环套在轴上,下部浸入油池中,当轴颈旋转时,油环依靠摩擦力被轴带动旋转,将油带到轴颈上进行润滑。这种装置结构简单,供油充分,但轴的转速不能太高或太低
飞溅润滑	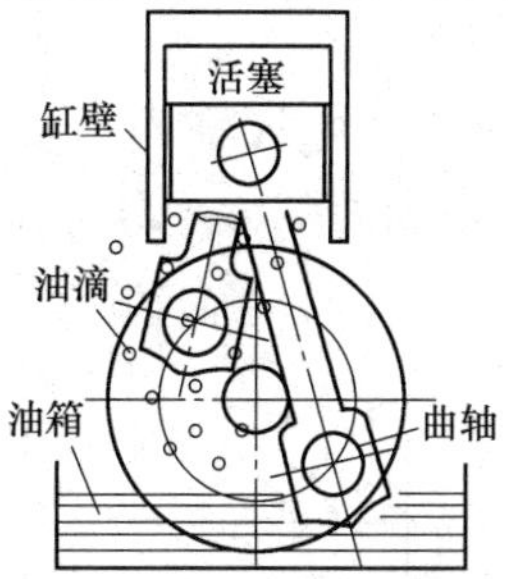	利用旋转件(如曲轴、齿轮等)将油池中的油飞溅到箱壁,再沿油槽流入轴承进行润滑。如变速箱、发动机曲轴箱中曲轴和轴承的润滑
压力循环润滑	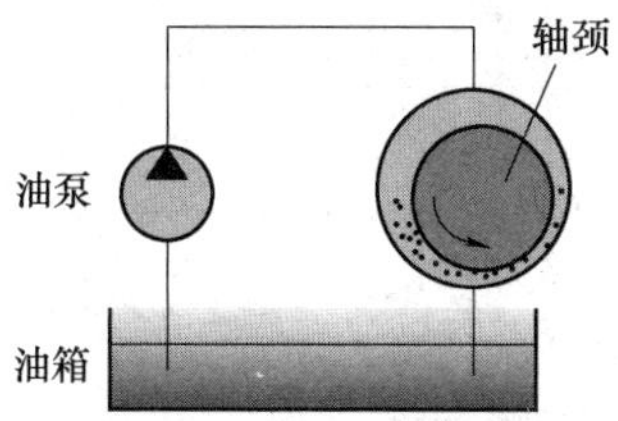	用油泵将压力油输送到轴承处实现润滑,使用后的油回到油箱,经冷却过滤再重复使用。这种润滑可靠、效果好,但结构复杂,费用高
旋盖油杯润滑	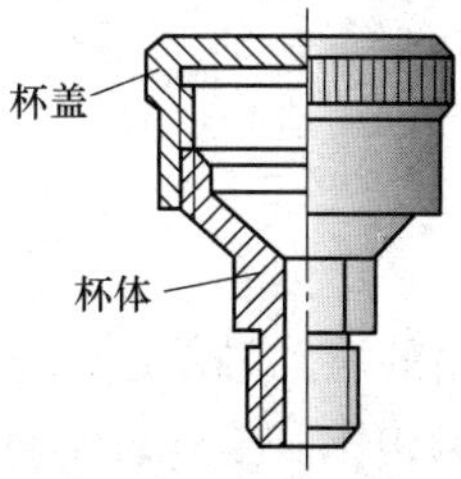	润滑脂的加脂方式有人工加脂和脂杯加脂。杯中装入润滑脂后,旋转上盖即可将润滑脂挤入轴承

6. 滑动轴承的安装与调整

滑动轴承的装配质量直接影响着机器的运转质量和轴承本身的使用寿命。这里主要介绍剖分式滑动轴承在安装与调整中应注意的问题。

(1) 安装要求。滑动轴承的安装要保证润滑油能顺利地被引到轴瓦的各个工作表面。轴与轴承的相对位置、几何形状和尺寸要能保证它们之间形成合理的楔状间隙，使其能处于近似液体摩擦的状态下工作。

(2) 安装前的准备。装配前，应认真阅读装配图，以便了解轴承的结构及技术要求；根据轴颈及轴承座孔的尺寸及技术状况选配适当的轴瓦；检查轴瓦质量并清洗干净待用。

(3) 轴承座的固定。首先要保证各轴承座的平面度及同轴度要求，通常采用拉线的方法找正。然后将轴放在其上，用涂色法检查轴与轴瓦表面的接触情况。

(4) 轴瓦、轴承座及轴承盖的安装。轴瓦与轴承座的装配质量，取决于轴瓦与座孔的过盈量以及它们之间的接触情况。轴瓦与座孔配合的过盈量太大时，轴瓦装入轴承座后会产生较大的变形，破坏了轴瓦与轴之间的正常间隙，不利于润滑，严重时甚至会出现"抱死"或烧瓦的故障。若过盈量过小，则轴瓦会在座孔中游移，使轴瓦产生周期性的变形。轴瓦背与座孔的接触情况可用涂色法检查。要求上瓦与轴承盖的接触面积不少于50%，并要求接触点分布均匀，接触点不少于1~2点/厘米^2。

(5) 轴瓦与轴颈的安装。轴瓦与轴颈的安装应保证两方面的要求：一是正常的润滑；二是合理的接触。为了实现正常的润滑，要在轴瓦内表面开制合适的油槽。而轴瓦与轴颈合理的接触应是以载荷方向为中心，在轴瓦上的接触点中间密、两边疏。其规定为：低速间隙工作时，接触点应有1~1.5点/厘米^2；中等载荷连续工作时，接触点应有2~3点/厘米^2；重载高速工作时，接触点应有3~4点/厘米^2。

(6) 滑动轴承的调整。滑动轴承的调整主要是保证轴颈与轴瓦之间有合适的间隙，这是保证轴承正常润滑和工作的条件。其间隙有顶间隙 a、侧间隙 b 和轴向间隙 S 三种，如图8-21所示。

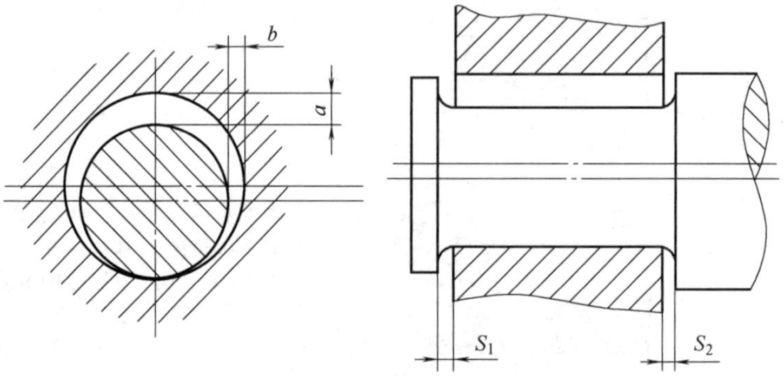

图8-21 滑动轴承间隙

三、滚动轴承

以滚动摩擦为主的轴承称为滚动轴承。常用的滚动轴承已标准化，只需根据工作条件来选用合适的滚动轴承类型和型号。与滑动轴承相比，滚动轴承具有下列优点：应用设计简单，产品已标准化，并由专业生产厂家进行大批量生产，具有优良的互换性和通用性；起动摩擦力矩低，功率损耗小，滚动轴承效率（0.98~0.99）比混合润滑轴承高；负荷、转速和工作温度的适应范围宽，工况条件的少量变化对轴承性能影响不大；大多数类型的轴承能同时承受径向和轴向载荷，轴向尺寸较小；易于润滑、维护及保养。滚动轴承的缺点包括：大多数滚动轴承径向尺寸较大；在高速、重载荷条件下工作时，寿命短；振动及噪声较大。

1. 滚动轴承的结构

滚动轴承由内圈、外圈、滚动体和保持架组成，如图 8-22 所示。轴承内圈与轴颈配合，外圈与轴承座或机座的轴承孔配合。通常内圈随轴转动而外圈固定。但有时也可以外圈转动而内圈不动，或内外圈同时转动；当内、外圈相对旋转时，滚动体在内、外圈的滚道上滚动，保持架使滚动体均匀分布并避免相邻滚动体之间的接触和摩擦、磨损。

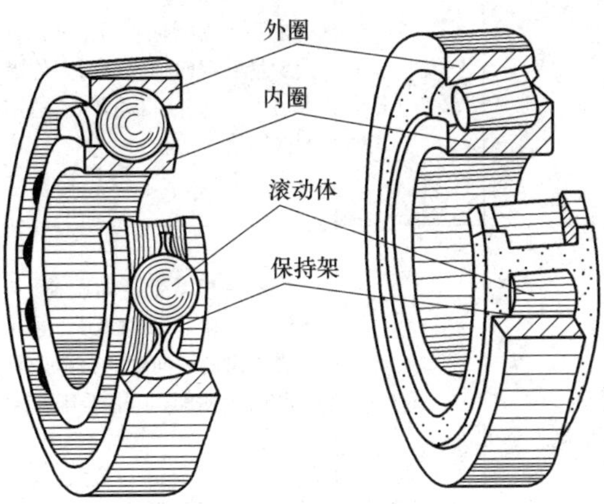

图 8-22　滚动轴承的组成

滚动轴承的内、外圈和滚动体一般采用专用的滚动轴承钢制造，如 GCr9、GCr15、GCr15SiMn 等，保持架则常用较软的材料如低碳钢板经冲压而成，或用铜合金、塑料等制成。

一般来说，滚动轴承的内、外圈都设有滚道，保证滚动体在其间顺利地滚动。常见的滚动体形式如图 8-23 所示，有球体、圆柱滚子、螺旋滚子、圆锥滚子、球面滚子、滚针等。

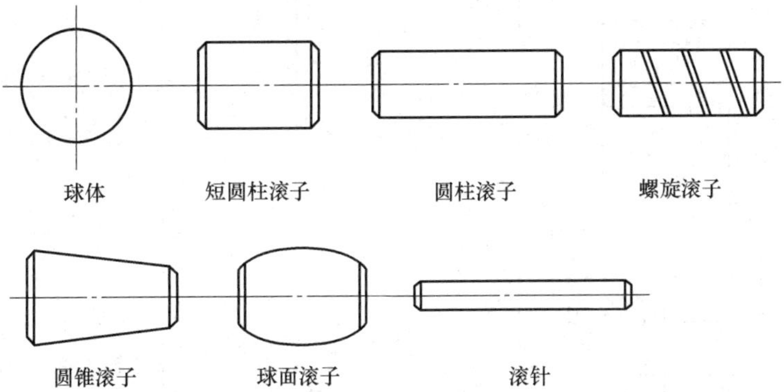

图 8-23　滚动体的形式

2. 滚动轴承的主要类型及其特性

按滚动体承受载荷的方向分为向心轴承（主要承受径向载荷）、推力轴承（主要承受轴向载荷）和向心推力轴承（也叫角接触轴承），向心推力轴承能够同时承受轴向的径向载荷；按滚动体形式分为球轴承（滚动体是球体）和滚子轴承（滚动体是滚子）。滚动轴承的基本类型及基本特性，如表 8-8 所示。

表 8-8　　常用滚动轴承的类型及特性

轴承名称	结构简图	承载方向	类型代号	主要特性和应用
双列角接触球轴承	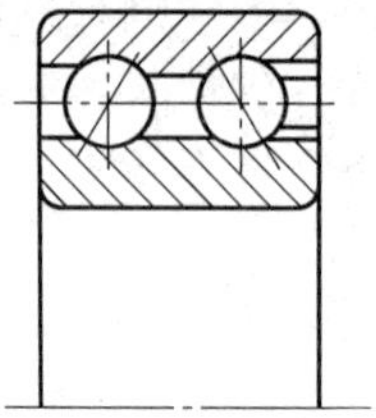		0	同时能承受径向负荷和双向的轴向负荷，比角接触球轴承具有较大的承载能力，与双联角接触球轴承比较，在同样负荷作用下能使轴在轴向更紧密地固定
调心球轴承	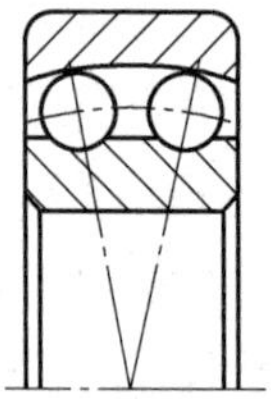		1	主要承受径向载荷，同时可承受少量的双向轴向载荷。外圈内滚道为球面，能自动调心，适用于弯曲刚度小的轴
调心滚子轴承	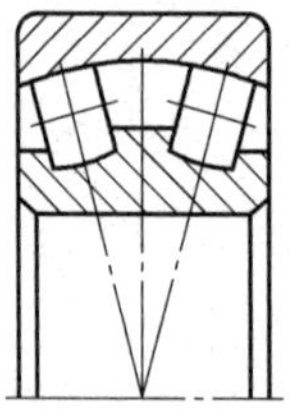		2	主要用于承受径向载荷，其承载能力比调心球轴承大，同时能承受少量的双向轴向载荷。具有自动调心性能，适用于弯曲刚度小的轴
圆锥滚子轴承	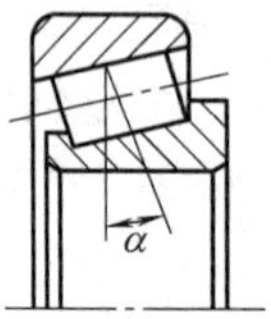		3	能同时承受较大的径向载荷和轴向载荷。内外圈可分离通常成对使用，对称布置安装
双列深沟球轴承	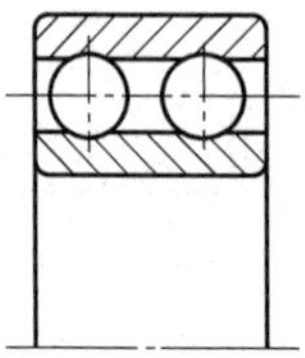		4	主要承受径向负荷，也能承受一定的双向轴向负荷。它比深沟球轴承具有较大的承载能力
推力球轴承 单向	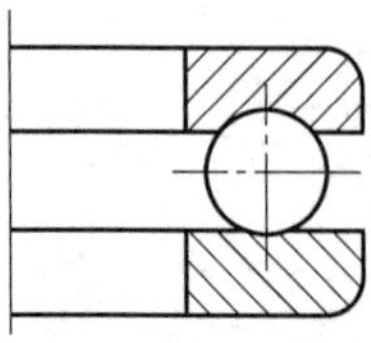		5(5100)	只能承受单向轴向载荷，适用于轴向载荷大而转速不高的场合
推力球轴承 双向			5(5200)	可承受双向轴向载荷，用于轴向载荷大、转速不高的场合

续表

轴承名称	结构简图	承载方向	类型代号	主要特性和应用
深沟球轴承	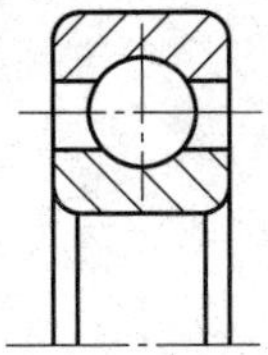	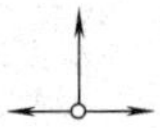	6	主要承受径向负荷,也可同时承受少量双向轴向负荷,工作时内外圈轴线允许偏斜。摩擦阻力小,极限转速高,结构简单,价格便宜,应用最广泛。但承受冲击载荷能力较差,适用于高速场合。在高速时可代替推力球轴承
角接触球轴承	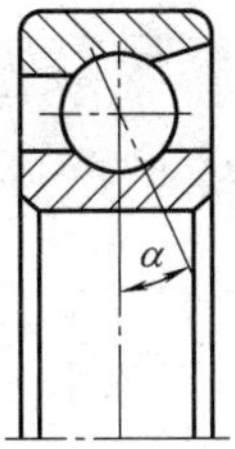		7	能同时承受径向载荷与轴向载荷,接触角 α 有 15°、25°、40° 三种。适用于转速较高、同时承受径向和轴向载荷的场合
推力圆柱滚子轴承	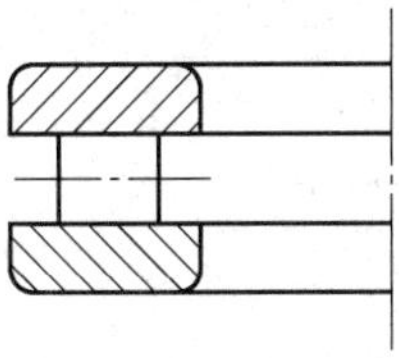		8	能承受很大的单向轴向负荷,但不能承受径向负荷。它比推力球轴承承载能力要大,套圈也分紧圈与松圈。极限转速很低,适用于低速重载场合
圆柱滚子轴承	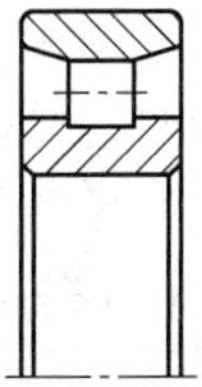		N	外圈无挡边,只能承受纯径向载荷。与球轴承相比,承受载荷的能力较大,尤其是承受冲击载荷,但极限转速较低
滚针轴承	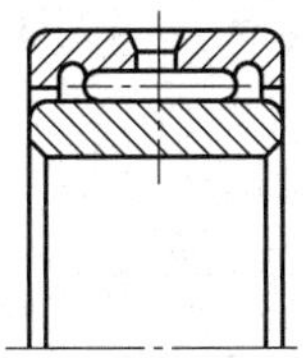		NA	滚动体数量较多,一般没有保持架。径向尺寸紧凑且承载能力很大,价格低廉不能承受轴向负荷,摩擦系数较大,不允许有偏斜。常用于径向尺寸受限制而径向负荷又较大的装置中

由于结构的不同，各类轴承的使用性能也不相同。

（1）承载能力。在同样外形尺寸下，滚子轴承的承载能力约为球轴承的 1.5~3 倍。所以，在载荷较大或有冲击载荷时宜采用滚子轴承。但当轴承内径 $d \leqslant 20$mm 时，滚子轴承和球轴承的承载能力已相差不多，而球轴承的价格一般低于滚子轴承，故可优先选用球轴承。

（2）接触角 α。接触角是滚动轴承的一个主要参数，轴承的受力分析和承载能力等与接触角有关。表 8-9 列出各类轴承的公称接触角。

滚动体套圈接触处的法线与轴承径向平面（垂直于轴承轴心线的平面）之间的夹角称为公称接触角。公称接触角越大，轴承承受轴向载荷的能力也越大。

滚动轴承按其承受载荷的方向或公称接触角的不同，可分为：

① 径向轴承，主要用于承受径向载荷，其公称接触角从0°到45°；

② 推力轴承，主要用于承受轴向载荷，其公称接触角从大于45°到90°（表8-9）。

由于接触角的存在，角接触轴承可同时承受径向载荷和轴向载荷。公称接触角小的，如角接触向心轴承，主要用于承受径向载荷；公称接触角大的，如角接触推力轴承，主要用于承受轴向载荷。径向接触向心球轴承的公称接触角为零（表8-9），但由于滚动体与滚道间留有微量间隙，受轴向载荷时轴承内外圈间将产生轴向相对位移，实际上形成一个不大的接触角，所以它也能承受一定的轴向载荷。

表8-9　各类球轴承的公称接触角

轴承类型	径向轴承		推力轴承	
	径向接触	向心角接触	推力角接触	轴向接触
公称接触角 α	$\alpha=0^\circ$	0°	$45^\circ<90^\circ$	$\alpha=90^\circ$
图例	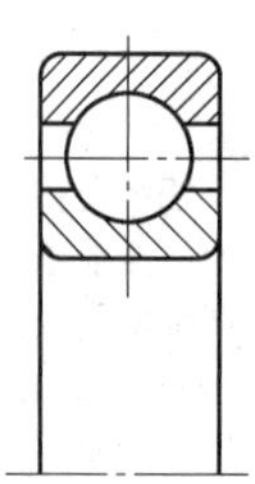	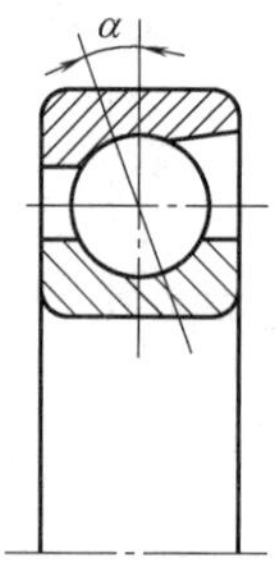	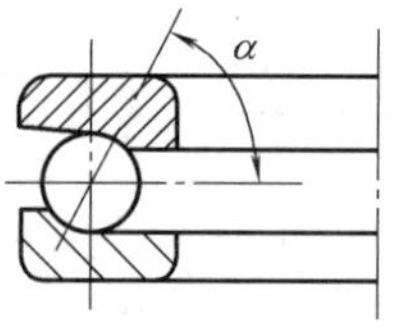	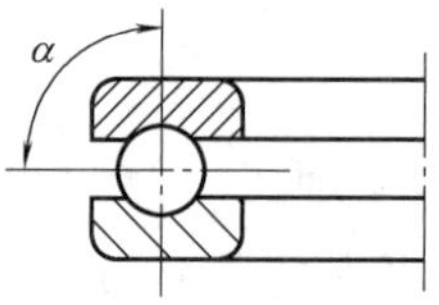

（3）极限转速 n_c。滚动轴承转速过高会使摩擦面间产生高温，润滑失效，从而导致滚动体回火或胶合破坏。轴承在一定载荷和润滑条件下，允许的最高转速称为极限转速，其具体数值见有关手册。如果轴承极限转速不能满足要求，可采取提高轴承精度、适当加大间隙、改善润滑和冷却条件、选用青铜保持架等措施。

（4）角偏差 q。轴承由于安装误差或轴的变形等都会引起内外圈中心线发生相对倾斜。其倾斜角称为角偏差。

3. 滚动轴承代号

滚动轴承是标准件，按照GB/T 272—2017规定，一般用途的滚动轴承代号是由基本代号、前置代号和后置代号构成，其排列顺序为：前置代号、基本代号、后置代号。

（1）前置、后置代号。轴承在结构形状、尺寸、公差、技术要求等有改变时，在其基本代号左右添加的补充代号。前置代号用字母表示，后置代号用字母（或加数字）表示。前置、后置代号的含义及表示方法可查阅国家标准GB/T 272—2017。对于一般用途的轴承，由于没有特殊改变，故无前置、后置代号，即只用基本代号表示。

（2）基本代号。基本代号由轴承类型代号、尺寸系列代号、内径代号按顺序构成。

① 类型代号。在第一位是滚动轴承的类型代号用数字或字母表示，如表8-10所示。

② 尺寸系列代号。尺寸系列代号由轴承的宽度（对于推力轴承则为高度）系列代号和直径代号组合而成。

宽（高）度系列是指内径相同的轴承，配有不同宽（高）度的尺寸系列。其代号用数字表示。在国家标准中，宽度系列代号的数字及其意义如下，如表8-11所示。

表 8-10　　轴承的类型代号

代号	轴承类型	代号	轴承类型	代号	轴承类型
0	双倒角接触轴承	4	双列深沟球轴承	8	推力圆柱滚子轴承
1	调心球轴承	5	推力球轴承	N	圆柱滚子轴承
2	调心滚子轴承	6	深沟球轴承	U	外球面轴承
3	圆锥滚子轴承	7	角接触轴承	QJ	四点接触球轴承

表 8-11　　宽度系列代号

代号	0	1	2	3	4	5	6	7	8	9
意义	窄	正常	宽	特宽$_3$	特宽$_4$	特宽$_5$	特宽$_6$	特低	特窄	低

直径系列是指内径相同的轴承配有不同外径的尺寸系列。其代号仍用数字表示。在国家标准中，直径系列代号的数字及其意义，如表 8-12 所示。

表 8-12　　直径系列代号

代号	0	1	2	3	4	5	7	8	9
意义	特轻	特轻	轻	中	重	特重	超特轻	超轻	超轻

向心轴承和推力轴承的尺寸系列代号，如表 8-13 所示。

表 8-13　　向心轴承和推力轴承尺寸系列代号

直径系列代号	向心轴承								推力轴承			
	宽度系列代号								高度系列号			
	8	0	1	2	3	4	5	6	7	9	1	2
	尺寸系列代号											
7			17		37							
8		08	18	28	38	48	58	68				
9		09	19	29	39	49	59	69				
0		00	10	20	30	40	50	60	70	90	10	
1		01	11	21	31	41	51	61	71	91	11	
2	82	02	12	22	32	42	52	62	72	92	12	22
3	83	03	13	23	33				73	93	13	23
4		04		24					74	94	14	24
5										95		

③ 内径代号。内径代号用两位数字表示轴承的内径。国家标准规定的内径代号表示方法，如表 8-14 所示。

表 8-14　　轴承的内径代号

轴承公称内径/mm	内径代号	示例
06 到 10(非整数)	用公称内径毫米数直接表示，在其与尺寸系列代号之间用“/”分开	深沟球轴承 618/2.5 $d=2.5$mm
到 9(整数)	用公称内径毫米数直接表示，对深沟及角接触球轴承 7、8、9 系列，内径与尺寸系列代号之间用“/”分开	深沟球轴承 625、618/5 $d=5$mm

续表

轴承公称内径/mm		内径代号	示例
10 到 17	10	00	深沟球轴承 6200 $d=10$mm
	12	01	
	15	02	
	17	03	
20 到 480(22,28,32 除外)		公称内径除以 5 的商数,商数为个位数,需在商数左边加“0”,如 08	调心滚子轴承 23208 $d=40$mm
大于和等于 500 以及 22,28,32		用公称内径毫米数直接表示,与尺寸系列代号之间用“/”分开	调心滚子轴承 230/500 $d=500$mm 深沟球轴承 62/22 $d=22$mm

【例 8-1】 试说明轴承代号 6208/P53 和 7312C 的意义。

解：6208/P53 表示内径为 40mm，宽度代号为 0，直径代号为 2，正常结构，P5 级精度，径向游隙为 3 组的深沟球轴承。7312C 表示内径为 60mm，宽度代号为 0，直径代号为 3，正常结构，公称接触角为 15°的角接触球轴承。

4. 滚动轴承的固定

（1）双支点单向固定。如图 8-24（a）所示，使轴的两个支点中每一个支点都能限制轴的单向移动，两个支点合起来就限制了轴的双向移动。它适用于工作温度变化不大的短轴，考虑到轴因受热而伸长，在轴承盖与外圈端面之间应留出热补偿间隙 C 如图 8-24（b）所示。

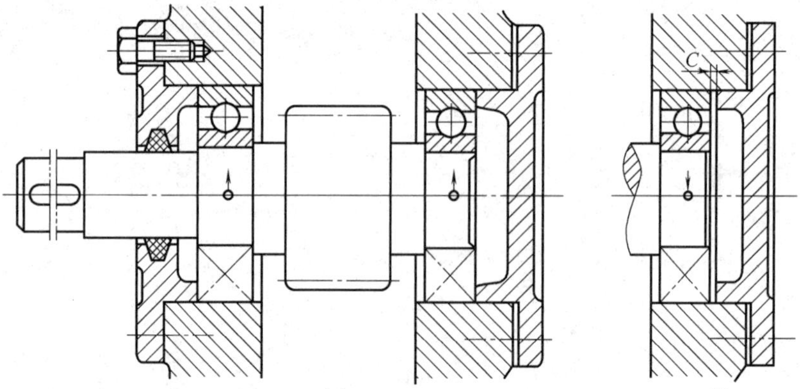

(a) (b)

图 8-24 双支点单向固定

（2）单支点双向固定。这种固定方式适用于温度变化较大的长轴，如图 8-25（a）所示，在两个支点中使一个支点能限制轴的双向移动，另一个支点则可作轴向移动。可作轴向移动的支承称为游动支承，它不承受轴向载荷。右轴承外圈轴向未完全固定，可以有一定的游动量；如图 8-25（b）所示，采用的圆柱滚子轴承，其滚子和轴承的外圈之间可以发生轴向游动。

5. 滚动轴承间隙的调节

轴承间隙的调整方法有：

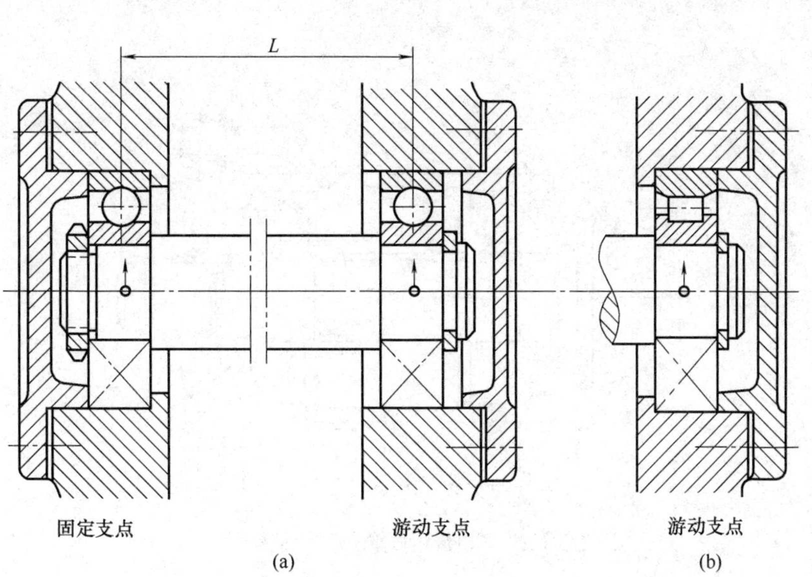

图 8-25　单支点双向固定

① 依靠加减轴承盖与机座之间的垫片厚度进行调整，如图 8-26（a）所示；

② 利用螺钉通过轴承外圈压盖移动外圈位置进行调整，调整之后，用螺母锁紧防松，如图 8-26（b）所示。

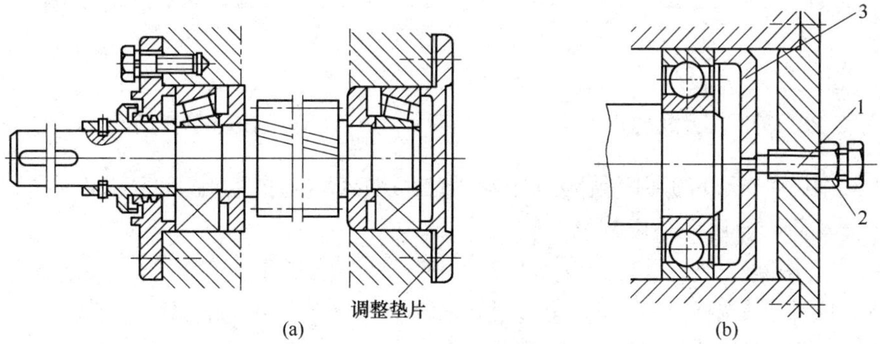

图 8-26　轴承间隙的调整

（a）利用调整垫片　（b）利用螺钉

1—螺钉　2—螺母　3—轴承压盖

图 8-27 是调整套筒。整个圆锥齿轮轴系安装在调整套筒中，然后再安装在机座上。通过垫片 1 调整套筒与机座的相对位置，实现对锥齿轮轴轴向位置的调整。通过垫片 2 调整轴承的间隙。

6. 轴承的预紧

对某些可调游隙式轴承，在安装时给予一定的轴向预紧力，使内外圈产生相对位移，因而消除了游隙，并在套圈和滚动体接触处产生了弹性预变形，借此提高轴的旋转精度和刚度，称为轴承的预紧。图 8-28 是通过外圈压紧预紧，利用夹紧一对圆锥滚子轴承的外圈而将轴承预紧。通过弹簧预紧，如图 8-29 所示，在一对轴承间加入弹簧，可以得到稳定的预紧力。

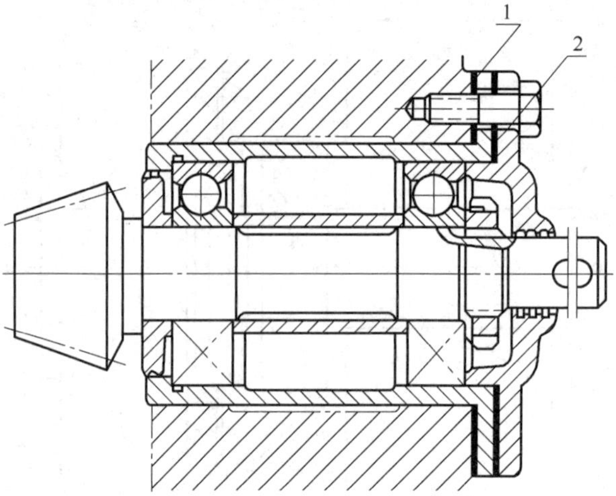

图 8-27 调整套筒调整轴承的间隙

1、2—垫片

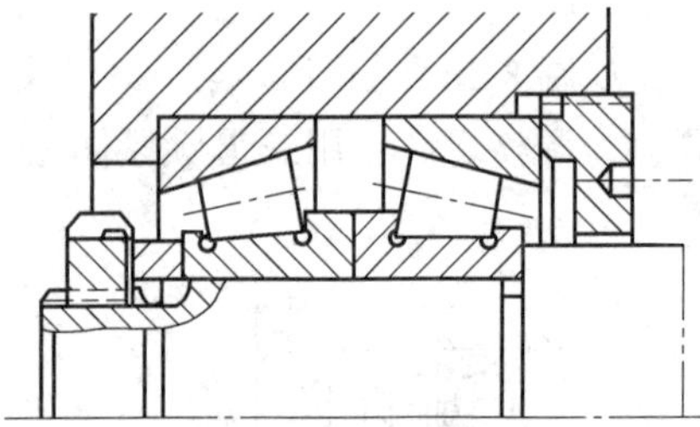

图 8-28 外圈压紧预紧

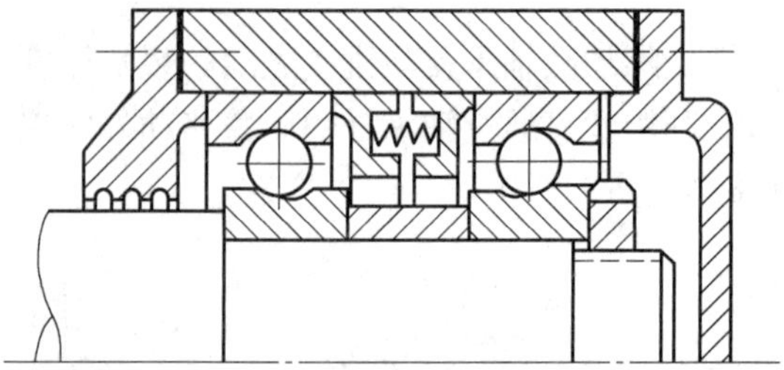

图 8-29 弹簧预紧

图 8-30 用不同长度的套筒预紧。两轴承之间加入不同长度的套筒实现预紧，预紧力可以由两个套筒的长度差加以控制。

图 8-31 利用磨窄套圈预紧，夹紧一对磨窄了外圈的轴承实现预紧。反装时可磨窄轴承的内圈。这种特制的成对安装的角接触球轴承可由生产厂家选配组合成套供应。并可在滚动轴承样本中查到不同型号成对安装的角接触球轴承的轻、中、重三个系列预紧载荷值及相应的内外圈磨窄量。

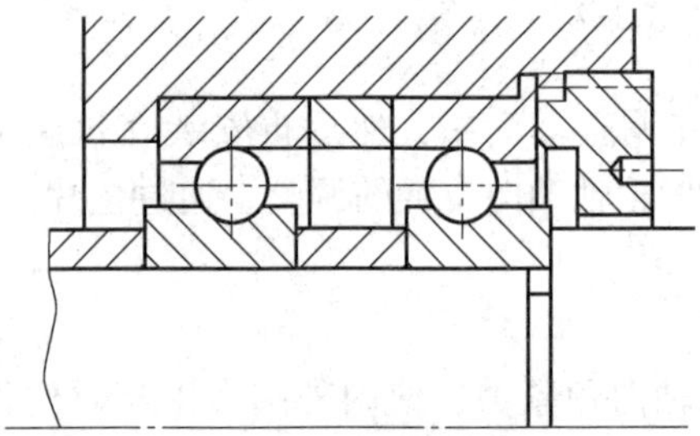

图 8-30 不同长度的套筒预紧

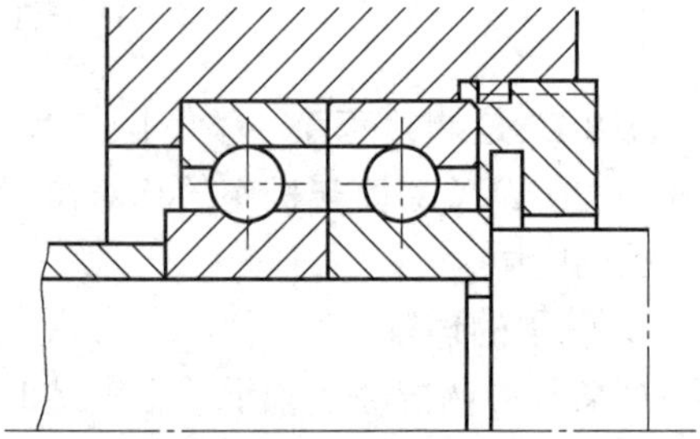

图 8-31 磨窄套圈预紧

图 8-32 给出了滚动轴承内圈轴向紧固常用方法。

图 8-33 给出了滚动轴承外圈轴向紧固常用方法。

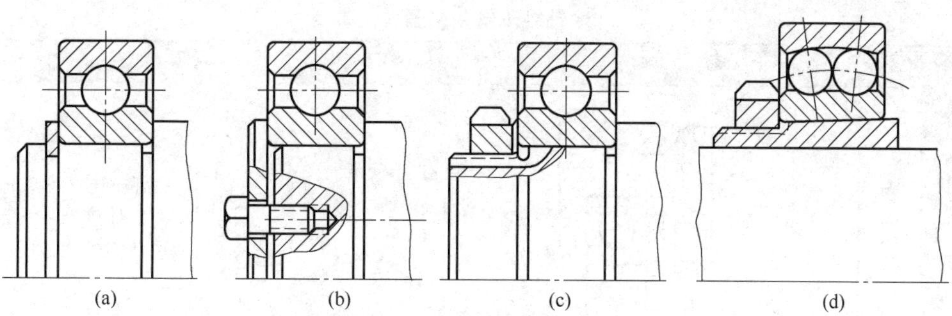

图 8-32　内圈轴向紧固常用方法

（a）弹性挡圈和轴肩　（b）轴端端盖和轴肩　（c）圆螺母和止推垫圈　（d）圆螺母和轴肩

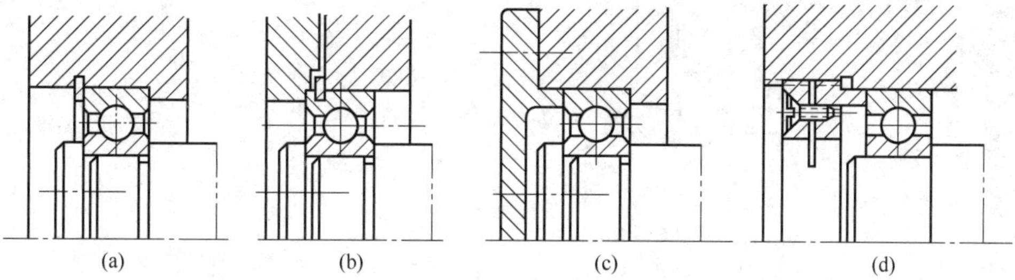

图 8-33　外圈轴向紧固常用方法

（a）弹性挡圈紧固　（b）止动环紧固　（c）端盖紧固　（d）螺纹环紧固

7. 滚动轴承的润滑与密封

（1）滚动轴承的润滑。滚动轴承的润滑剂可以是润滑脂、润滑油或固体润滑剂。一般情况下，轴承采用润滑脂润滑，但在轴承附近已经具有润滑油源时（如变速箱内本来就有润滑齿轮的油），也可采用润滑油润滑。具体选择可按速度因数 dn 值来定。d 代表轴承内径（mm）；n 代表轴承转速（r/min），dn 值间接地反映了轴颈的圆周速度，当 $dn<(1.5\sim2)\times10^5$ r/min 时，一般滚动轴承可采用润滑脂润滑，超过这一范围宜采用润滑油润滑。脂润滑因润滑脂不易流失，故便于密封和维护，且一次充填润滑脂可运转较长时间。油润滑的优点是比脂润滑摩擦阻力小，并能散热，主要用于高速或工作温度较高的轴承。润滑油的黏度可按轴承的速度因数 dn 和工作温度 t 来确定。油量不宜过多，如果采用浸油润滑则油面高度不超过最低滚动体的中心，以免产生过大的搅油损耗和热量。高速轴承通常采用滴油或喷雾方法润滑。

（2）滚动轴承的密封。滚动轴承密封的主要作用是为了防止灰尘、水分、酸气和其他物质侵入轴承以及防止润滑剂漏失。常用的密封形式有接触式密封和非接触式密封。具体类型、结构和应用，如表 8-15 所示。

8. 滚动轴承的安装与拆卸

设计轴承组合时，应考虑怎样有利于轴承装拆，以便在装拆过程中不致损坏轴承和其他零件。滚动轴承的装拆以压力法最常用，此外还有温差法、液压配合法等。温差法是将轴承放进烘箱或热油中，使轴承的内圈受热膨胀，然后即可将轴承顺利装在轴上。图 8-34 和图 8-35 分别是轴承内圈和外圈的压装方式，通过压轴承内外圈，将轴承压装到轴上或轮毂孔中。

表 8-15　　滚动轴承常用密封方式

		图　例	适用场合	说　明
接触式密封	毛毡圈密封	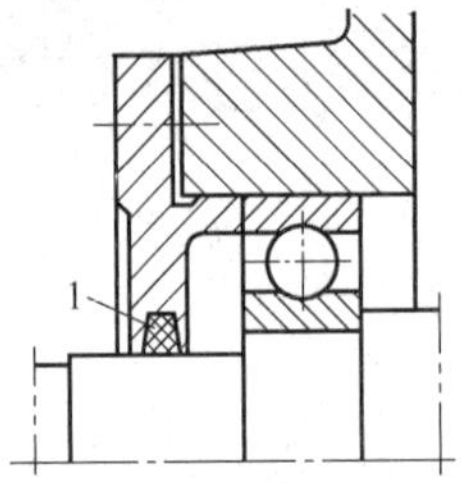	脂润滑。要求环境清洁，轴颈圆周速度不大于4～5m/s，工作温度不大于90℃	毛毡圈被安装在梯形槽内，它对轴产生一定的压力而起到密封作用
接触式密封	皮碗密封	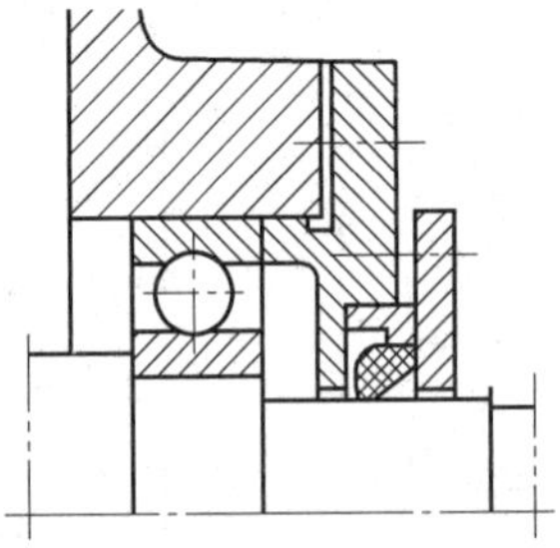	脂润滑或油润滑。要求圆周速度<7m/s，工作温度不大于100℃	皮碗（又称油封）是标准件，其主要材料为耐油橡胶。皮碗密封唇朝里，主要是防止润滑剂泄漏；密封唇朝外，主要防止灰尘、杂质侵入
非接触式密封	间隙密封	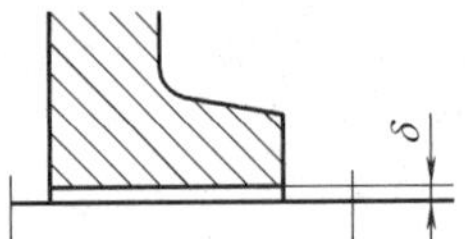	脂润滑。要求环境干燥、清洁	靠轴与轴承盖孔之间的细小间隙密封，间隙越小越长，效果越好，间隙一般取0.1～0.3mm，油沟能增强密封效果
非接触式密封	曲路密封	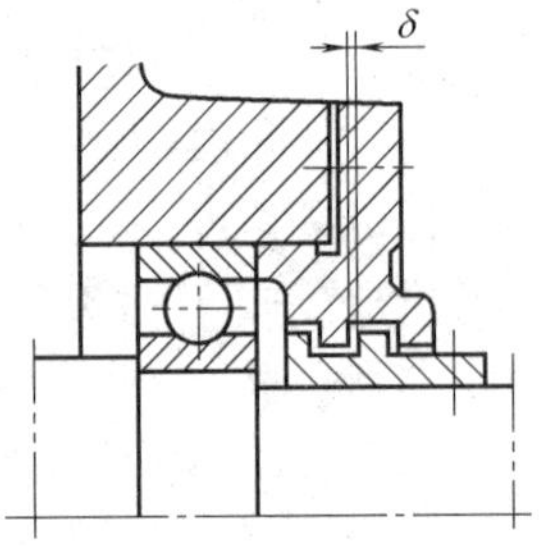	脂润滑或油润滑。密封效果可靠	将旋转件与静止件之间间隙做成曲路形式，在间隙中充填润滑油或润滑脂以加强密封效果
非接触式密封	组合密封	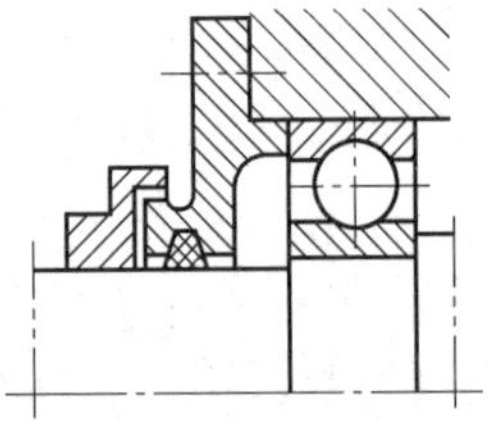	脂润滑或油润滑。密封效果可靠	把毛毡和曲路迷宫组合一起密封，可充分发挥各自优点，提高密封效果，多用于密封要求较高的场合

图 8-36 是用轴承拆卸器拆卸轴承。在设计中应预留拆卸空间。另外应注意：从轴上拆卸时，应卡住轴承的内圈，从座孔中拆卸轴承时，应用反向爪拆卸轴承的外圈。

当轴不太重时，可以用压力法拆卸轴承，如图 8-37 所示。注意采用该方法时，不可只垫轴承的外圈，以免损坏轴承。

9. 滚动轴承类型的选择

选用滚动轴承时，首先是选择轴承类型。选择轴承类型应考虑的因素很多，如轴承所

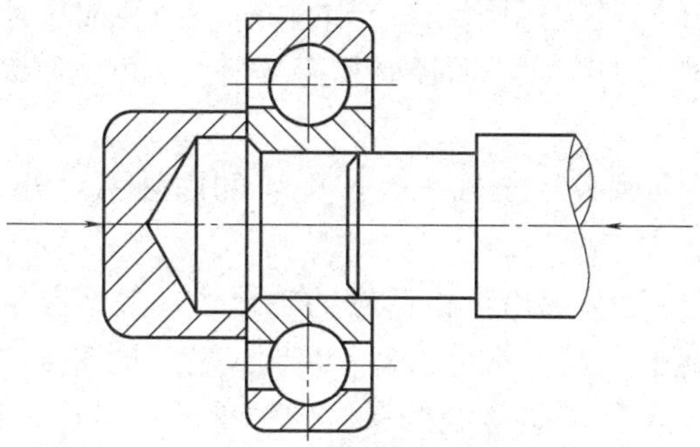

图 8-34　轴承内圈压装

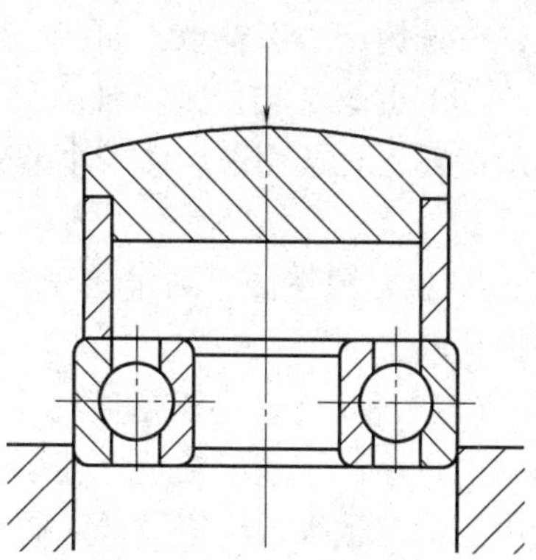

图 8-35　轴承外圈压装

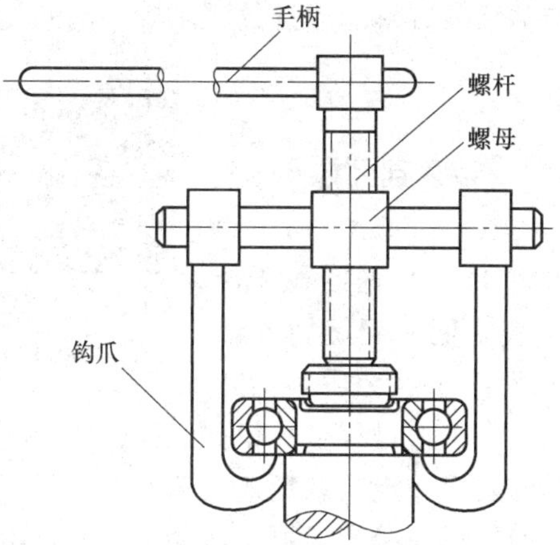

图 8-36　钩爪拆卸器

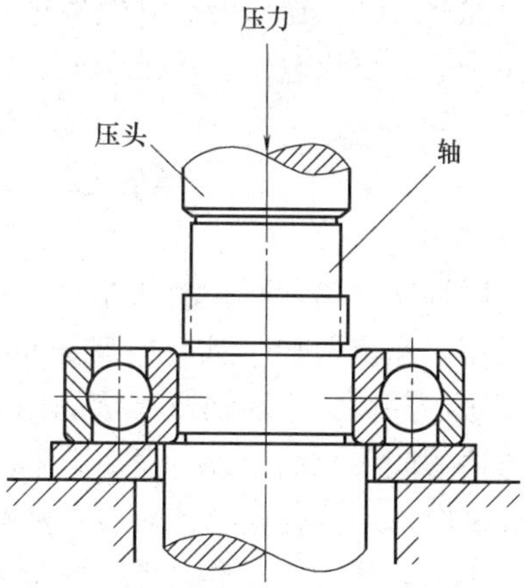

图 8-37　压力法压拆轴承

受载荷的大小、方向及性质；转速与工作环境；调心性能要求；经济性及其他特殊要求等。以下几个选型原则可供参考。

（1）载荷条件。轴承承受载荷的大小、方向和性质是选择轴承类型的主要依据。如载荷小而又平稳时，可选球轴承；载荷大又有冲击时，宜选滚子轴承；如轴承仅受径向载荷时，选径向接触球轴承或圆柱滚子轴承；只受轴向载荷时，宜选推力轴承。轴承同时受径向和轴向载荷时，选用角接触轴承，轴向载荷越大，应选择接触角越大的轴承，必要时也可选用径向轴承和推力轴承的组合结构。应该注意推力轴承不能承受径向载荷，圆柱滚子轴承不能承受轴向载荷。

（2）轴承的转速。若轴承的尺寸和精度相同，则球轴承的极限转速比滚子轴承高，所以当转速较高且旋转精度要求较高时，应选用球轴承。推力轴承的极限转速低。当工作转速较高，而轴向载荷不大时，可采用角接触球轴承或深沟球轴承。对高速回转的轴承，为减小滚动体施加于外圈滚道的离心力，宜选用外径和滚动体直径较小的轴承。若工作转速超过轴承的极限转速，可通过提高轴承的公差等级、适当加大其径向游隙等措施来满足要求。

（3）调心性能。对于刚度差或安装精度差的轴系，轴承内、外圈轴线间的偏位角较大，宜选用调心类轴承，如调心球轴承（1 类）、调心滚子轴承（2 类）等。

（4）允许的空间。当轴向尺寸受到限制时，宜选用窄或特窄的轴承。当径向尺寸受到限制时，宜选用滚动体较小的轴承。如要求径向尺寸小而径向载荷又很大，可选用滚针轴承。

（5）装调性能。圆锥滚子轴承（3 类）和圆柱滚子轴承（N 类）的内外圈可分离，装拆比较方便。

（6）经济性。在满足使用要求的情况下应尽量选用价格低廉的轴承。一般情况下球轴承的价格低于滚子轴承。轴承的精度等级越高，其价格也越高。在同尺寸和同精度的轴承中深沟球轴承的价格最低。同型号、尺寸，不同公差等级的深沟球轴承的价格比约为：P0：P6：P5：P4：P2≈1：1.5：2：7：10。如无特殊要求，应尽量选用普通级精度轴承，只有对旋转精度有较高要求时，才选用精度较高的轴承。

除此之外，还可能有其他各种各样的要求，如轴承装置整体设计的要求等，因此设计时要全面分析比较，选出最合适的轴承。

任务三　联轴器、离合器和制动器

联轴器、离合器和制动器

联轴器、离合器和制动器是机械传动中常用的部件。联轴器和离合器是用来连接两轴（或轴与轴上的回转体零件），使它们一起旋转并传递扭矩的部件。用联轴器连接的两根轴，只有在它们停止运转后用拆卸的方法才能将它们分离；而离合器连接的两根轴，可在工作过程中，根据工作需要，不必停转随时可将两轴接合或分离。此外，它们还可用作安全、定向及定速装置。

制动器是对机器的运动件施加阻力或阻力矩，使其迅速减速或停止运动，以满足机械工作要求的装置。

一、联轴器的功用与分类

联轴器主要用于轴与轴的连接，以传递转矩和运动。由于制造、安装误差或工作时零件的变形等原因，一般无法保证被连接的两轴精确同心，通常会出现两轴间的轴向位移 x 图 8-38（a）、径向位移 y 图 8-38（b）、角位移 α 图 8-38（c）或这些位移组合的综合位移图 7-38（d）。如果联轴器不具有补偿这些相对位移的能力，就会产生附加动载荷，甚至引起强烈振动。

根据联轴器补偿位移的能力，联轴器可分为刚性联轴器和弹性联轴器两大类。刚性联轴器由刚性传力件组成，它又可分为固定式联轴器和可移式联轴器两种类型。固定式刚性联轴器不能补偿两轴的相对位移，可移式刚性联轴器能补偿两轴间的相对位移。弹性联轴器包含有弹性元件，除了能补偿两轴间的相对位移外，还具有吸收振动和缓和冲击的能力。

联轴器已标准化。一般可先依据机器的工作条件选定合适的类型，然后按照计算转矩、轴的转速和轴端直径从标准中选择所需的型号和尺寸。必要时还应对其中的某些零件进行验算。联轴器的种类很多，以下仅介绍有代表性的几种结构。

1. 刚性联轴器

（1）固定式刚性联轴器。固定式刚性联轴器是由刚性传力件组成，连接件之间不能

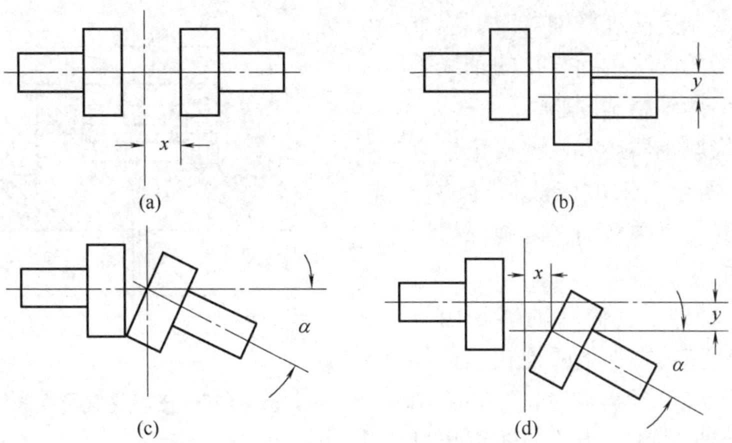

图 8-38 两轴间的各种相对位移

（a）轴向位移 x 图 （b）径向位移 y 图 （c）角位移 $α$ 图 （d）综合位移图

相对运动，要求两轴线准确对中。常用的结构形式主要有以下几种：

① 凸缘联轴器。如图 8-39 所示，它把两个带有凸缘的半连轴器用键分别与两轴连接，然后用螺栓将两个半联轴器的凸缘连接起来，以实现两轴连接来传递转矩和运动。联轴器中的螺栓可以用普通螺栓，也可以用铰制孔螺栓。凸缘联轴器要求严格对中，其对中方法有两种：一是两半联轴器都制出凸肩，共同与一个剖分环配合而实现对中如图 8-39（a）所示称为 YL 型凸缘联轴器；二是在两半联轴器上分别制出凸肩和凹槽，互相配合而对中，如图 8-39（b）所示称为 YLD 型凸缘联轴器。

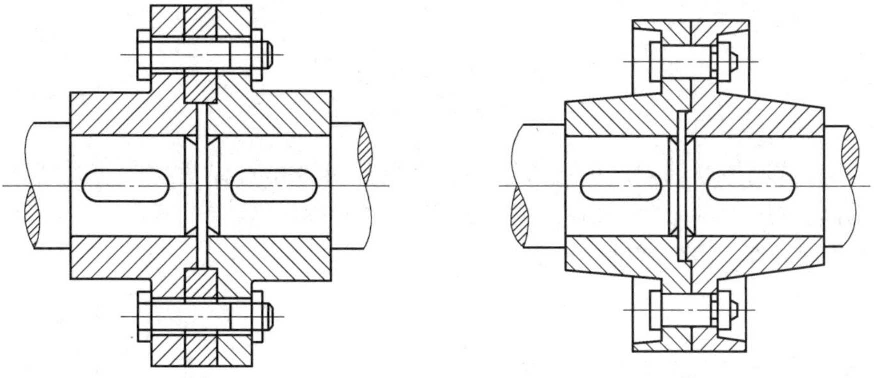

图 8-39 凸缘联轴器

（a）YL 型凸缘联轴器 （b）YLD 型凸缘联轴器

凸缘联轴器结构简单，维护方便，成本较低能传递较大的转矩，一般用于载荷平稳、高速或传动精度要求较高的传动轴系。但对两轴间的相对位移不能补偿，因此对两轴的对中性要求很高。当两轴间有位移或偏斜存在时，就会在机件内引起附加载荷和严重磨损，严重影响轴和轴承的正常工作。此外，不能保证两轴的对中精度时，还会降低联轴器寿命，在传动载荷时还会引起振动和噪声。所以凸缘联轴器广泛地用于低速、大转矩、载荷平稳、短而刚性好的轴类连接。为安全起见，凸缘联轴器的外圈还应加上防护罩或将凸缘制成轮缘形式。制造凸缘联轴器时，应准确保持半联轴器的凸缘端面与孔的轴线垂直，安装时应使两轴精确同心。

另外，凸缘联轴器还有一种安全销方式，如图 8-40 所示。销由较低强度的材料制造，过载时，销被剪断，以确保机器中其他零件的安全。

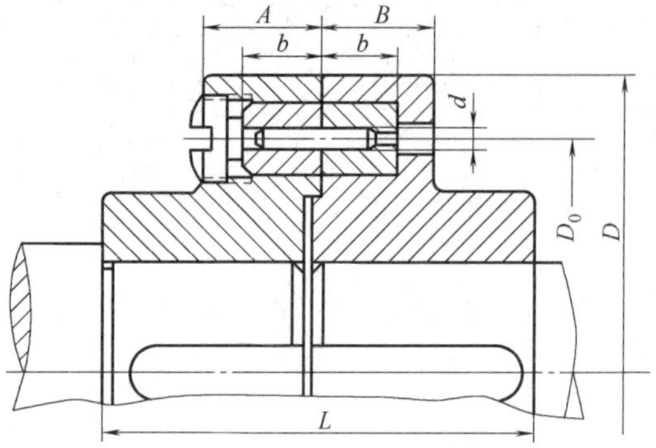

图 8-40 安全销式凸缘联轴器

② 套筒联轴器。套筒联轴器是用一个套筒，通过键销等零件把两轴相连，如图 8-41（a）所示。图 8-41（b）中的销连接具有安全保护功能，当传动转矩超过极限数值时，销被剪断，值得注意的是轴上的销钉孔是容易产生应力集中的，当轴承受扭矩较大时，应避免采用轴上打销钉通孔。套筒联轴器结构简单，径向尺寸小，传递扭矩较小，不能缓冲和吸振，被连接的两轴必须严格对中，拆装时需做轴向移动，常用于机床传动系统中。

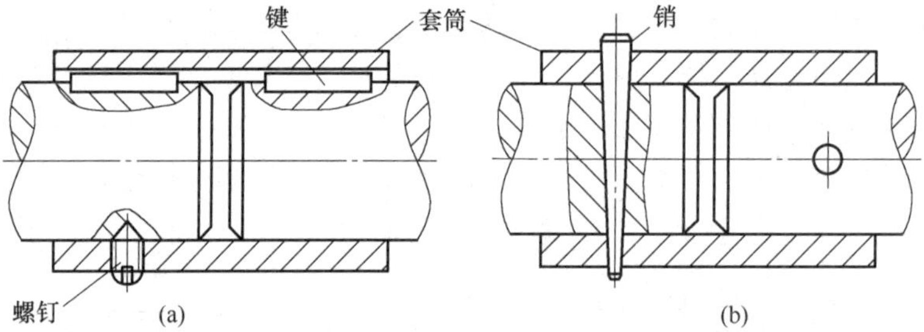

图 8-41 套筒联轴器

（a）键连接式 （b）销连接式

（2）可移式刚性联轴器。可移式刚性联轴器由可做相对移动或滑动的刚性件组成，具有某一方向或几个方向的活动度，常用的可移式刚性联轴器有以下几种。

① 滑块联轴器。滑块联轴器也称为浮动盘联轴器，如图 8-42 所示。它是由端面开有

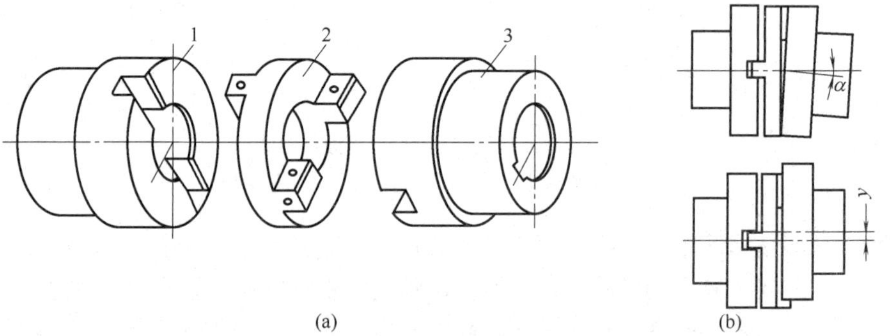

图 8-42 滑块联轴器

（a）滑块联轴器结构图 （b）滑块联轴器示意图

1—套筒 2—滑块 3—套筒

凹槽的两套筒 1、3 和两侧各具有凸块（作为滑块）的中间圆盘 2 所组成如图 8-42（a）所示。中间圆盘两侧的凸块相互垂直，分别嵌装在两个套筒的凹槽中。如果两轴线不同心或偏斜，滑块将在凹槽内滑动。凸槽和滑块的工作面间要加润滑剂。

滑块联轴器允许的径向位移 $y<0.04d$（d 为轴的直径）和角位移 $\alpha\leqslant 30'$，如图 8-42（b）所示滑块联轴器结构简单，结构尺寸小但耐冲击性差，当两轴不同心，且转速较高时，滑块的偏心会产生较大的离心力，给轴和轴承带来附加动载荷，并引起磨损，因此只适用于低速（$n<300$r/min）、冲击小、刚性大的场合。

② 齿式联轴器。齿式联轴器是由两个带内齿的外套筒 3 和两个带外齿的内套筒 1 组成，如图 8-43（a）所示。内套筒与轴相连，两个外套筒用螺栓 5 连成一体。工作时靠啮合的轮齿传递扭矩。为了减少轮齿的磨损和相对移动时的摩擦阻力，在壳内储有润滑油，为防止润滑油泄漏，内外套筒之间设有密封圈 6。齿式联轴器能补偿适量的综合位移，如图 8-43（b）所示。由于轮齿间留有较大的间隙和外齿轮的齿顶制成球形，能补偿两轴的不同心和偏斜。允许角位移 y 在 $30'$以下，若将外齿做成鼓形齿，角位移 y 可达 3°。通常，轮齿采用压力角 α 为 20°的渐开线齿廓。

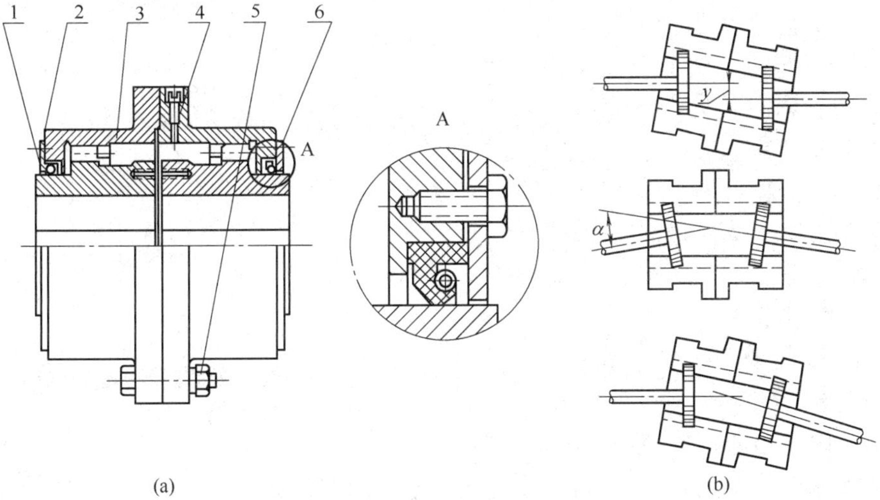

图 8-43　齿式联轴器

（a）齿式联轴器结构图　（b）齿式联轴器原理图

1—带外齿的套筒　2—端盖　3—带内齿的套筒　4—油孔　5—螺栓　6—密封圈

③ 万向联轴器。万向联轴器主要用于两轴交叉的传动，两轴的角度偏移可达 35°～45°。两轴有角度偏移的传动时，主动轴旋转一周，从动轴也旋转一周。在高速旋转时角速度的变化会产生不利于传动的附加动载荷，为消除这一现象，一般将万向联轴器成对使用。如汽车在行驶时，由于道路晃平引起变速器输出轴与后驱动桥输入轴之间的相对位置的变化，影响汽车的行驶。采用双向万向联轴器，实现变速器输出轴、后驱动桥输入轴与传动轴之间的连接与传动。汽车上经常使用的万向联轴器主要有以下几种：

a. 十字轴式刚性万向节（图 8-44）。由两个万向节叉和一个十字轴组成。两个万向节叉分别与主、从动轴相连，十字轴分别与万向节构成转动副，主动轴上的转矩通过十字轴传递给从动轴。当主动轴转动时，从动轴既能随之转动，又可绕十字轴中心在任意方向

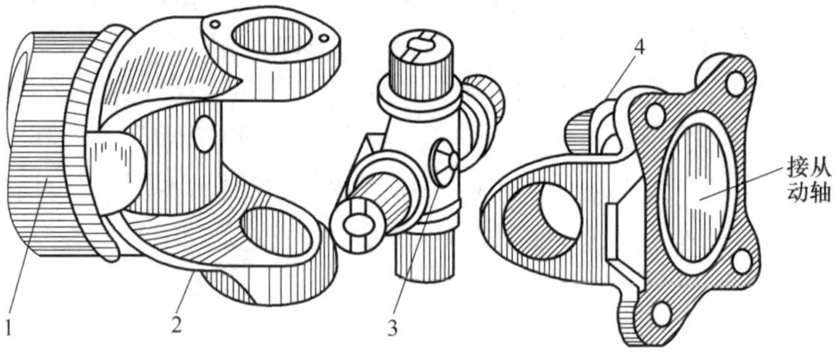

图 8-44　十字轴式刚性万向节

1—主动轴　2、4—万向节叉　3—十字轴

摆动。

b. 双联式准等速万向节（图 8-45）。双联叉 3 相当于处于同一平面上的两个万向节叉及传动轴。当两轴间的夹角相等，即 $\alpha_1=\alpha_2$，轴 1、2 的角速度相等。

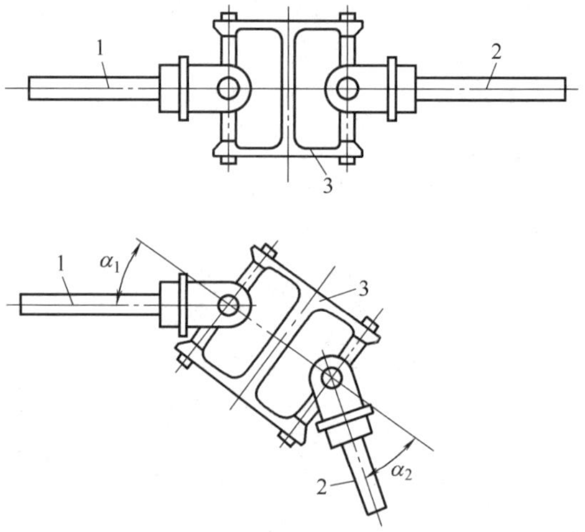

图 8-45　双联式准等速万向节

1、2—轴　3—双联叉

c. 球叉式等速万向节（图 8-46）。由主动叉 1、从动叉 2、四个传动钢球 4、定心钢球 3 组成。其主、从动叉分别与内外半轴制为一体，利用主、从动叉上的内外曲线槽来保证钢球位置总是在两轴轴线相对角位移的等分线上，从而实现两轴角速度相等。

d. 球笼式同步万向节（图 8-47）。主要由内球座 3、球笼 2、碗形外球座 1 及钢球等组成。内球座通过花键与中半轴相连接，碗形外球座与外半轴制为一体，内外球座滚道内的钢球传递扭矩；由于内外球座上钢球滚道的圆弧中心以相同偏距分别移至对称线两侧，因此当两轴线有相对角位移时，能使钢球近似分布在两轴轴线相对角位移的等角分线上而保证两轴转速同步。两轴线夹角可达 40°。

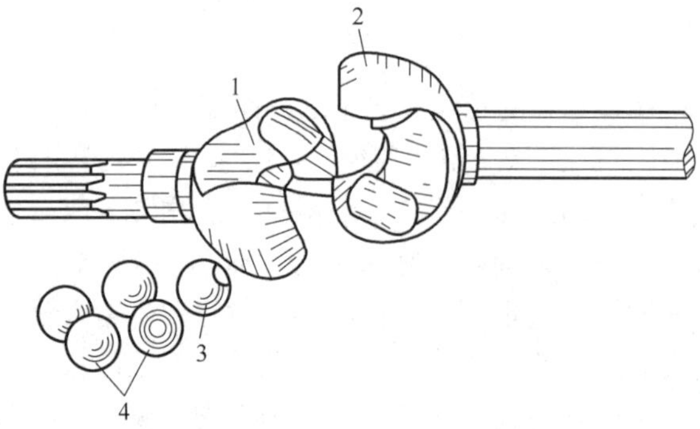

图 8-46　球叉式等速万向节

1—主动叉　2—从动叉　3—定心钢球　4—传动钢球

2. 弹性联轴器

（1）弹性套柱销联轴器（图 8-48）。利用一端套有弹性套（橡胶材料）的柱销，装在两半联轴器凸缘中，以实现两半联轴器的连接。工作时通过弹性套传递扭矩。由于弹性套易磨损，为便于更换，需留有拆装柱销的空间尺寸 A，可不用移动半联轴器更换弹

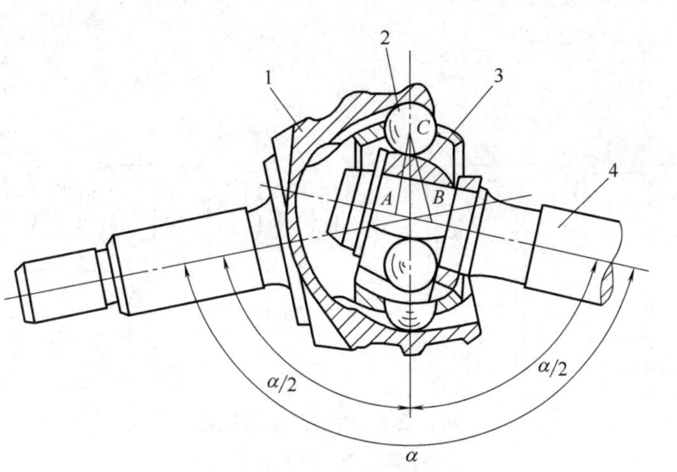

图 8-47　球笼式同步万向节

1—碗形外球座　2—球笼　3—内球座　4—中半轴

性套的柱销。圆柱形弹性套变形量不大，抗冲击和振动能力不高，补偿两轴相对位移量小。如工作时两轴相对位移过大，联轴器运转将加剧弹性套的磨损。弹性套的材料为天然橡胶或合成橡胶，弹性套柱销半联轴器的材料为 ZG270-500、35 钢或 HT200 灰铸铁。

（2）弹性柱销联轴器（图 8-49）。弹性柱销联轴器是由两个半联轴器和圆柱销组成的圆柱销一般采用工程塑料 PA（尼龙）材料。圆柱销与孔为间隙配合，且柱销有弹性，所以能补偿两轴的相对位移，且具有抗冲击性和振动性能。为了改善柱销与孔的接触条件和补偿位移性能，将圆柱销的一端做成鼓形。弹性柱销联轴器结构简单，制造容易，不需润滑，且耐磨性较好。尼龙的化学名“聚酯胺纤维”，也称为锦纶（属于工程塑料），优点是韧性好、抗拉、抗压强度好、耐疲劳、摩擦因数小、耐磨、自润滑性好、噪声低、耐腐蚀、电气性好。缺点是吸水性差、抗低温能力差、耐热性差。

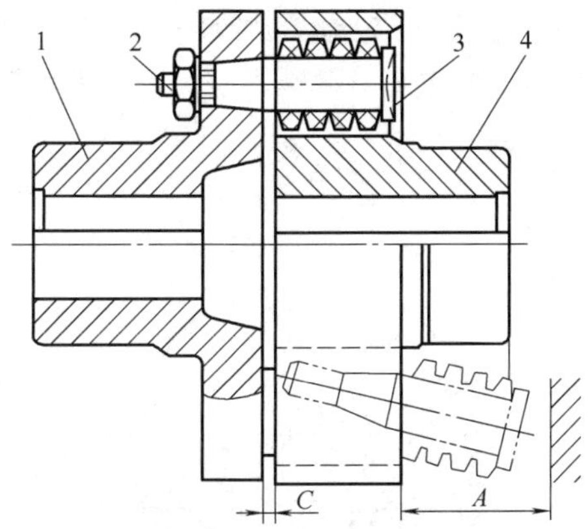

图 8-48　弹性套柱销联轴器

1—左半联轴器　2—柱销　3—弹性套　4—右半联轴器

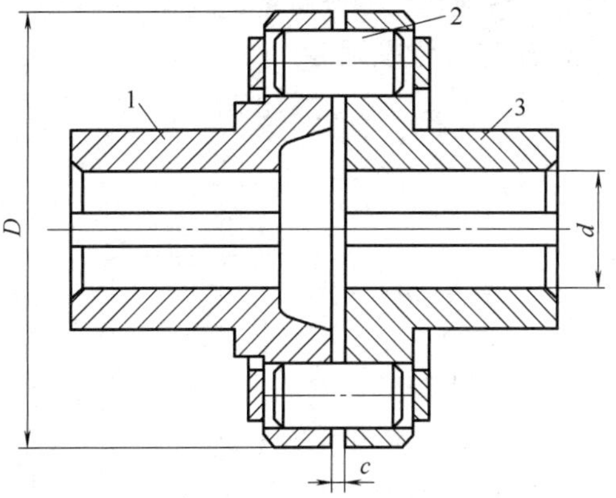

图 8-49　弹性柱销联轴器

1、3—半联轴器　2—弹性柱销

3. 挠性爪型联轴器

如图 8-50 所示，挠性爪型联轴器的两半联轴器上的沟槽很宽，中间装有夹布胶木或尼龙制成的方形滑块。由于滑块重量轻且有弹性，可允许较高的极限转速。

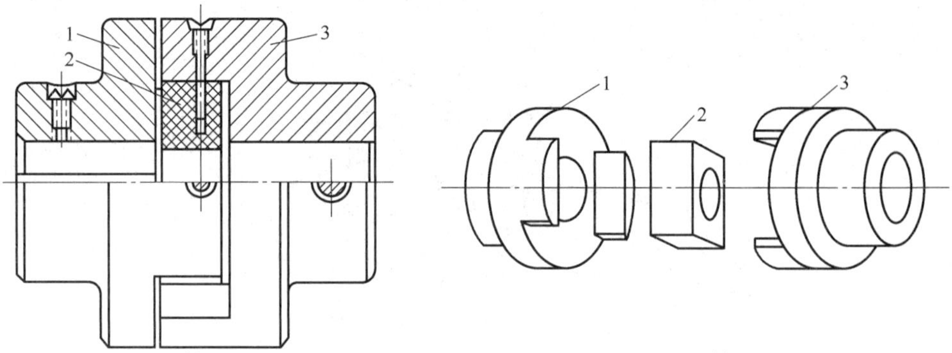

图 8-50 挠性爪型联轴器

(a) 结构图 (b) 示意图

1、3—半联轴器 2—方形滑块

4. 轮胎式联轴器

轮胎式联轴器的结构如图 8-51 所示，中间为橡胶制成的轮胎，用夹紧板与轴套连接。它的结构简单、工作可靠，由于轮胎易变形，因此它允许的相对位移较大，角位移可达 5° ~ 12°，轴向位移可达 0.02D，径向位移可达 0.01D，D 为联轴器外径。轮胎式联轴器适用于起动频繁、经常正反向运转、有冲击振动、两轴间有较大的相对位移量以及潮湿多尘之处。它的径向尺寸庞大，但轴向尺寸较窄，有利于缩短串接机组的总长度。它的最大转速可达 5000r/min。

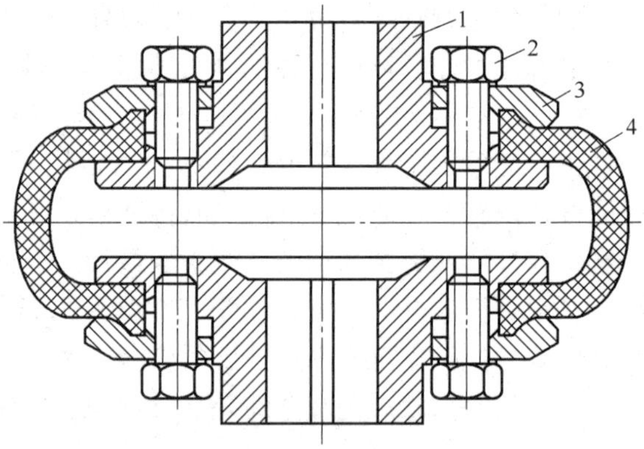

图 8-51 轮胎式联轴器

1—半联轴器 2—紧固螺栓 3—夹紧板 4—轮胎式联轴体

5. 星形弹性联轴器

星形弹性联轴器如图 8-52 所示。两

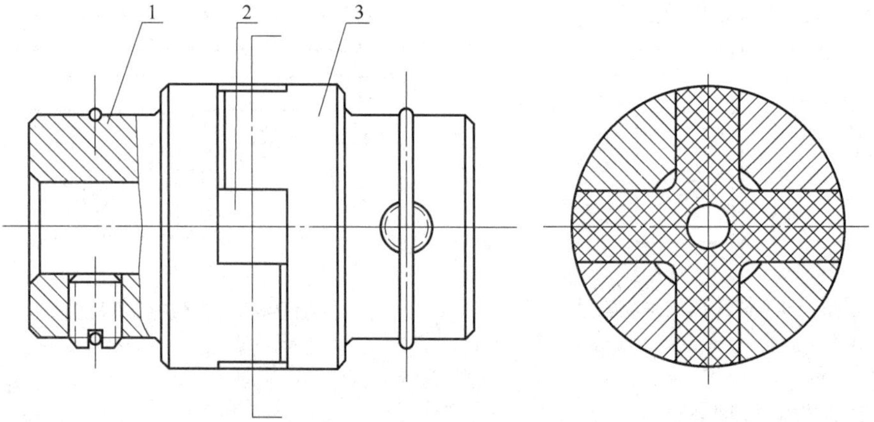

图 8-52 星形弹性联轴器

1、3—半联轴器 2—星形弹性件

半联轴器 1、3 上均制有凸牙；用橡胶等材料制成的星形弹性件 2 放置在两半联轴器的凸牙之间。工作时，星形弹性件受压缩并传递扭矩。这种联轴器允许轴的径向位移为 0.2mm，角位移为 1°30′。因为弹性件只受压不受拉，故寿命较长。

二、离合器

离合器主要分为啮合式和摩擦式两类。另外，还有电磁离合器和自动离合器。电磁离合器在自动化机械中作为控制转动的元件而被广泛应用。自动离合器能够在特定的工作条件下自动接合或分离（例如一定的转矩、转速或回转方向）。

离合器的种类很多，常用在汽车及其维修设备上所用的离合器有如下几种。

1. 嵌式离合器

（1）牙嵌式离合器。牙嵌式离合器是由两个端面带牙的套筒所组成，如图 8-53 所示。左半离合器紧配在轴上，右半离合器可以沿导向平键在另一根轴上移动。利用操纵杆移动拨叉可使两个半离合器接合或分离。为便于对中，装有对中环。牙嵌离合器结构简单，外廓尺寸小，连接后两轴不会发生相对滑转。牙嵌式离合器的牙形有三角形、矩形、梯形、锯齿形等。三角形用于传递小转矩的低速离合器；矩形牙的强度高，能传递较大转矩，且能自动补偿牙的磨损和牙侧间隙，从而减少接合时产生冲击，所以应用较广；锯齿形牙强度最高，但只传递单向转矩。

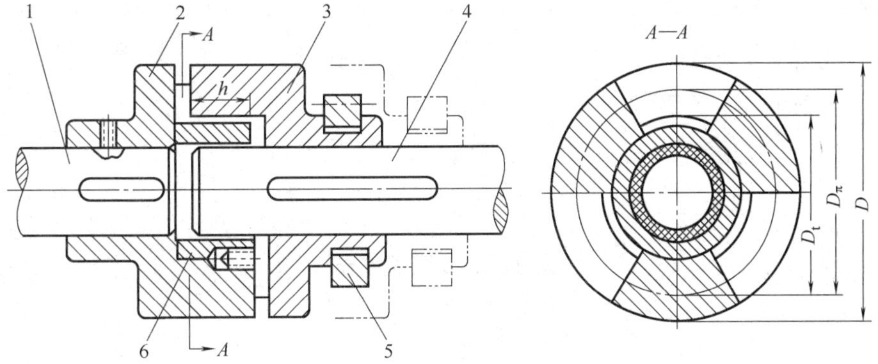

图 8-53 牙嵌离合器

1—主动轴 2—左半离合器 3—右半离合器 4—从动轴 5—拨叉 6—对中环

（2）弹簧式牙嵌安全离合器。弹簧式牙嵌安全离合器如图 8-54 所示。当由齿轮 1 输入的动力不能满足输出轴 2 输出的动力要求时，两个半牙嵌离合器 3、4 会由于较大的轴向分力压缩弹簧 5 而滑脱，使齿轮在轴上空转，从而保护了机器。当外载恢复正常后弹簧会使离合器复位正常运转。螺母 6 可以调整弹簧的压缩量以便达到要求的输出扭矩。

（3）齿嵌离合器。齿嵌离合器由带内齿和外齿的两个半离合器组成，如图 8-55（a）所示。一般是由外齿半离合器 1 在轴上沿轴向移动来实现结合和分离动作，内齿半离合器 2 与轴完全固接。牙形一般如图 8-55（b）所示的三种类型，渐开线牙形与齿轮的加工方法相同，常用于兼作齿轮传动的场合，为了便于结合，齿端应进行倒圆。

（4）滚珠齿嵌安全离合器。滚珠式齿嵌安全离合器是另一种自动离合器，如图 8-56（a）所示。动力由齿轮 1 输入，经由弹簧 4 压紧的滚珠把扭矩通过外齿圈 2 带动内齿圈 3，再

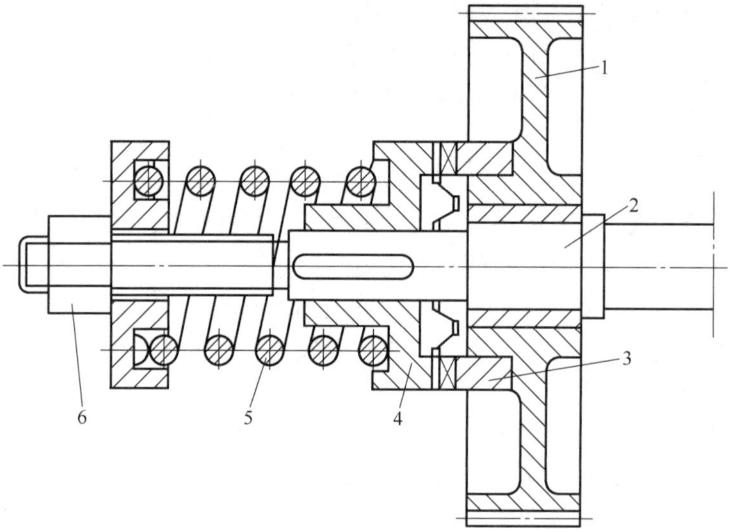

图 8-54 弹簧式牙嵌安全离合器

1—齿轮 2—输出轴 3—左半牙嵌离合器 4—右半牙嵌离合器 5—弹簧 6—螺母

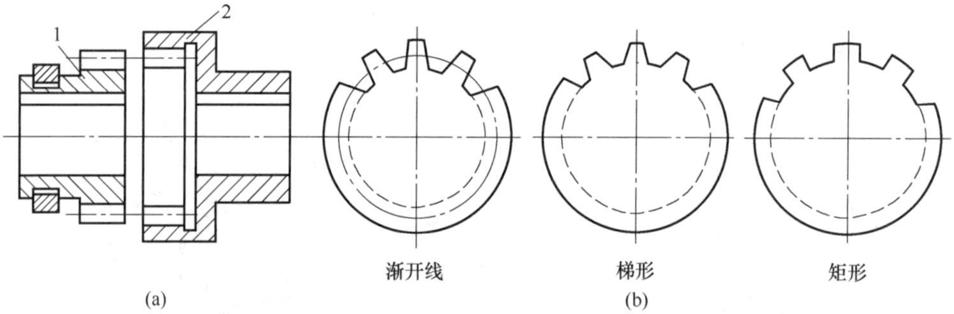

图 8-55 齿嵌离合器

(a) 结构原理图 (b) 牙形

1—外齿半离合器 2—内齿半离合器

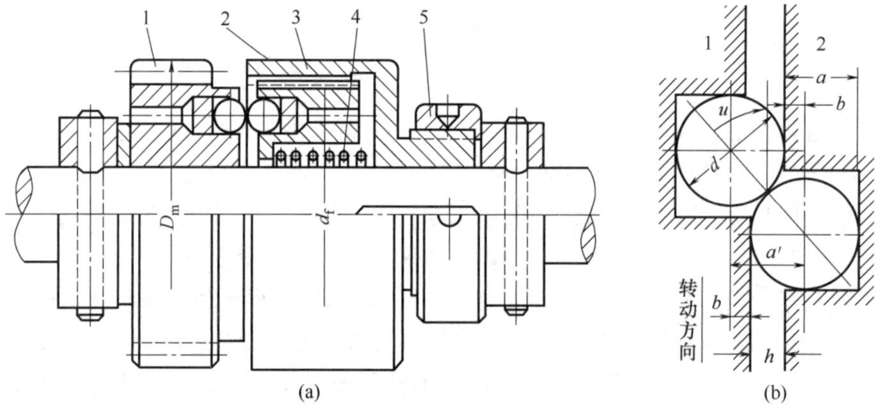

图 8-56 滚珠齿嵌安全离合器

(a) 结构图 (b) 原理图

1—齿轮 2—外齿圈 3—内齿圈 4—弹簧 5—螺母

通过平键传给输出轴。当外载荷超过许可值时，滚珠间会滑脱，如图 8-56（b）所示，齿轮在轴上空转，排除故障或外载荷恢复正常后，弹簧使滚珠复位。螺母 5 用来调整弹簧预紧力。

2. 摩擦片式离合器

离合器是联轴器的一种，是一种随时能使主、从动轴接合或分开的传动装置。常用于汽车上主要有单片式摩擦离合器和多片式摩擦离合器两种。在工程机械和齿轮箱等机械中还有电磁操纵摩擦离合器和锥面摩擦离合器等。

（1）单片式摩擦离合器。摩擦片式可在运动中接合，接合平稳，过载时，离合器可打滑起安全保护作用；但结构复杂，且要经常调整摩擦面间隙，以补偿磨损。单片式摩擦离合器如图 8-57 所示，由两个摩擦片组成，主动摩擦片 2 固定在主动轴 1 上，从动摩擦片 3 通过导向平键与从动轴构成动连接。操纵滑环 4 可使从动摩擦片做轴向移动，以实现两摩擦片的结合和分离。当通过滑环在从动盘上加一轴向力，使两摩擦片压紧时，主动轴上的转矩就通过两盘上的摩擦力传到从动轴 5 上。单片式摩擦离合器结构简单，但传递转矩小，实际使用中，为提高其承载能力而不增大结构尺寸，常采用多片式离合器。

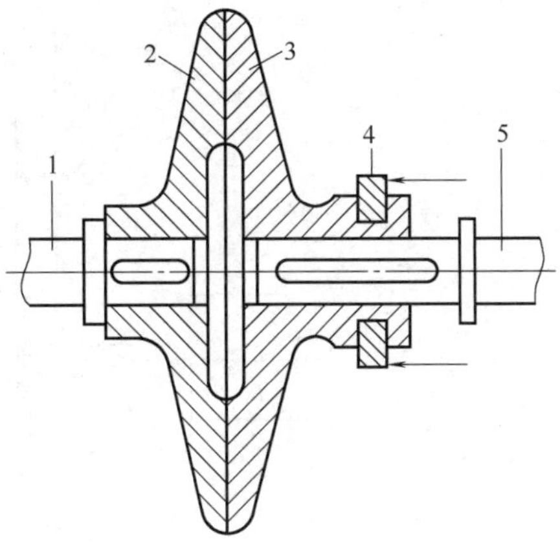

图 8-57　单片式摩擦离合器

1—主动轴　2—主动摩擦片　3—从动摩擦片　4—滑环　5—从动轴

（2）多片式摩擦离合器。多片式摩擦离合器如图 8-58 所示，图中主动轴与外壳相连接，从动轴与套筒连接。外壳内装有一组摩擦

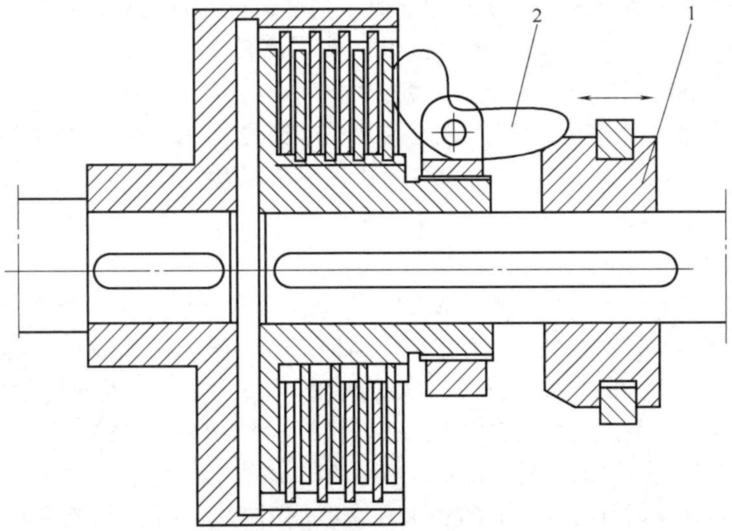

图 8-58　多片式摩擦离合器

1—滑环　2—压杆

片，并随外壳一起回转。另一组摩擦片与套筒的纵向凹槽相连接，可带动套筒回转。当滑环 1 在拨叉作用下向左移动时，通过压杆 2 将摩擦片压紧，离合器处于结合状态；若滑环向右移动，压杆 2 不再压紧摩擦片，离合器即分离。

3. 锥面摩擦离合器

锥面摩擦离合器是由具有内、外锥面的两个半离合器组成，如图 8-59 所示。其锥角 α 越小，同样的轴向载荷下摩擦力就越大，所能传递扭矩也就越大。

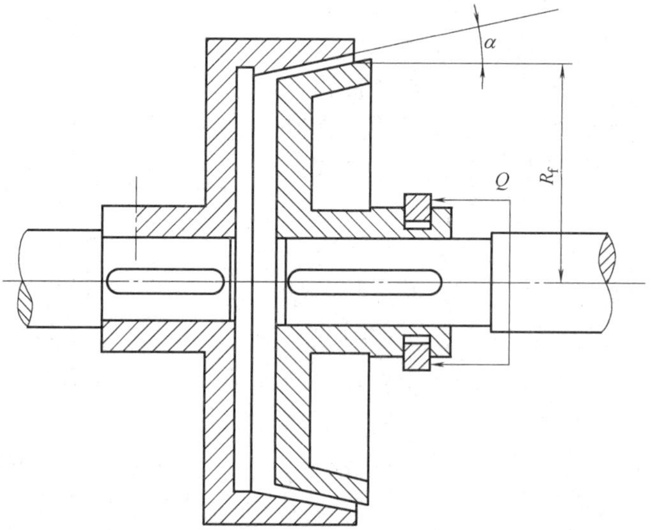

图 8-59　锥面摩擦离合器

4. 电磁操纵摩擦离合器

摩擦离合器可以用电磁力来操纵，如图 8-60 所示。内摩擦片 4 上有齿与带槽套筒 7 相配合，外摩擦片 3 的外缘上有槽与外套筒 1 的凸齿配合；当电流由接头 5 进入线圈 6 时，产生磁通，吸引衔铁 2，将摩擦片 3、4 压紧，离合器处于接合状态。当电流切断时，依靠外摩擦片上翘起爪的弹性，使内外摩擦片分离。

在电磁离合器中，电磁摩擦离合器是应用最广泛的一种。另外，电磁摩擦离合器在电路上尚可进一步实现各种特殊要求，如快速励磁电路可以实现快速接合，提高了离合器的灵敏度。相反，缓冲励磁电路可抑制励磁电流的增长，使启动缓慢，从而避免起动冲击。

5. 超越离合器

超越离合器是通过主、从动部分的速度变化或旋转方向的变化而具有离合功能的离合器。超越离合器属于自控离合器，有单向和双向之分。图 8-61 为单向超越离合器。单向超越离合器由星轮 1、外圈 2、滚柱 3、顶杆 4 和弹簧 5 等组成。星轮通过平键与轴连接，外圈外轮廓通常为齿轮，空套在星轮上。在星轮的 3 个缺口内，各装有 1 个滚柱，每个滚柱被弹簧、顶杆推向由外圈与星轮的缺口所形成的楔缝中。

当外圈以慢速逆时针方向回转时，滚柱在摩擦力的作用下，被楔紧在外圈与星轮之间，这时外圈通过滚柱带动星轮以慢速逆时针方向同步回转。在外圈以慢速逆时针方向回转的同时，若轴由另外一个运动源（如发动机曲轴）带动快速做同方向回转，此时由于星轮的回转速度高于外圈，滚柱从楔缝中松回，使外圈与星轮脱开，按各自的速度回转而互不干扰。

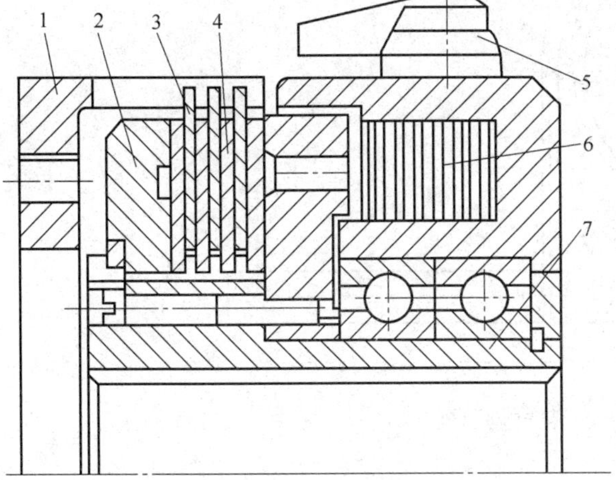

图 8-60　电磁操纵摩擦离合器

1—外套筒　2—吸引衔铁　3—外摩擦片
4—内摩擦片　5—接头　6—线圈　7—带槽套筒

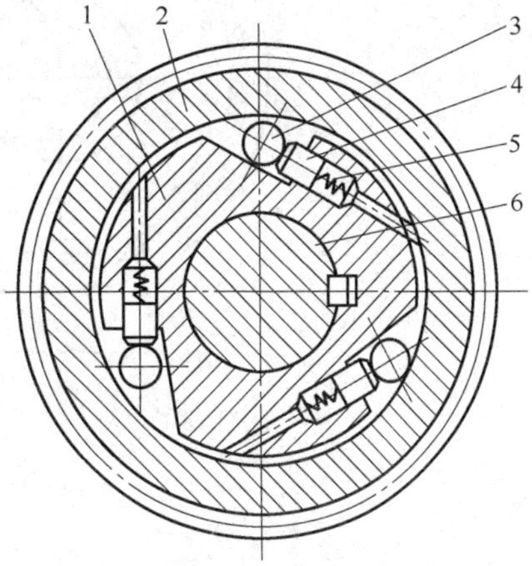

图 8-61　单向超越离合器

1—星轮　2—外圈　3—滚柱
4—顶杆　5—弹簧　6—轴

三、制动器

制动器的种类繁多，目前，大多数制动器采用的是摩擦式制动方式，它广泛应用在机器设备的减速、停止和位置控制的过程中。下面主要介绍带式制动器、锥形制动器、盘式制动器、鼓式制动器几种摩擦制动器。

1. 带式制动器

带式制动器主要用挠性钢带包围制动轮。如图 8-62 所示，制动带包在制动轮上，当 Q 向下作用时，制动带与制动轮之间产生摩擦力，从而实现合闸制动。带式制动器结构简单，它由于包角大而制动力矩大，但其缺点是制动带磨损不均匀，容易断裂，而且对轴的作用力大。

2. 锥形制动器

如图 8-63 所示为锥形制动器，外锥体 3 固定在箱体壁 4 上，内锥体 2 用导向平键与传动轴 1 连接。通过操纵手柄将内锥体向右推向外锥体，使内、外两锥体贴紧，依靠两锥面间的摩擦力矩对传动轴实现制动。锥形制动器一般应用在转矩较小的机构的制动。

3. 盘式制动器

如图 8-64 所示为定钳盘式制动器的结构示意图。制动盘 1 固定在轮毂上，制动钳 5 固定在车桥上，既不能旋转也不能沿制动盘轴向移动。制动钳内装有两个制动轮缸活塞 2，分别压住制动盘两侧的制动块 3。当驾驶员踩下制动踏板使汽车制动时，来自制动主缸的制动液 4 被压入制动轮缸，制动轮缸的液压上升，两轮缸活塞在液压作用下移向制动盘，将制动块压靠到制动盘上，制动块夹紧制动盘，产生阻止车轮转动的摩擦力矩，实现制动。

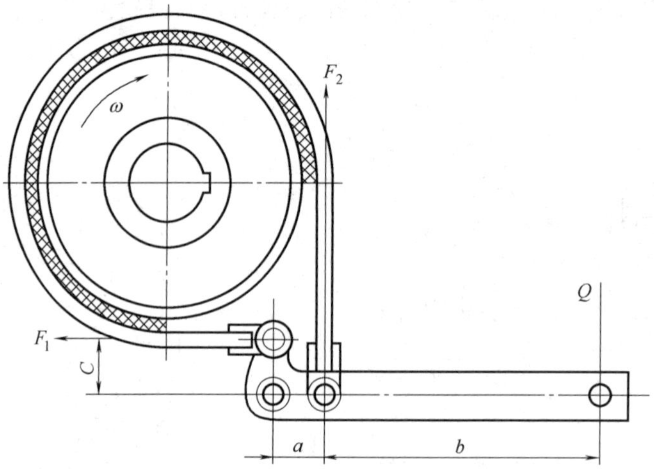

图 8-62　带式制动器

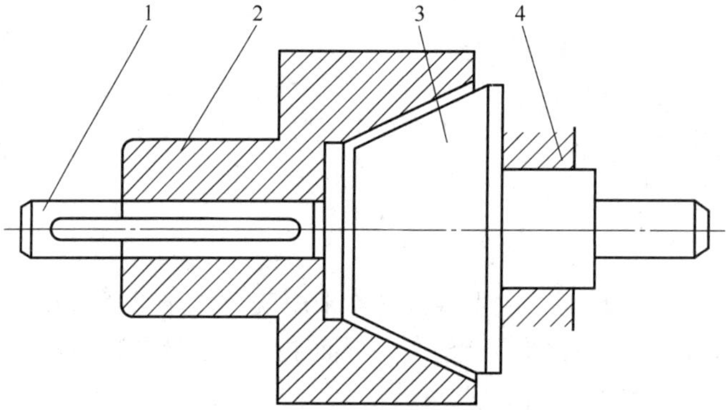

图 8-63　锥形制动器

1—传动轴　2—内锥体　3—外锥体　4—箱体壁

图 8-65 为浮钳盘式制动器的结构示意图。制动钳支架 3 固定在转向节上，制动钳体 1 与支架 3 可沿导向销 2 轴向滑动。制动时，活塞 8 在液压力 F_{p1} 的作用下，将活动制动块 6（带摩擦块磨损报警装置）推向制动盘 4。与此同时，作用在制动钳体 1 上的反作用力 F_{p2} 推动制动钳体沿导向销 2 向右移动，使固定在制动钳体上的固定制动块 5 压靠到制动盘上。于是，制动盘两侧的摩擦块在 F_{p1} 和 F_{p2} 的作用下夹紧制动盘，使之在制动盘上产生于运动方向相反的制动力矩，促使汽车制动。

与定钳盘式制动器相反，浮钳盘式制动器的单侧液压缸结构不需要跨越制动盘的油道，故不仅轴向和径向尺寸较小，有可能布置得更接近车轮轮毂，而且制动液受热汽化的机会较少。

此外，浮钳盘式制动器在兼充行车和驻车制动器的情况下，不用加设驻车制动钳，只需在行车制动钳液压缸附近加装一些用以推动液压缸活塞的驻车制动机械传动零件即可。

4. 鼓式制动器

鼓式制动器（图 8-66）由制动鼓、制动蹄、传力杠杆和驱动装置组成。结构紧凑，适用于空间受限制的场合，广泛用于各种车辆。

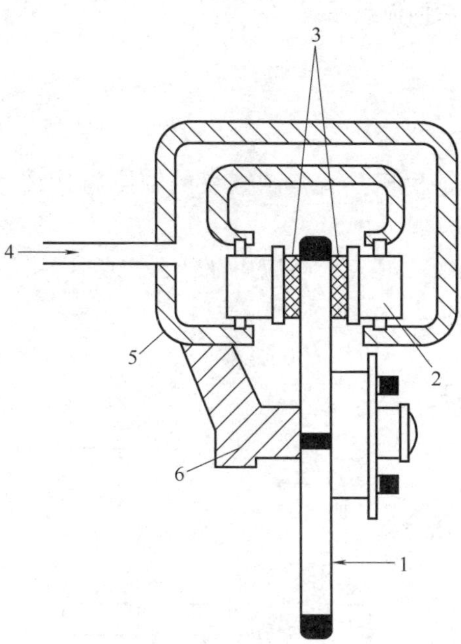

图 8-64　定钳盘式制动器

1—制动盘　2—活塞　3—制动块
4—制动液　5—制动钳　6—车桥

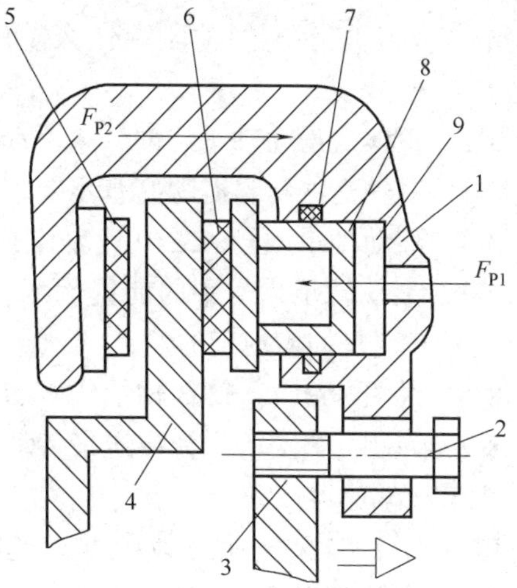

图 8-65　浮钳盘式制动器

1—钳体　2—导向销　3—支架　4—制动盘
5、6—制动块　7—密封圈　8—活塞　9—缸体

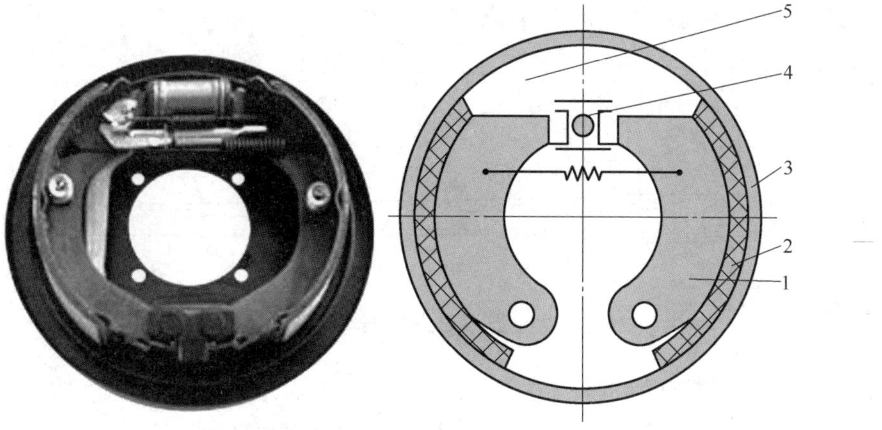

图 8-66　液压轮缸鼓式制动器

1—制动蹄　2—制动蹄片　3—制动鼓　4—制动轮缸　5—制动底板

制动鼓通过两个圆锥轴承固定在汽车半轴套管轴颈上，能够自由转动。制动底板用螺栓固定在桥壳的凸缘上，其上部装有制动轮缸，下部装有两个偏心支承销。制动蹄下端圆孔活套在偏心支承销上，上端嵌入制动轮缸活塞凹槽中，两制动蹄通过回位弹簧紧压住轮缸活塞。

当踩下制动踏板时，具有一定压力的制动液压入轮缸，推动活塞使两制动蹄压向制动鼓，使制动蹄和制动鼓产生摩擦力矩，阻止轮轴旋转，实现汽车的制动。松开踏板，在回位弹簧的作用下制动蹄被迫回位，制动液回流，从而制动解除。

项 目 练 习

8-1 轴上需磨削的轴段为什么设计出砂轮越程槽？需车制螺纹的轴段为什么有退刀槽？

8-2 整体式滑动轴承和剖分式滑动轴承各有什么特点？各应用在什么样场合？

8-3 对轴瓦的材料有哪些基本要求？

8-4 滚动轴承型号 N2210 代表什么含义？

8-5 滚动轴承代号中的前置代号、基本代号、后置代号分别是如何规定的？

8-6 说明 30210、6203 轴承代号的意义。

8-7 如题 8-7 图所示为输送带传动机构，采用电动机带动减速器传动。

电动机转速较高，且电动机与减速箱不在同一基础上，两轴有相对的偏差，联轴器 1 应选择________________；联轴器 2 在低速轴上，转速较低，载荷较大，两轴也有相对偏差，则联轴器 2 应选择________________。

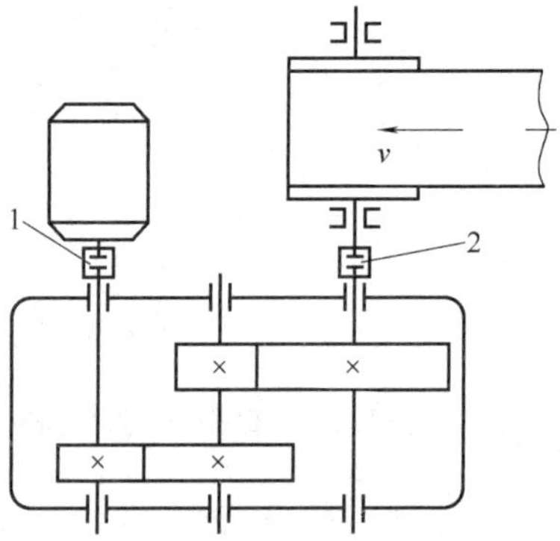

题 8-7 图 输送带传动机构

1、2—联轴器

8-8 如题 8-8 图所示为解放 CA1092 型汽车半轴，了解该汽车半轴的结构，其花键的作用是______，凸缘盘的作用是____________________。

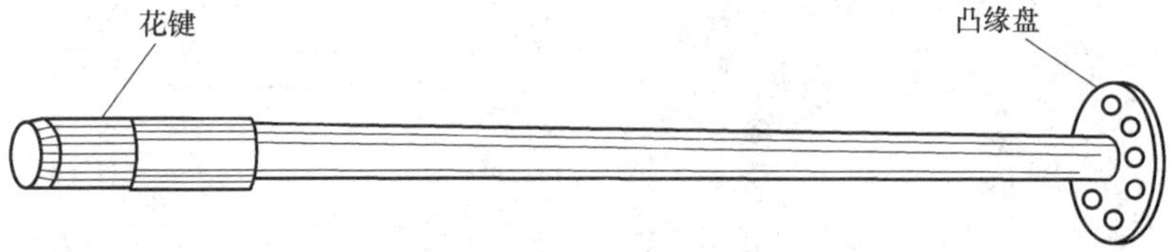

题 8-8 图 汽车半轴

8-9 下列说法判正确的打“√”，错误的打“×”并加以更正。

（1）曲轴在工作中既传递动力又传递运动，因此是传动轴。(　　)

（2）阶梯轴是最常见的一种轴的结构形式，由于能够充分利用轴肩进行对轴系零件进行轴向定位，因此，大多数轴都采用这种结构形式。(　　)

（3）为了减少应力集中，轴径变化尽可能小，阶梯轴是最不好的形式，最好采用光轴的形式。(　　)

（4）滑动轴承之所以能够承受较大的载荷，是由于其接触面较大的原因。(　　)

（5）滑动轴承的轴瓦与轴颈的接触面积越大或接触点越多，其回转精度越高、承载能力越强。(　　)

（6）滑动轴承在结构中，在轴瓦上开出一些油槽的目的是为了避免油膜被破坏，使

轴瓦与轴颈直接接触形成金属与金属之间的干摩擦。(　　)

(7) 滚子轴承的滚动体是滚子，由于是线接触，故承载能力比球轴承大，承受冲击的能力也大。(　　)

(8) 恰当的游隙是维持良好润滑的必要条件。但太大与太小的游隙对于滚动轴承都不利。(　　)

(9) 轴系上应重点保证润滑的零件是传动零件（如齿轮、链轮）和轴承。(　　)

(10) 轴承的安装相当容易，只要用锤子敲击轴承的端面，将轴承装到轴颈上就可以。(　　)

8-10　连线题。

(1) 请对应下面轴和受力情况

只受扭转作用	心轴
只受弯曲作用	转轴
同时受扭转与弯曲作用	传动轴

(2) 请根据工作情况选择滑动轴承

低速、轻载	剖分式向心滑动轴承
高速、重载	整体式向心滑动轴承

(3) 请根据工作情况选择滚动轴承

仅受径向载荷、高速	圆锥滚子轴承
较大的径向载荷、较小的轴向载荷	深沟槽球面轴承
仅受轴向载荷	角接触球轴承
较大的径向和轴向载荷	推力球轴承

项目九

液压传动

任务一　液压传动概述

液压传动

液压传动是以液体为工作介质，并利用液体的压力能进行运动和动力传递的一种传动方式。通过压力油作为传递能量的载体实现传动与控制，它不仅可以传递动力和运动，而且还可以对执行器件的运动进行控制与调节。

一、液压传动的工作原理

如图 9-1 所示，是液压千斤顶的工作原理结构简图，其工作过程如下：手动将杠杆手柄 1 提起时，小活塞 3 向上移动，小液压缸 2 的下腔密封容积增大而形成真空，于是单向阀 7 将通道关闭，油箱 12 内的油液在大气压力的作用下顶开单向阀 4，进入小液压缸 2 下腔，完成一次吸油。将杠杆手柄 1 压下时，小活塞 3 向下移动，小液压缸 2 下腔密封容积减小，腔内油液压力升高，这时单向阀 4 将油液流回油箱的通道关闭，小液压缸 2 下腔压力油顶开单向阀 7 进入大液压缸 9 的下腔，从而推动大活塞 8 上升，顶起重物 G。如此反复地提压手柄，油液就不断地进入大液压缸 9 的下腔，推动大活塞 8 不断上升，达到起重目的。工作时，截止阀 11 始终处于关闭状态，如果打开截止阀 11，大液压缸 9 下腔的油液通过管道 10、截止阀 11 流回油箱，重物就向下移动。

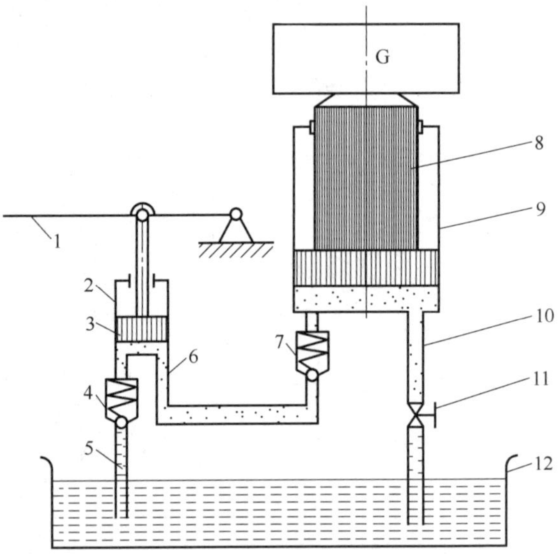

图 9-1　液压千斤顶工作原理

1—杠杆手柄　2—小液压缸　3—小活塞　4、7—单向阀　5—吸油管　6、10—管道　8—大活塞　9—大液压缸　11—截止阀　12—通大气式油箱

从液压千斤顶的工作过程我们可以看出：液压传动是以液体为工作介质，依靠密封容积的变化来传递运动，液压传动是通过液体内部的压力传递动力；液压传动系统本质是一

种能量转换装置，它先将机械能转换为便于输送的液压能，随后又将液压能转换为机械能而做功。

二、液压传动系统的组成

液压传动系统主要由以下几部分组成：

动力元件：主要指各种液压泵。其作用是把原动机（电动机）的机械能转变成油液的压力能，动力元件是液压系统的动力源。

执行元件：主要指各种类型的液压缸、液压马达。其执行元件作用是将油液压力能转变成机械能，输出一定的力（或力矩）和速度，以驱动负载。

控制元件：主要指各种类型的液压控制阀，如溢流阀、节流阀、换向阀等。控制元件其作用是控制液压系统中油液的压力、流量和流动方向，从而保证执行元件能驱动负载，并按规定的方向运动，获得规定的运动速度。

工作介质：传递压力的工作介质，通常为液压油，同时还可起润滑、冷却和防锈的作用。

辅助装置：保证液压系统正常工作。包括油管、管接头、油箱、过滤器、蓄能器和压力表等，起连接、贮油、过滤、贮存压力能和测量油液压力等辅助作用的元件。

三、液压传动的特点与应用

液压传动与其他传动形式相比较，有以下优缺点：

优点：

① 功率密度（即单位体积所具有的功率）大，结构紧凑，重量轻；

② 能无级调速，调速范围大；

③ 由于液压组件质量小，惯性矩小，故变速性好；

④ 液压传动易于实现过载保护，系统超负载，油液经溢流阀流回油箱。由于采用油液作工作介质，能自行润滑，所以寿命长；

⑤ 控制、调节比较简单，操纵比较方便、省力，易于实现自动化，与电气控制配合使用能实现复杂的顺序动作和远程控制；

⑥ 液压组件易于实现标准化、系列化和通用化，有利于生产与设计。

缺点：

① 由于液压油具有可压缩性和系统泄漏等原因，液压传动不能保证精密的传动比；

② 液压系统的工作性能容易受到温度变化的影响，不宜在环境温度很高或很低的条件下工作；

③ 液压油流动的存在阻力和泄漏，因此传动效率不高；

④ 液压油若处理不当能引起火灾和爆炸事故，而且容易产生污染；

⑤ 液压元件为了减少泄漏，设计制造的精度较高，因此成本较高。

液压传动在工程机械上应用非常广泛，如铲土机（图 9-2），铲土机工作时，利用液压传动，通过液压缸中的活塞伸缩，使大铲能绕固定点上下摆动，连接大铲的双臂也能绕固定点上下摆动。

起重机（图 9-3）的起重臂能绕固定点升起和下降，这也是由于液压缸中的活塞伸缩

图 9-2　铲土机

图 9-3　起重机

带动的。当起重臂固定在某一位置不动时，液压系统中的压力保持恒定。

四、液压系统图形符号

当采用结构原理图绘制液压系统时，直观醒目，组件的结构特点清楚明了，但图形太烦琐，绘制麻烦。为了简化液压系统图的绘制，以规定的各种符号表示各种职能组件，将各组件的符号用通路连接起来，这样绘制的图形称为职能符号图。图 9-4 为磨床工作台液

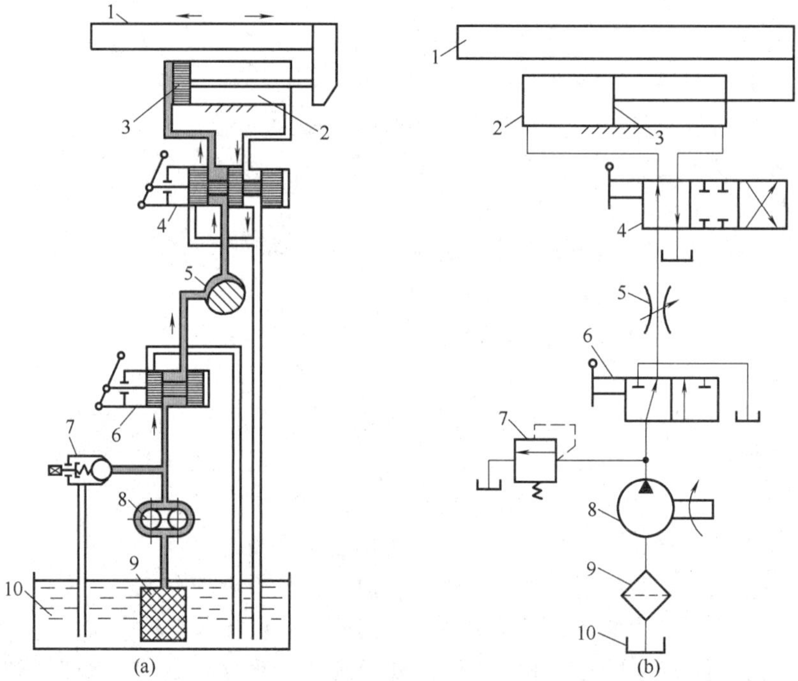

图 9-4　磨床工作台液压系统图

（a）工作原理图　（b）职能符号

1—工作台　2—液压缸　3—活塞　4、6—换向阀　5—节流阀　7—溢流阀　8—液压泵　9—过滤网　10—油箱

压系统工作原理及职能符号图。

（1）液压系统的图形符号，只表示零件的职能、连接系统的通路，不表示元件的具体结构和参数，不表示系统管路的具体位置及零件的安装位置。

（2）液压系统的图形符号均以元件的静止位置或零位置表示，当系统另有说明时，可作例外。

（3）符号在系统图中的布置，除有方向性的元件符号（如油箱、仪表等）外，根据具体情况可水平或垂直绘制。

（4）元件的名称、型号和参数，一般在系统图的零件表中说明，必要时可以标注在元件符号旁边。

五、液压传动的基本参数

液压系统工作时，是利用处于密封容积内运动的压力流体进行能量传递。所以，流体的压力和流量是液压系统设计、检测、调试和检修的重要参数。

1. 压力

如图 9-5 所示，油液充满于密闭的液压缸左腔，当活塞受到向左的外力 F 作用时，液压缸左腔内的油液受活塞的作用而处于被挤压状态，同时，油液对活塞有一个反作用力 F_P 而使活塞处于平衡状态。即作用在活塞上的力有两个：一个是外力 F，另一个是油液作用于活塞的力 F_P，两个力大小相等，方向相反。如果活塞的有效作用面积为 A，油液作用在活塞单位面积上的力则为 F_P/A，活塞作用在油液单位面积上的力为 F/A。

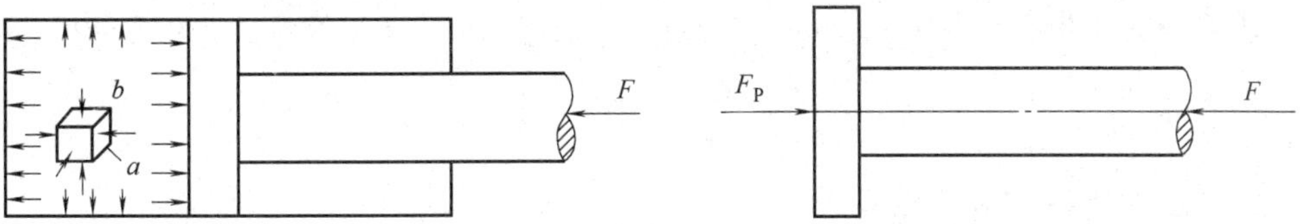

图 9-5　油液压力的形成

油液单位面积上承受的作用力称为压强，在工程上习惯称为压力，即：

$$p=\frac{F}{A}$$

式中　p——油液的压力，Pa；

F——作用在油液表面上的外力，N；

A——活塞的有效作用面积，m^2。

液压系统的额定压力是指在正常条件下，按试验标准规定系统能连续工作的最高压力。一般在系统铭牌上所标的是额定压力，它是液压元件的主要参数。

2. 流量

单位时间内进出液压缸或通过管道某一横截面液体的体积称为流量，即：

$$Q=\frac{V}{t}$$

式中　Q——流量，m^3/s；

V——时间 t 内流过的液体体积，m^3；

T——时间，s。

额定流量是指按试验标准规定，系统连续工作所必须保证的流量，是液压元件的基本参数。

3. 流速

流速是指液体质点在单位时间内流过的距离，其法定计量单位为m/s，由于液体具有黏性，液体在管道或液压缸中流动时，在同一截面上各点的速度不可能完全相同，一般都以平均流速来计算。平均流速为通过截面的流量除以截面面积，即

$$v=\frac{Q}{A}$$

式中 v——液流的平均流速，m/s；

Q——流入液压缸或管道的流量，m^3/s；

A——液压缸有效作用面积或管道截面积，m^2。

活塞（或液压油缸）的运动是由进入的油液迫使容积增大而产生的，液压缸中液体的流速即为平均流速，活塞（或液压缸）随油液流动而移动，因此活塞的运动速度与液压缸中油液平均流速相同。

任务二 液压元件

由上任务内容我们知道，液压传动系统是由液压元件组成的，液压系统主要包括液压动力元件、液压执行元件、液压控制、液压辅助元件等。

本任务将重点讲述各类液压元件的结构组成、工作原理、图形符号、性能特点和应用。

一、液压泵

液压泵是液压传动系统的动力组件，是将原动机输入的机械能转换成液压能输出的能量转换组件。

1. 液压泵的工作原理

图9-6为单柱塞液压泵的工作原理图。柱塞4安装在泵体3内，柱塞在弹簧2的作用下和偏心轮5接触。当偏心轮转动时，柱塞做左右往复运动。当柱塞往右运动时，左端和泵体所形成的密封容积增大，形成局部真空，油箱中的油液就在大气压作用下通过单向阀6进入泵体内，单向阀1封住出油口，防止系统中的油液回流，这时液压泵吸油。当柱塞向左运动时，密封容积减小，单向阀6封住吸油口，

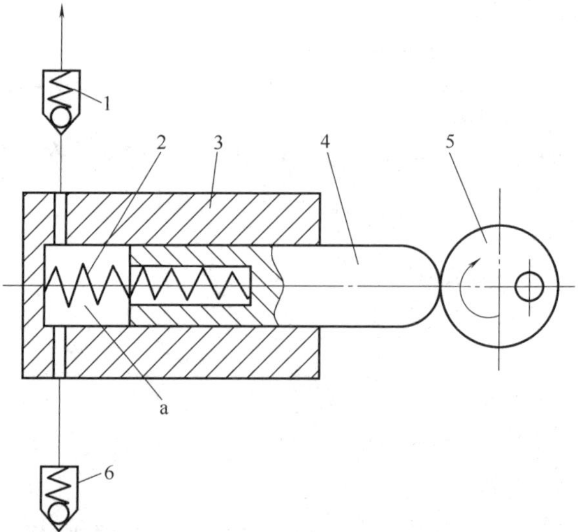

图9-6 单柱塞液压泵的工作原理图

a—工作腔 1、6—单向阀 2—弹簧 3—泵体 4—柱塞 5—偏心轮

防止油液流回油箱，于是泵体内的油液受到挤压，顶开单向阀1进入系统，这便是压油。若偏心轮不停地转动，泵就不停地吸油和压油。这样液压泵就将原动机输入的机械能转换成液体的压力能输出。

液压泵靠密封容积的变化来实现吸油和压油，不考虑油液泄漏的情况下，其输出流量的多少取决于密封工作容积变化的大小。

2. 液压泵正常工作的条件

由液压泵的工作原理可知，液压泵正常工作必须满足以下条件：

① 应具备密封容积，而且密封容积能够交替变化；

② 应有配流装置（如单向阀），以使在任何时候其吸油腔和压油腔都不能互通；

③ 在吸油过程中，油箱必须和大气相通。

3. 液压泵的种类

液压泵的种类很多，分类方法也不尽相同，一般分类如下：

① 液压泵按结构形式分为齿轮泵、叶片泵、柱塞泵、转子泵等；

② 按输出流量是否能调节分为定量泵、变量泵；

③ 按供油方向分为单向泵、双向泵；

④ 按额定压力的高低分为低压泵（2.5MPa以下）、中压泵（2.5~8MPa）、中高压泵（8~16MPa）、高压泵（16~32MPa）、超高压泵（32MPa以上）。

液压传动系统中常用的有齿轮泵、叶片泵和柱塞泵三种。

（1）齿轮泵。图9-7是齿轮泵的结构图。相互啮合的齿轮6安装于泵体7内部，齿轮的两端以前后泵盖8、4密封。两齿轮将壳体内部分成左右两个互不相通的左腔和右腔，在壳体上开有两个孔分别和左腔、右腔相通。

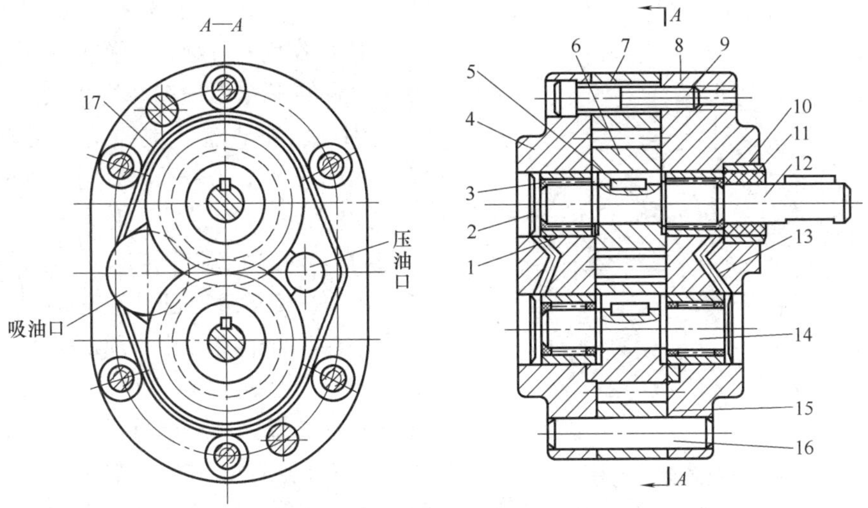

图9-7　齿轮泵的结构

1—轴承外环　2—堵头　3—滚子　4—后泵盖　5—键　6—齿轮　7—泵体　8—前泵盖　9—螺钉　10—压环　11—密封环　12—主动轴　13—泄油孔　14—从动轴　15—卸载槽　16—定位销　17—泄油槽

图9-8为外啮合齿轮泵的工作原理图。当齿轮按图示方向旋转时，右腔啮合着的轮齿逐渐脱开啮合，使该腔容积逐渐增大，形成局部真空。油箱内的油液在大气压的作用下经

油管和壳体上的吸油口进入右腔（吸油腔）。吸入到右腔齿间的油液在密封的工作空间中随着齿轮旋转，沿泵体内壁带入到左腔；而轮齿在左腔逐渐进入啮合，密封工作空间逐渐减小，使齿间的油液被挤压并经压油口排出（左腔为压油腔）。当齿轮不断地旋转时，右腔就不断地从油箱中吸油，左腔就连续不断地输出压力油。

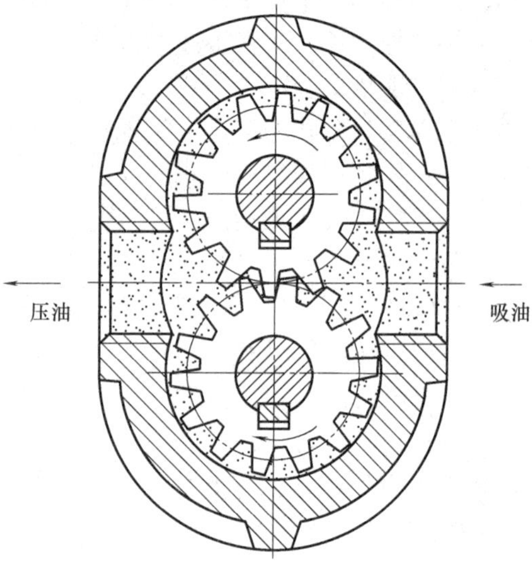

图 9-8 外啮合齿轮工作原理图

齿轮泵吸、压油腔是分别独立的，所以齿轮泵不需要专门配流机构，故其结构简单。齿轮泵的结构决定它只能是定量泵。

齿轮泵的优点是结构简单，制造方便，外形尺寸小，自吸性能好，对油的污染不敏感，工作可靠，转速较高。缺点是流量脉动较大，有困油现象。主要应用在自卸汽车、汽车式液压起重机、液压转向机构、汽车修理设备中的各种液压压力机、磨床、化工设备，如薄膜蒸发器、分子蒸馏装置等。

（2）叶片泵。很多汽车方向盘的助力转向方式就是采用这种液压叶片泵。

叶片泵有单作用式（非平衡式）和双作用式（平衡式）两大类，在中高压系统中得到广泛的应用。叶片泵输出流量均匀，脉动小，噪声小，流量稳定、体积小、重量轻、油压高，但结构较复杂，吸油特性不太好，对油液的污染也比较敏感，精度要求高，加工成本较高。

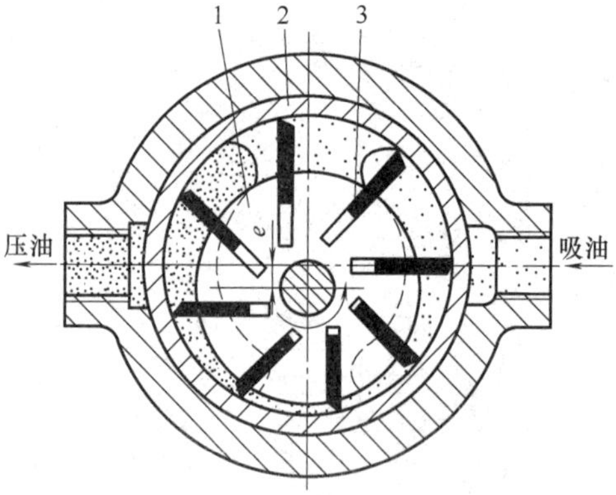

图 9-9 单作用叶片泵

1—转子 2—定子 3—叶片

① 单作用叶片泵。如图 9-9 所示为单作用叶片泵的工作原理图。它由转子 1、定子 2、叶片 3、配油盘（虚线所示为配流盘窗口）和端盖（图中未示出）等件组成。定子具有圆柱形内表面，转子和定子间有偏心距 e，转子上均布相对于转动方向后倾的转子槽，叶片在转子槽中可灵活滑动；转子转动时受离心力的作用，叶片顶部贴紧在定子内表面上，于是两相邻叶片、配油盘、定子、转子以及端盖之间就形成了一个个密封空间。当转子逆时针方向旋转时，图 9-9 右侧叶片向外伸出，密封工作腔容积增大，产生真空，油液通过吸油口和配油盘上窗口吸入；在图 9-9 左侧，密封腔的容积逐渐减小，油液通过配油盘另一个窗口和压油口压出输送到系统中去。转子不停地旋转，泵就不停地吸油和压油。

这种泵的转子每转一周完成一次吸油和一次压油，称为单作用叶片泵；同时油泵转子和轴承上还受到不平衡液压力作用，因此又称为非平衡式液压泵。单作用叶片泵的偏心距和偏心方向可以通过手动或自动调节而改变，使之成为单向变量泵和双向变量泵。双向变量泵能在工作中变换进、出油口，使液压执行远见的运动反向。自动调节式变量泵有限压式变量泵、稳流量式变量泵等多种形式，其中限压式变量泵还有外反馈和内反馈两种。

② 双作用叶片泵。如图 9-10 所示为双作用叶片泵的工作原理图。定子的内表面由两段长半径圆弧、两段短半径圆弧和四段过渡曲面组成，定子与转子同心，转子上均匀分布着相对旋转方向前倾的径向斜槽，转子顺时针方向旋转时，左上角和右下角处的密封容积逐渐增大，形成真空，为吸油区，左下角和右上角处的密封容积逐渐减小，油液受压，为压油区；吸油区和压油区之间被一段封油区隔开，转子每转一周，每个密封工作腔各完成两次吸油和压油，所以这种泵称为双作用叶片泵；同时这种泵的吸、压油腔的布局径向对称，作用在转子上的液压力径向平衡，故又称为平衡式叶片泵。因转子和定子同心，所以油泵排量不可调，是定量泵。该泵称为双作用平衡式定量叶片泵。

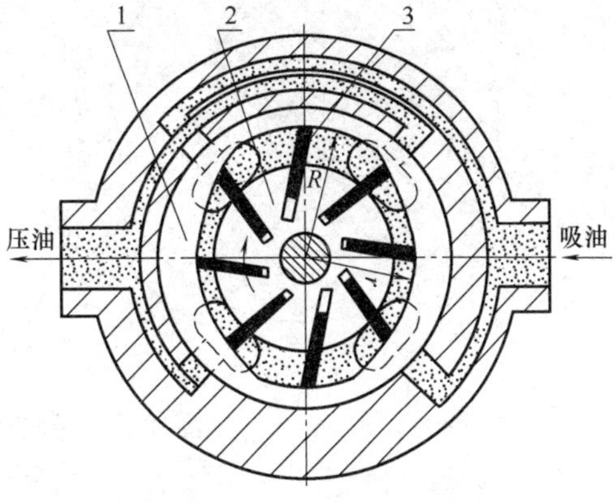

图 9-10　双作用叶片泵

1—定子　2—转子　3—叶片

（3）柱塞泵。柱塞泵是靠柱塞在缸体中做往复运动造成密封容积的变化来实现吸油与压油的液压泵。构成密封容积的零件为圆柱形的柱塞和缸孔，加工方便，容易得到高的配合精度，密封性能好，容积效率高，结构紧凑，流量调节方便，在高压、大功率的系统中和流量需要调节的场合，如龙门刨床、拉床、液压机、工程机械、矿山冶金机械、船舶上得到广泛的应用。柱塞泵按柱塞的排列和运动方向不同，可分为径向柱塞泵和轴向柱塞泵两大类。

① 径向柱塞泵工作原理。如图 9-11 所示，径向柱塞泵由柱塞 1、缸体（转子）2、衬套 3、定子 4、配油轴 5 等组成，柱塞 1 径向排列装在缸体（转子）2 中，衬套 3 是压紧在转子内，由原动机带动一起旋转，柱塞 1 在离心力的（或在低压油）作用下抵紧定子 4 的内壁；当转子按图示方向回转时，由于定子和转子之间的偏心距 e，柱塞绕经上半周时向外伸出，柱塞底部的容积逐渐增大，形成真空，油液便从配油孔 5 和吸油口 b 经过衬套 3 上的油孔吸入；当柱塞转到下半周时，定子内壁将柱塞向里推，柱塞底部的容积逐渐减小，向配油轴的压油口 c 压油，当转子回转一周时，每个柱塞底部的密封容积完成一次吸、压油，转子连续运转，即完成压、吸油工作。配油轴固定不动，油液从配油轴上半部的两个孔 a 流入，从下半部两个油孔 d 压出，为了进行配油，配油轴在和衬套 3 接触的一段加工出上下两个缺口，形成吸油口 b 和压油口 c，留下的部分形成封油区。封油区的宽度应能封住衬套上的吸压油孔，以防吸油口和压油口相连通，但尺寸不宜太大，以免产生困油现象。

改变偏心距 e 即可改变供油量，改变偏心距 e 的方向即可改变供油方向。

② 轴向柱塞泵工作原理。轴向柱塞泵是将多个柱塞配置在一个共同缸体的圆周上，并使柱塞中心线和缸体中心线平行的一种泵。如图 9-12 所示为直轴式轴向柱塞泵的工作

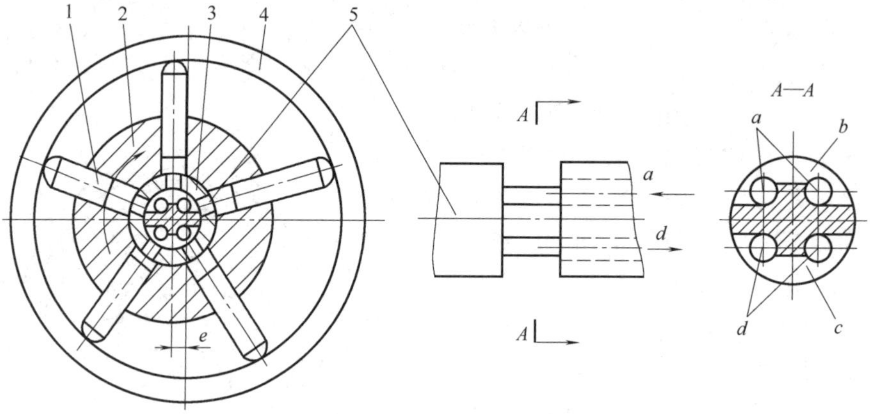

图 9-11 径向柱塞泵的工作原理

a—吸油孔 b—吸油口 c—压油口 d—压油孔

1—柱塞 2—缸体（转子） 3—衬套 4—定子 5—配油轴

原理，由斜盘1、柱塞2、缸体3、配油盘4和传动轴5组成。柱塞沿圆周均匀分布在缸体内。斜盘轴线与缸体轴线倾斜一角度 γ，柱塞靠机械装置或在低压油作用下压紧在斜盘上，配油盘4和斜盘1固定不转，传动轴带动缸体和柱塞一起转动，柱塞在缸体内做往复运动，并通过配油盘的配油窗口进行吸油和压油。

缸体每转一周，每个柱塞各完成吸、压油一次，如改变斜盘倾角 γ，就能改变柱塞行程的长度，即改变液压泵的排量，改变斜盘倾角方向，就能改变吸油和压油的方向，即成为双向变量泵。

柱塞泵的密封性能好，耐磨性好，结构紧凑，流量调节方便。缺点是结构复杂，制造精度要求高。

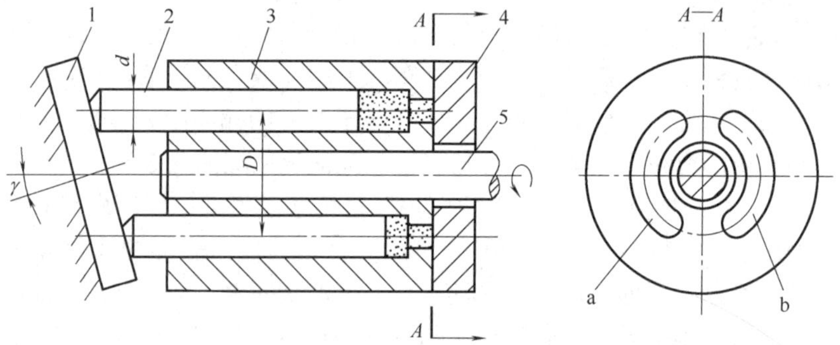

图 9-12 轴向柱塞泵的工作原理

1—斜盘 2—柱塞 3—缸体 4—配油盘 5—传动轴

4. 液压泵的职能符号

为了简化液压系统图的绘制，常以规定的符号表示液压泵，液压泵的职能符号，如表9-1所示。

表 9-1　　液压泵的职能符号

名称	单向定量泵	双向定量泵	单向变量泵	双向变量泵
职能符号	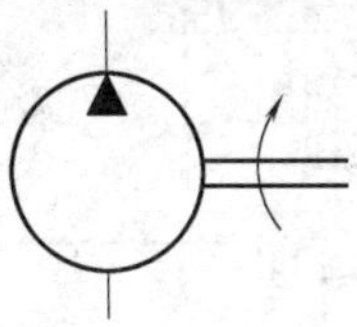	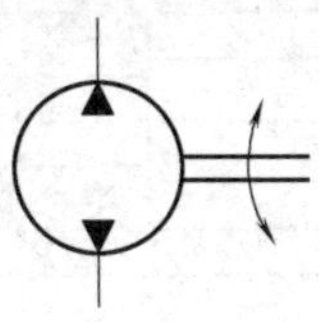	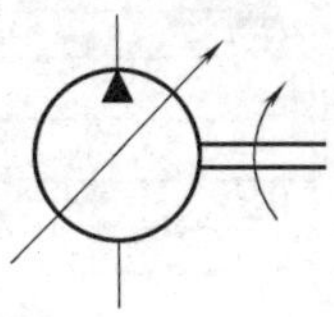	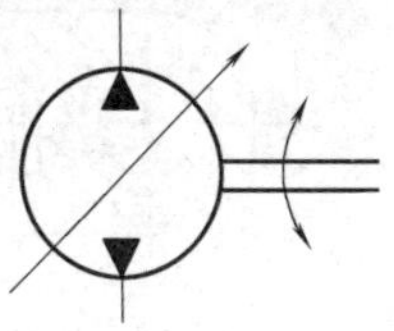

二、液压缸

液压缸是将液体的压力能转换为机械能的能量转换装置，它是液压系统中的执行组件。汽车中的液压制动器、液压翻斗车的控制等均用到各式液压缸。

按结构不同，液压缸可分为活塞式、柱塞式、伸缩套筒式液压缸。

按油压作用形式分为单作用式和双作用式液压缸。

（1）单作用式液压缸。在压力油的作用下只能做单方向运动的液压缸称为单作用缸。单作用缸的回程必须借助于运动件的自重或其他外力（如弹簧）的作用实现。

（2）双作用式液压缸。往复两个方向的运动都由压力油作用实现的液压缸称为双作用缸。

1. 活塞式液压缸

活塞式液压缸按结构分有双杆式和单杆式两种。如图 9-13 所示，为单杆活塞式液压缸。单杆式活塞液压缸活塞两端面积不相等，有杆腔一侧面积小，进油速度快，推力小；无杆腔一侧面积大，速度小、推力大。

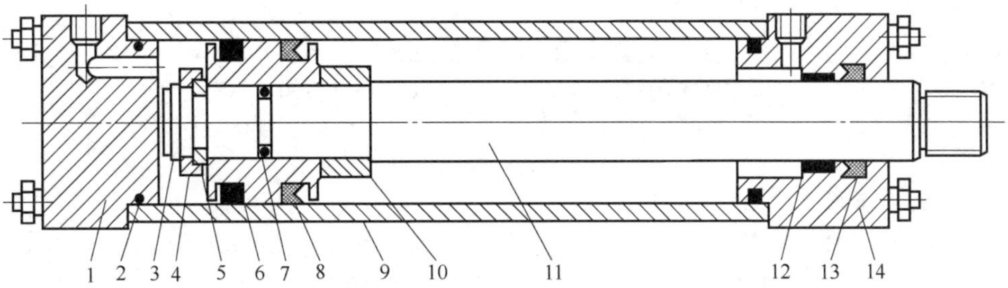

图 9-13　单杆活塞式液压缸

1—缸底　2、7—O 形密封圈　3—轴用挡圈　4—挡圈　5—卡键　6—活塞　8、13—Y 形密封圈　9—缸筒　10—缓冲柱塞　11—活塞杆　12—缸套　14—缸盖

如图 9-14 所示，为双杆活塞式液压缸。双杆式活塞两端面积相等，当流量一定时，左右方向的运动速度相等。

2. 柱塞式液压缸

如图 9-15（a）所示，柱塞缸由缸筒 1、柱塞 2、导套 3、密封圈 4 和压盖 5 等零件组成，柱塞和缸筒内壁不接触，因此缸筒内孔不需精加工，工艺性好，成本低。

柱塞式液压缸是单作用的，它的回程需要借助自重或弹簧等其他外力来完成。如果要获得双向运动，可将两柱塞液压缸成对使用，如图 9-15 所示工作原理。

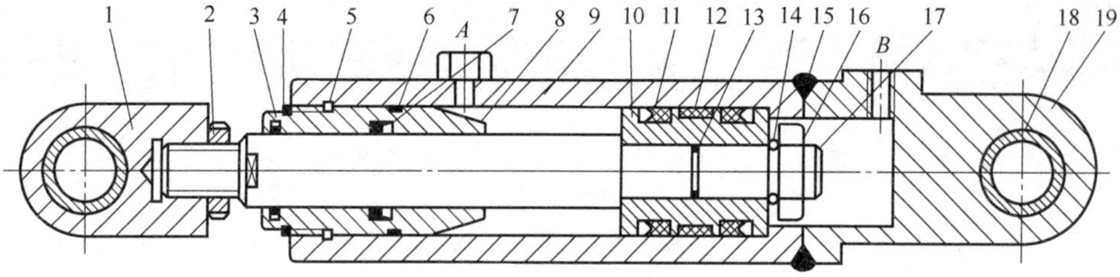

图 9-14 双作用单活塞杆液压缸

1—耳环 2—螺母 3—防尘圈 4—弹簧挡圈 5、14—卡键 6、13—O 形密封圈 7、11—Y 形密封圈 8—缸盖兼导向套 9—缸筒 10—活塞 12—耐磨环 15—卡键帽 16—螺母 17—活塞杆 18—衬套 19—缸底

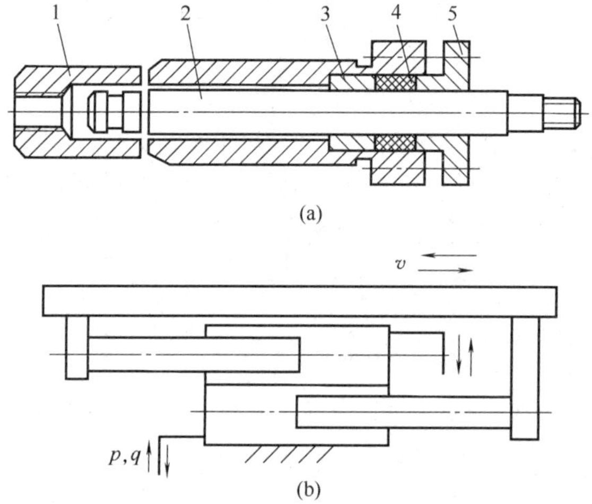

图 9-15 柱塞式液压缸

(a) 柱塞式液压缸结构 (b) 两柱塞液压缸成对使用示意图

1—缸筒 2—柱塞 3—导套 4—密封圈 5—压盖

3. 伸缩套筒式液压缸

如图 9-16 所示，伸缩套筒式液压缸是由两级或多级活塞缸套装而成，又称多级缸。伸缩套筒式液压缸的特点是：活塞杆伸出的行程长，收缩后的结构尺寸小，适用于翻斗汽车，起重机的伸缩臂等。

4. 摆动式液压缸

如图 9-17 所示，摆动式液压缸输出转矩，并往复摆动。摆动式液压缸结构紧凑，输出转矩大，但密封困难，一般用于中、低压系统。

5. 液压缸的职能符号

液压缸的职能符号，如表 9-2 所示。

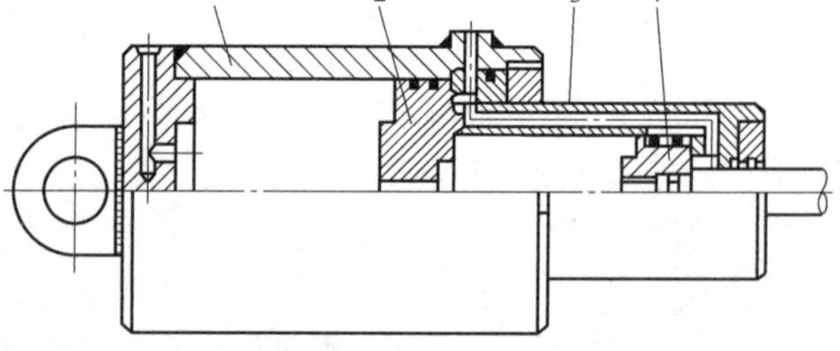

图 9-16 伸缩套筒式液压缸

1—一级缸筒 2—一级活塞 3—二级缸筒 4—二级活塞

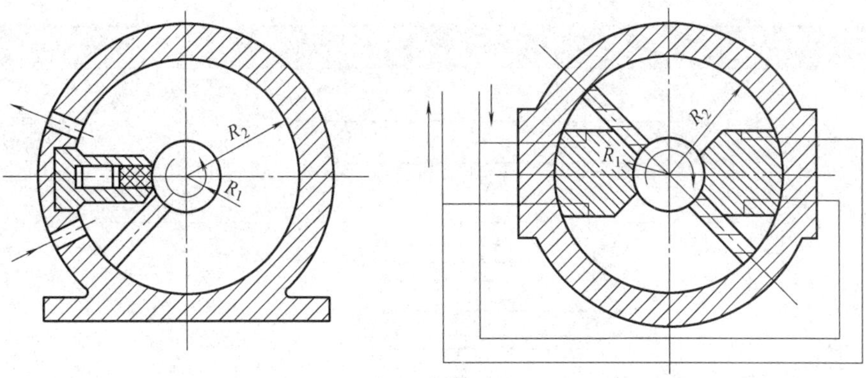

图 9-17　摆动式液压缸

表 9-2　　液压缸的职能符号

单作用缸			双作用缸		
单活塞杆缸	单活塞杆缸（带弹簧）	伸缩缸	单活塞杆缸	双活塞杆缸	伸缩缸
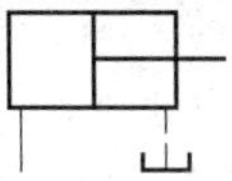	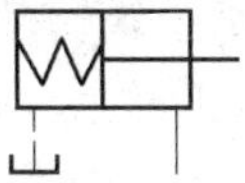	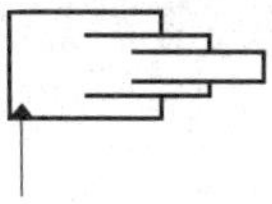	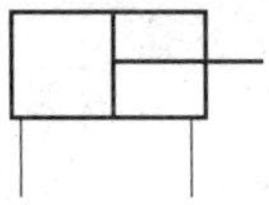	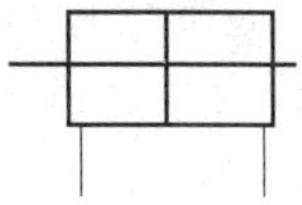	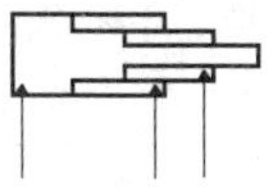

6. 液压缸的密封装置

液压缸的密封装置是用来防止油液的泄漏，其对液压缸的工作性能和效率有直接的影响，因而要求密封装置有良好的密封性能，摩擦阻力小，制造简单，拆装方便，成本低且寿命长。

液压缸的密封主要指活塞与缸筒、活塞杆与端盖间的动密封和缸筒与端盖间的静密封。

液压缸常用的密封方法，如表 9-3 所示。

表 9-3　　液压缸常用的密封方法

密封方法	图　例	性能特点
间隙密封	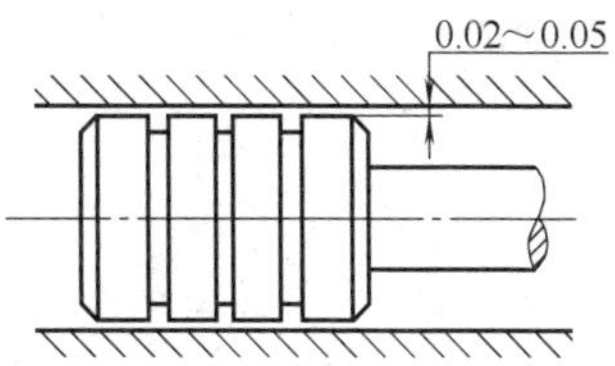	在活塞的表面上制造出几条细小的环形槽，以增大油液通过间隙时的阻力，即间隙密封是依靠运动件间的微小间隙来防止泄漏的
O 形密封圈密封	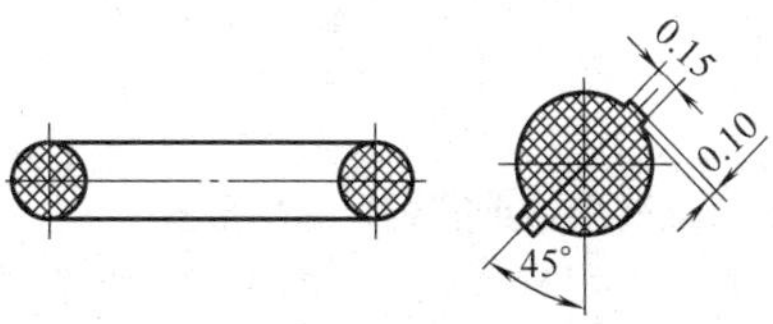	截面形状为圆形的密封元件，结构简单，制造容易，密封可靠，摩擦力小，应用广泛

续表

密封方法	图　例	性能特点
Y 形密封圈密封	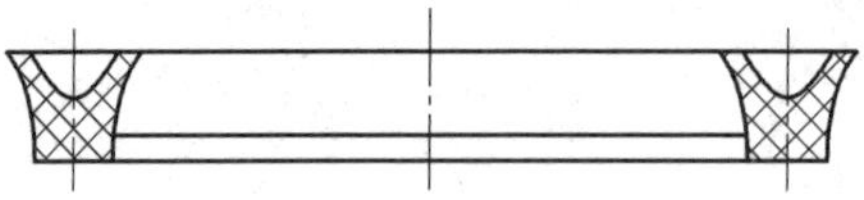	截面呈 Y 形，结构简单，适用性很广，密封效果好，常用于活塞和液压缸之间、活塞杆与液压缸端盖之间的密封在使用时注意安装方向，其唇口边对着油压作用方向
V 形密封圈密封	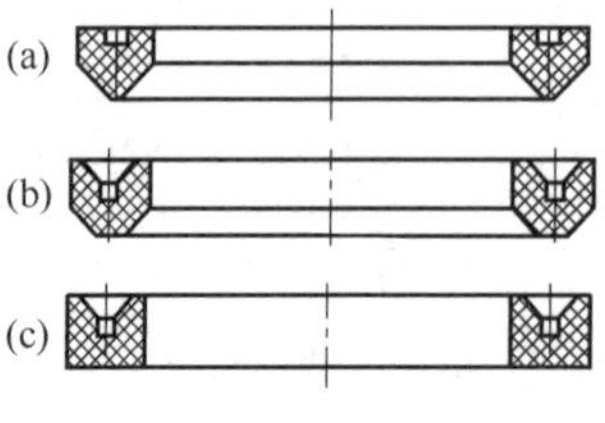 (a)压环 (b)密封环 (c)支撑环	V 形密封圈三个一组，由多层涂胶织物压制而成。它由形状不同的压环、密封环和支承环组成。当压环压紧密封环时，支承环可使密封环产生变形而起密封作用在使用时注意安装方向，其唇口边对着油压作用方向

7. 缸筒和缸盖

一般来说，缸筒和缸盖的结构形式与其使用的材料有关。工作压力 $p<10\text{MPa}$ 时使用铸铁；$10\text{MPa}\leqslant p\leqslant 20\text{MPa}$ 时使用无缝钢管；$p>20\text{MPa}$ 时使用铸钢或锻钢。如图 9-18 所示为缸筒和缸盖的常见结构形式。如图 9-18（a）所示为法兰连接式，结构简单，容易加工，也容易装拆，但外形尺寸和重量都较大，常用于铸铁制的缸筒上。如图 9-18（b）所示为半环连接式，它的缸筒壁部因开了环形槽而削弱了强度，为此有时要加厚缸壁，它容易加工和装拆，重量校轻，常用于无缝钢管或锻钢制的缸筒上。如图 9-18（c）所示为螺纹连接式，缸筒端部结构复杂，外径加工时要求保证内外径同心，装拆要使用专用工具，它的外形尺寸和重量都较小，常用于无缝钢管或铸钢制的缸筒上。如图 9-18（d）所示为拉杆连接式，结构的通用性大，容易加工和装拆，但外形尺寸较大且较重。图 9-18（e）所示为焊接连接式，结构简单，尺寸小，但缸底处内径不易加工，且可能引起变形。

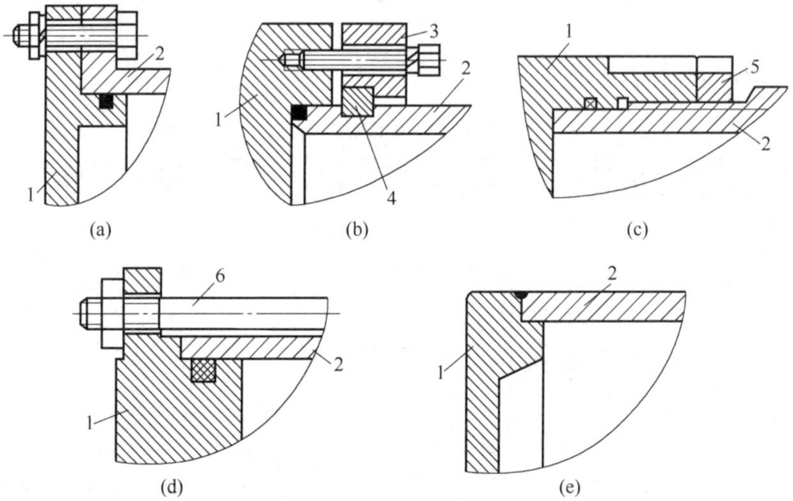

图 9-18　缸筒和缸盖的常见结构形式

（a）法兰连接式　（b）半环连接式　（c）螺纹联接式　（d）拉杆连接式　（e）焊接连接式

1—缸盖　2—缸筒　3—压板　4—半环　5—防松螺母　6—拉杆

8. 活塞与活塞杆

可以把短行程的液压缸的活塞杆与活塞做成一体，这是最简单的形式。但当行程较长时，这种整体式活塞组件的加工较复杂，所以常把活塞与活塞杆分开制造，然后再连接成一体。

如图 9-19（a）所示为活塞与活塞杆之间采用螺母连接，它适用于负载较小，受力无冲击的液压缸中。螺母连接虽然结构简单，安装方便可靠，但在活塞杆上车螺纹将削弱其强度。如图 9-19（b）所示为卡环式连接方式。塞杆上开有一个环形槽，槽内装有两个半圆环以夹紧活塞，半圆环由轴套套住，轴套的轴向位置用弹簧卡圈来固定。如图 9-19（c）所示的活塞杆，使用了两个半圆环，它们分别由两个密封圈座套住，活塞安放在密封圈座的中间。如图 9-19（d）所示是一种径向销式连接结构，用圆锥销把活塞固连在活塞杆上，这种连接方式特别适用于双出杆式活塞。

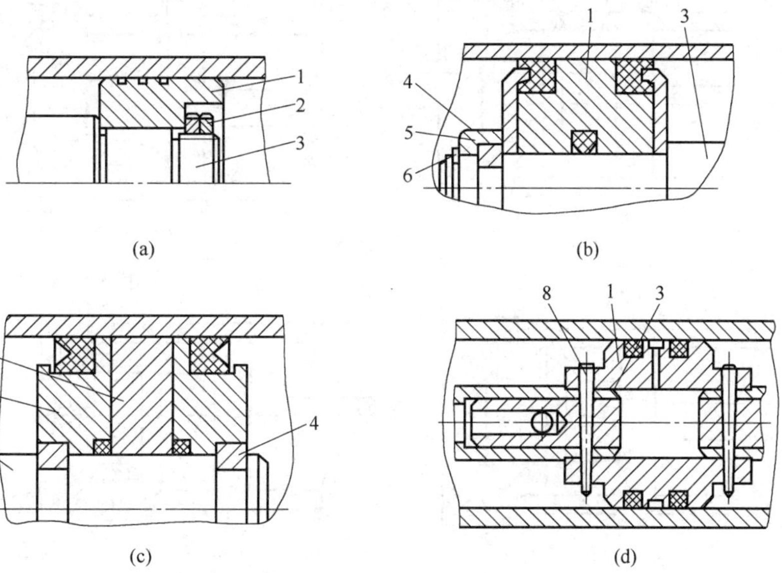

图 9-19　常见的活塞组件结构形式

（a）螺母连接　（b）卡环式连接（轴套）　（c）卡环式连接（密封圈座）　（d）径向销式连接

1—活塞　2—螺母　3—活塞杆　4—半圆环　5—轴套　6—弹簧卡圈　7—密封圈座　8—圆锥销

9. 液压缸的缓冲装置

当运动件的质量较大、运动速度高时，由于惯性力较大，具有很大的动量，活塞运动到行程终了时与缸盖或缸底发生机械碰撞，引起冲击、振动和噪声，甚至造成液压缸损坏，所以液压缸必须采用缓冲装置。

液压缸缓冲装置很多，常用的缓冲装置如图 9-20 所示。图 9-20（a）为圆柱形环隙式缓冲装置。当缓冲柱塞 A 进入缸盖上的内孔时，缸盖和缓冲柱塞间形成缓冲油腔 B，被封闭在缓冲油腔中的油液只能从环形间隙 δ 排出，产生缓冲压力，从而实现减速缓冲。这种装置在缓冲过程中，由于回油通道的节流面积不变，故缓冲开始时产生的缓冲制动力很大，其缓冲效果很差，液压冲击较大，且实现减速所需时间较长，但这种装置结构简单，便于设计和降低成本，所以在一般系列化的成品液压缸多采用这种缓冲装置。

如图 9-20（b）所示为圆锥形环隙式缓冲装置。由于缓冲柱塞 A 为圆锥形，所以环形间隙 δ 随位移量的变化而变化，即节流面积随缓冲行程的增大而缩小，对机械能的吸收较均匀，缓冲效果较好，但仍有液压冲击。

如图 9-20（c）所示为可变节流槽式缓冲装置。在缓冲柱塞 A 上开有由浅入深的三角形节流槽，节流面积随着缓冲行程的增大而逐渐减小，缓冲压力变化平缓。

如图 9-20（d）所示为可调节流孔式缓冲装置。当缓冲柱塞 A 进入缸盖内孔时，回油口被柱塞堵住，只能通过节流阀 C 回油，调节节流阀的开度，可以控制回油量，从而控制活塞的缓冲速度。当活塞反向运动时，压力油通过单向阀 D 很快进入到液压缸内，并作用在活塞的整个有效面积上，故活塞不会因推力不足而产生启动缓慢现象。这种缓冲装置可以根据负载情况调整节流阀开度的大小，改变缓冲压力的大小，因此适用范围较广。

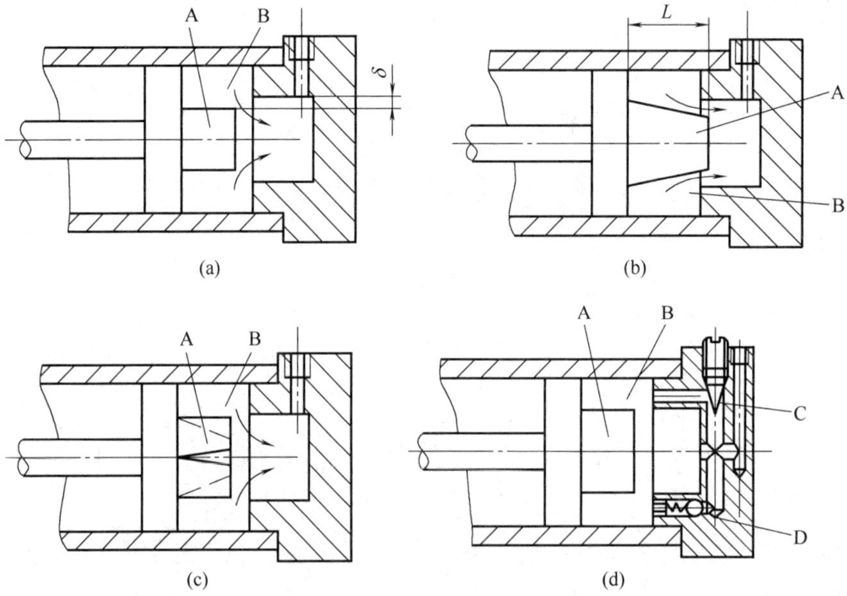

图 9-20 液压缸的缓冲装置

（a）圆柱形环隙式 （b）圆锥形环隙式 （c）可变节流槽式 （d）可调节流孔式

10. 液压缸的排气

液压缸在安装过程中或长时间停放重新工作时，液压缸里和管道系统中会渗入空气，当液压缸中残留的空气不能自行排出时，致使液压装置在工作中常常出现振动、颤抖和爬行，并伴随发生噪声，影响机器的正常工作。为了避免上述现象的产生，除了防止液压系统混入空气外，必要时在液压缸上设置排气装置。

对于要求不高的液压缸，往往不设置专门的排气装置，而是将油口布置在缸筒的最高点进入和引出，这样也能使空气随油液排往油箱，再从油箱溢出，如图 9-21（a）所示。当液压缸水平放置时，排气装置应设置在缸筒两腔端部的上方。工作前打开排气塞，使活塞全行程空载往复数次，直到空气排出。空气排净后，再拧紧排气塞进行正常工作。对于速度稳定性要求较高的液压缸和大型液压缸，通常在液压缸的最高处设置专门的排气装置，如排气塞、排气阀等。如图 9-21（b）所示为排气塞式液压缸的排气装置，图 9-21

（c）为排气阀式液压缸的排气装置。当松开排气塞或排气阀的锁紧螺钉后，让液压缸全行程空载往复几次，带有气泡的油液就会排出；空气排完后再拧紧螺钉，液压缸便可正常工作了。

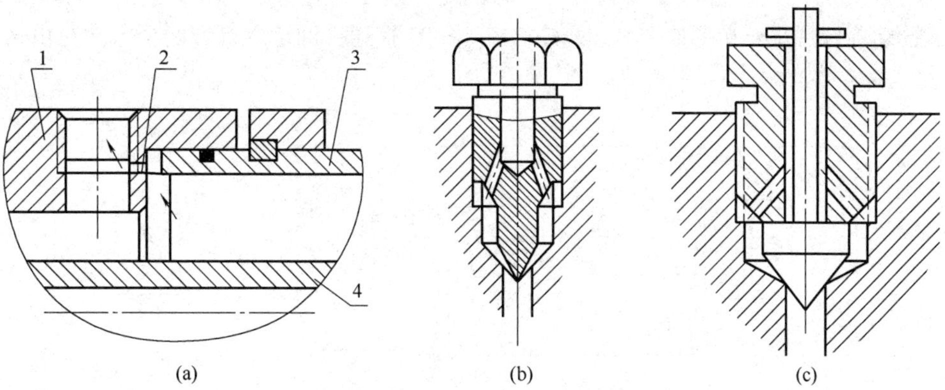

图 9-21　液压缸的排气结构

1—缸盖　2—放气小孔　3—缸体　4—活塞杆

三、液压控制阀

液压控制阀是用来控制液压系统中油液的压力、流量和流动方向，使执行机构的推力、速度和运动方向符合要求。

按照功用的不同，可将液压控制阀分为方向阀、压力阀和流量阀三大类。

1. 方向阀

方向阀是用来控制油液流动方向的阀，按类型分为单向阀和换向阀。

（1）普通单向阀。普通单向阀的作用是使油液只能沿一个方向流动，不能反向倒流，如图 9-22 所示。图 9-22（a）是普通单向阀的结构图，图 9-22（b）是普通单向阀的职能符号。当油液由进油口 P_1 流入时，油液压力作用于锥形阀芯 2 上，当克服弹簧 3 的弹力时，顶开阀芯 2，流向出油口 P_2；油液反向流动时，油液压力压紧阀芯，使油液无法回流。

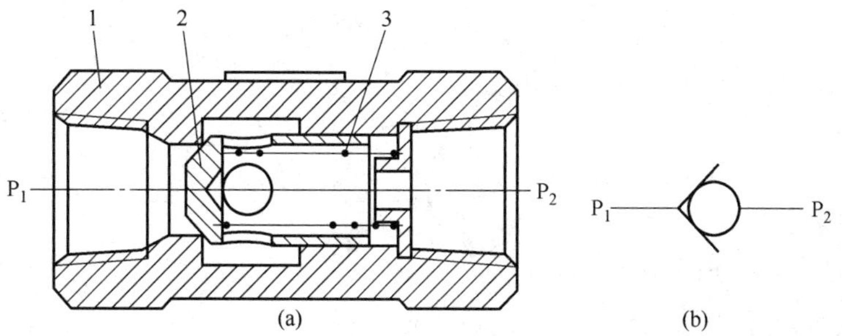

图 9-22　普通单向阀

（a）结构图　（b）职能符号图

1—阀体　2—阀芯　3—弹簧　P_1—进油口　P_2—出油口

(2) 液控单向阀。液控单向阀可使油液在两个方向自由通流，如图 9-23 所示。图 9-23 (a) 是液控单向阀的结构图，图 9-23 (b) 是液控单向阀的职能符号。当控制口 K 处无压力油通入时，它的工作机制和普通单向阀一样，压力油只能从油口 P_1 流向油口 P_2，不能反向倒流。当控制口 K 有控制压力油时，因控制活塞 1 右侧 a 腔通泄油口，活塞 1 右移，推动顶杆 2 顶开单向阀芯 3，使油口 P_1 和 P_2 接通，油液就可在两个方向自由通流。

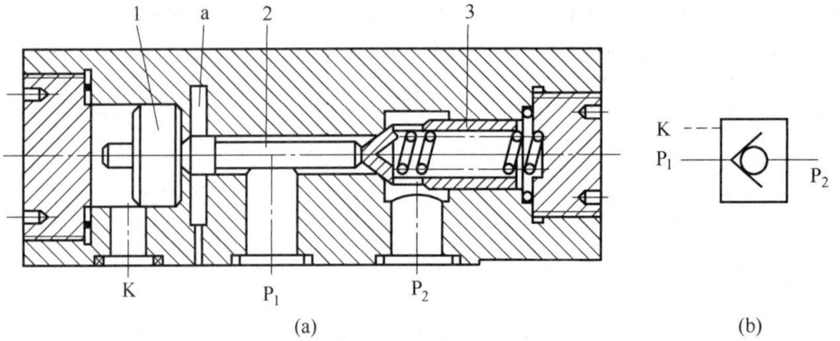

图 9-23 液控单向阀

(a) 结构图 (b) 职能符号图

K—控制口 a—外泄油口 1—活塞 2—顶杆 3—单向阀芯

单向阀要求正向液流通过时压力损失小，反向截止时密封性能好。因此，单向阀中的弹簧仅用于使阀芯在阀座上就位，刚度较小，开启压力约为 0.035~0.05MPa，当通过额定流量时的压力损失一般不超过 0.1~0.3MPa。如果当背压阀使用时可更换硬弹簧使其开启压力达到 0.2~0.6MPa。

(3) 换向阀。换向阀是通过改变油液流动路线以改变工作机构的运动方向的。它利用阀芯相对阀体移动，接通或关闭相应的油路，从而改变液压系统的工作状态。

① 转动式换向阀。如图 9-24 所示，该阀由阀体 1、阀芯 2 和使阀芯转动的操作手柄 3 组成，在图示位置，油口 P 和 A 相通、B 和 T 相通；当操作手柄转换到“止”位置时，油口 P、A、B 和 T 均不相通，当操作手柄转换到另一位置时，则油口 P 和 B 相通，A 和 T 相通。

② 滑阀式换向阀。滑阀式换向阀是利用阀芯或者阀体之间相对位置不同来变换不同管路之间的通断关系，实现接通、切断液流或者改变液流方向，从而改变液压系统的工作状态。

如图 9-25 所示的三位四通手动式换向滑阀，图 9-25 (b)

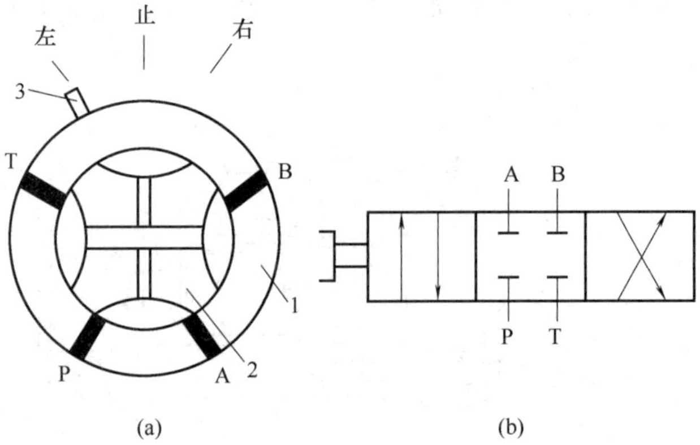

图 9-24 转动式换向阀

(a) 结构原理图 (b) 职能符号图

1—阀体 2—阀芯 3—操作手柄

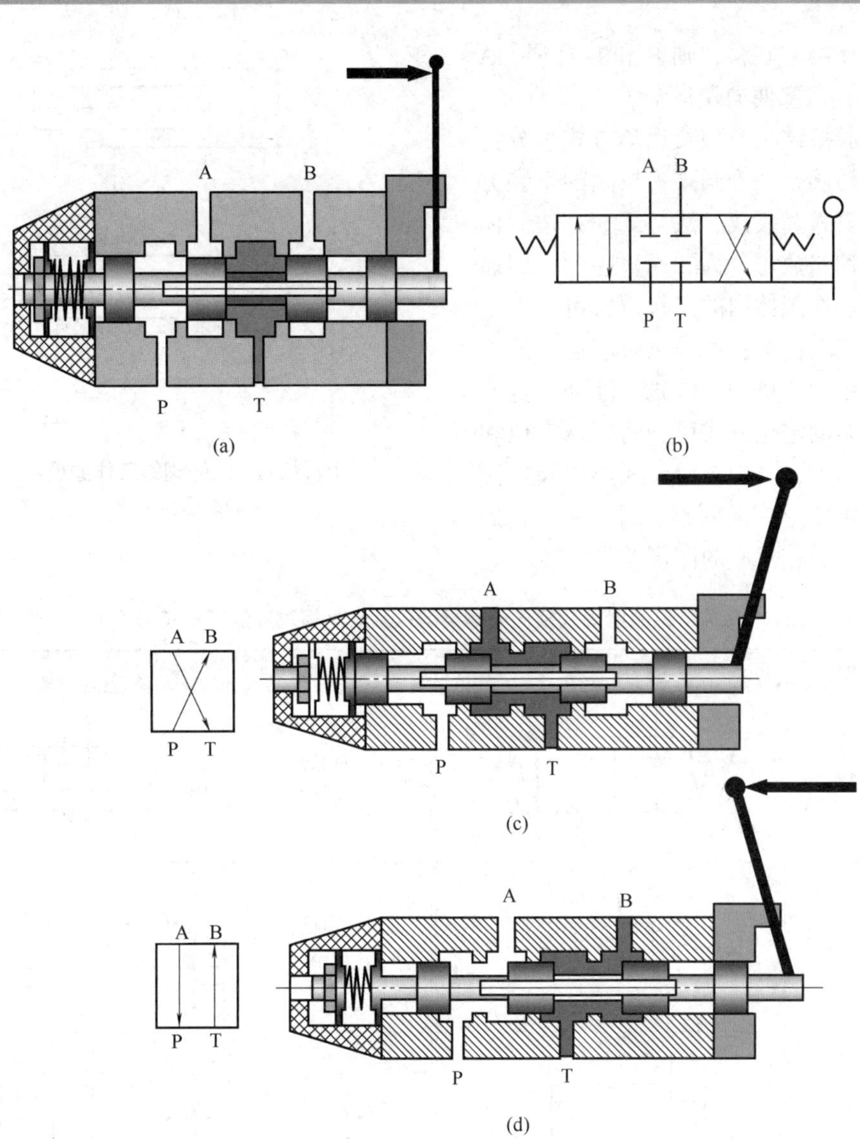

图 9-25　滑阀式换向阀

(a) 结构原理图　(b) 职能符号图　(c) 滑阀左移　(d) 滑阀右移

P—压力油口　A、B—工作油口　T—回油口

是其职能符号。阀体上开有四个通油口 P、A、B、T。左、右位是切换油液的流动方向以改变执行元件运动方向的。其中位为常态位置。利用其中位机能可实现控制液压缸处于静止状态，如图 9-25（a）所示。当操纵手柄向右搬动时，如图 9-25（c）所示，滑阀向左移动，侧 A 与 T 接通向执行元件供液压油，驱动液压缸工作，P 与 B 接通回油；当操纵手柄向左搬动时，如图 9-25（d）所示，滑阀向右移动，侧 A 与 P 接通向向执行元件供液压油，实现液压缸换向工作，B 与 T 接通回油。

液压系统中的执行元件通常为液压缸，如图 9-26 所示。当液压缸两腔不通液压油，活塞处于停止状态。若使换向阀的阀芯 1 左移，阀体 2 上的油口 P 和 A 连通、B 和 T 连通。这时，液压油经 P、A 进入液压缸左腔，右腔油液经 B、T 回油箱，活塞向右运动。

反之，若使阀芯右移，则 P 和 B 连通，A 和 T 连通，活塞便向左运动。

换向阀按结构类型及运动方式可分为滑阀式、转阀式和锥阀式；按阀的安装方式可分为管式、板式、法兰式等；按阀体连通的主油路数可分为二通、主通、四通等；按阀芯在阀体内的工作位置可分为二位、三位、四位等；按操纵阀芯运动的方式可分为手动、机动、电磁、液动、电液等；按阀芯的定位方式可分为钢球定位和弹簧复位两种。其中，滑阀式换向阀在液压系统应用广泛。常见的滑阀式换向阀的类型以及与之相对应的图形符号见表 9-4。

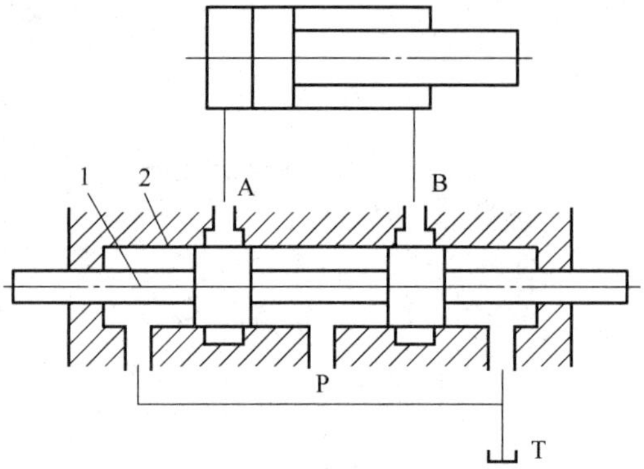

图 9-26　换向阀的工作原理

1—阀芯　2—阀体

表 9-4　　几种常见的滑阀式换向阀的类型以及与之相对应的图形符号

名　称	符　号	名　称	符　号
二位二通电磁阀	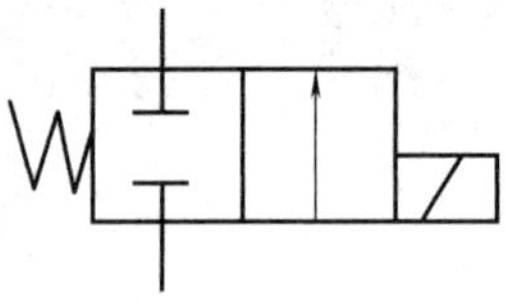	三位四通电磁球阀	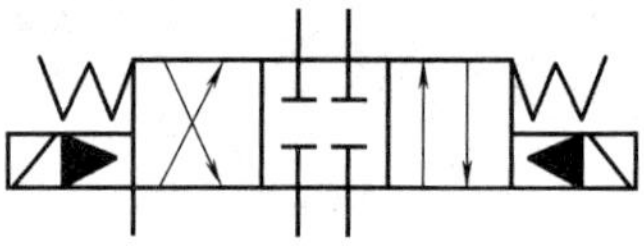
三位四通机动阀	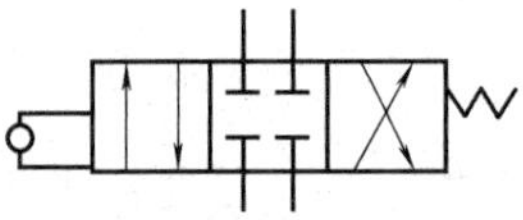	三位四通比例阀	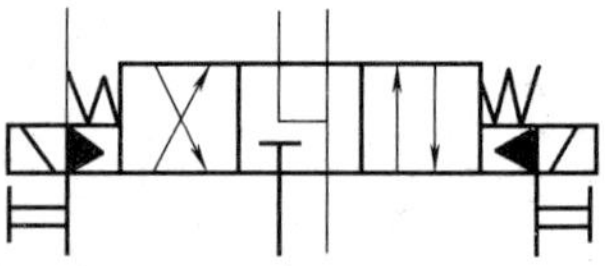
二位二通液动阀	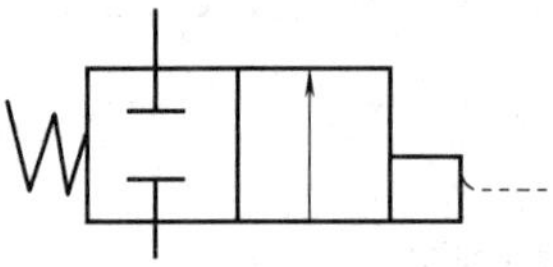	三位五通电磁阀	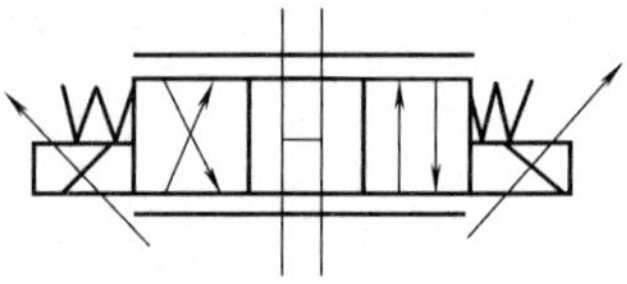
三位四通手动阀	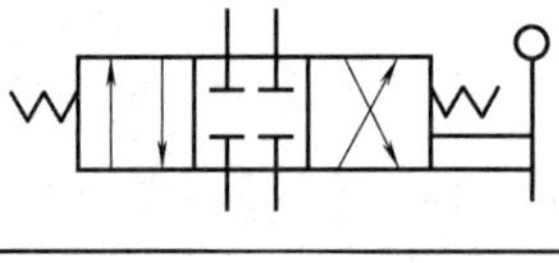	三位六通液动先导式阀	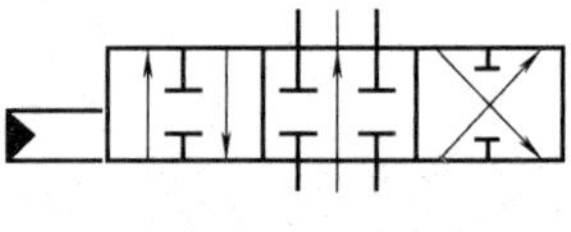

换向阀的“通”和“位”是换向阀的重要概念。不同的“通”和“位”构成了不同类型的换向阀。

“位”指阀芯的位置，通常所说的“二位阀”“三位阀”是指换向阀的阀芯有两个或三个不同的工作位置，“位”在符号图中用方框表示。

“通”指可与系统中不同油管相连的油道接口数。所谓“二通阀”“三通阀”“四通阀”是指换向阀的阀体上有两个、三个、四个各不相通且可与系统中不同油管相连的油道接口，不同油道之间只能通过阀芯移位时阀口的开关来沟通。

2. 压力阀

压力阀用来控制液压系统的压力，或利用系统中压力的变化来控制某些液压组件的动作，压力阀的种类很多，这里只介绍溢流阀和减压阀。

（1）溢流阀。溢流阀是通过阀口的溢流，使被控制系统或回路的压力维持恒定，实现稳调压或限压的作用。溢流阀可分为直动式溢流阀，如图 9-27 所示；先导式溢流阀，如图 9-28 所示。

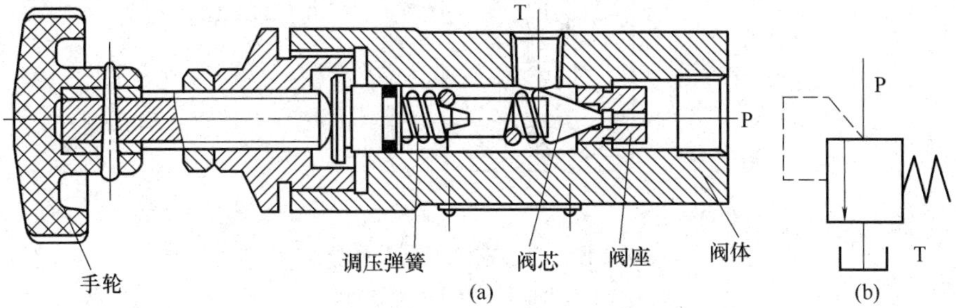

图 9-27　直动式溢流阀的工作原理

（a）工作原理图　（b）职能符号

直动式溢流阀的工作原理为：当进油口 P 从系统接入的油液压力不高时，锥阀芯被弹簧紧压在阀座上，阀口关闭。当进油口压力升高到克服弹簧阻力时，便推开锥阀芯使阀口打开，油液就由进油口 P 流入，再从回油口 T 流回油箱（溢流），进油压力也就不会继续升高。当通过溢流阀的流量变化时，阀口开度即弹簧压缩量也随之改变。但在弹簧压缩量变化很小的情况下，阀芯在液压力和弹簧力作用下保持平衡，可以认为溢流阀进口处的压力基本保持为定值。拧动手轮改变弹簧压缩量，便可调整溢流阀的溢流压力。

先导式溢流阀工作时，如图 9-28 所示。具有一定压力的液压油从进油口 P 进入→充满主阀芯的下腔，并作用在主阀芯的下端→同时经阻尼孔 e 进入并充满主阀芯的上腔和 f 孔→再经通道和锥阀座上的 b 孔进入并充满锥阀芯的右腔。当进油口的压力 p 低于弹簧 2 的调定压力时，当先导阀 3 紧靠在锥阀座上，阀腔中油液没有流动，作用在主阀芯 6 上下两个方向的压力相等，但因主阀芯 6 上端面的有效受压面积大于下端面的有效受压面积，主阀芯在合力的作用下处于最下端位置，阀口关闭。

当进油口的压力大于弹簧 2 的调定压力时，先导阀 3 被打开，液压油通过 a 孔、d 孔→主阀芯 6 上的阻尼孔 e 流回油箱 T。由于阻尼孔 e 的阻尼作用，使主阀芯 6 所受到的上下两个方向的液压力不相等，主阀芯在压差的作用下克服主阀芯调压弹簧 4 的弹力上移，打开阀口，实现溢流，并维持压力基本稳定。通过手轮 1 调节先导阀的调压弹簧 2 弹力，便可调整溢流压力。

先导阀体上有一个远程控制口 K，当 K 口通过二位二通阀接油箱时，先导级的控制压力 $p_2 \approx 0$；主阀芯在很小的液压力（基本为零）作用下便可向上移动，打开阀口，实现溢流，这时系统称为卸荷。若 K 口接另一个远离主阀的先导压力阀（此阀的调节压力应小于主阀中先导阀的调节压力）的入口连接，可实现远程调压。

（2）减压阀。减压阀是利用串联减压式压力负反馈原理设计而成。减压阀主要用于降低并稳定系统内某一支路的油液压力。减压阀的工作原理是依靠压力油通过缝隙（液

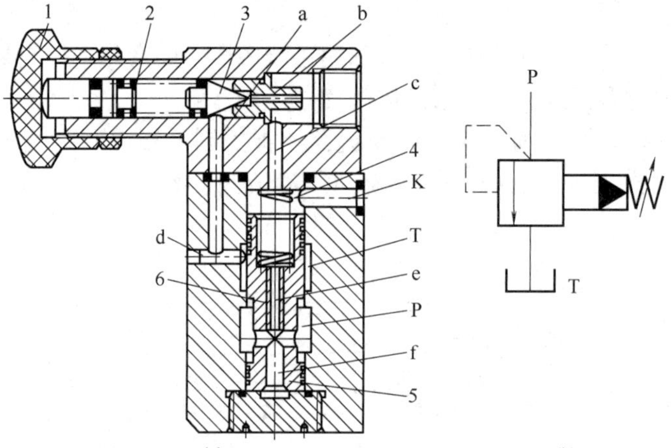

(a)　　　　(b)

图 9-28　先导式溢流阀工作原理

(a) 工作原理图　(b) 职能符号

1—手轮　2—先导阀调压弹簧　3—先导阀芯　4—主阀芯调压弹簧　5—主阀座　6—主阀芯

a、b、c、d、f—通孔　e—阻尼孔　P—进油口　T—出油口　K—远程控制口

阻）降压，使出口压力低于进口压力，并保持出口压力为一定值，缝隙越小，压力损失越大，减压作用就越强。

如图 9-29 所示为直动式减压阀。P_1 为进油口，P_2 为出油口，设进口压力为 p_1，出口压力为 p_2。出口压力由弹簧设定。

如图 9-30 所示为先导式减压阀。与先导式溢流阀相同，先导式减压阀也是由先导阀和主阀两部分组成的。P_1 为进油口，P_2 为出油口，设进口压力为 p_1，出口压力为 p_2，由先导阀调压，主阀减压。

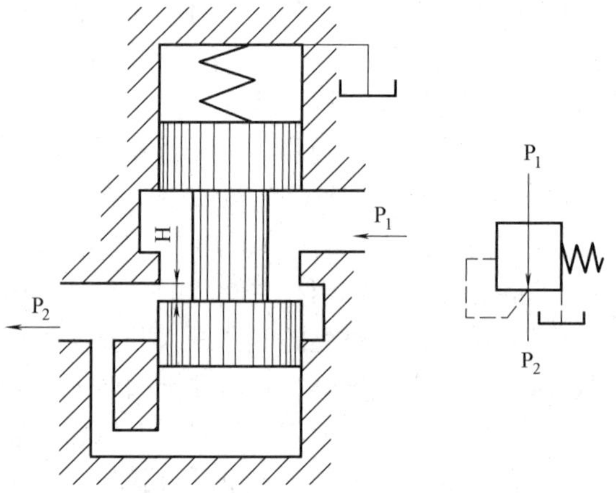

(a)　　　　(b)

图 9-29　直动式减压阀

(a) 结构图　(b) 职能符号

工作时，液压油从进油口 P_1 进入，通过阻尼孔 e 进入先导阀右端，并作用于先导阀芯 5 上，若出油口压力 p_2 低于先导阀设定压力，先导阀关闭，主阀芯 2 上下两腔压力相等，主阀芯在弹簧 4 作用下处于最下端，减压口开度最大，阀不起减压作用；若出油口压力大于先导阀设定压力，先导阀打开，部分油液经泄油口 L_1 流回油箱，油液在主阀芯内部阻尼孔流动时受到阻力，主阀芯两端产生压力差，压力差克服弹簧力，减压阀口减小，使出油口压力下降到设定的压力值。若 K 口接另一个远离主阀的先导压力阀（此阀的调节压力应小于主阀中先导阀的调节压力）的入口连接，部分油液经泄油口 L_2 流回油箱，可实现远程调压。

减压阀与溢流阀的主要区别：

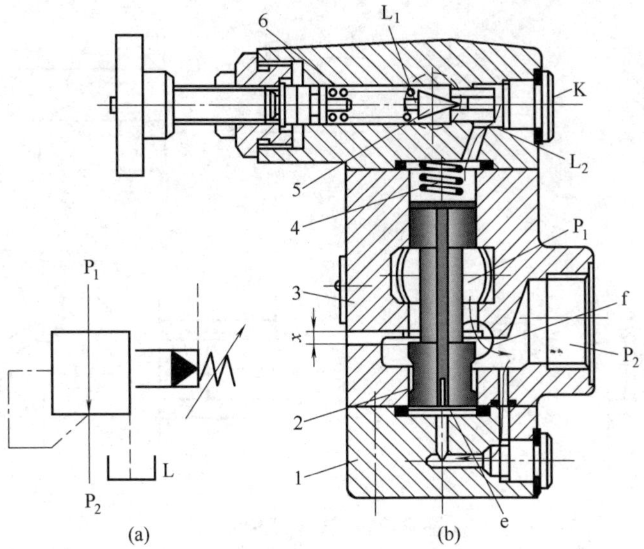

图 9-30　先导式减压阀

（a）职能符号　（b）结构图

1—端盖　2—主阀芯　3—阀体　4—主阀弹簧　5—先导阀芯　6—先导阀弹簧

L_1、L_2—泄油口　K—外控口　f—减压口　x—缝隙　e—阻尼孔

① 减压阀利用出口油压与弹簧力平衡，而溢流阀则利用进口油压与弹簧力平衡；

② 减压阀的进、出油口均有压力，所以弹簧腔的泄油需要从外部单独接回油箱（外部回油），而溢流阀的泄油可沿内部通道经回油口流回油箱（内部回油）；

③ 非工作状态时，减压阀的阀口常开（为最大开口），而溢流阀则是常闭。

3. 流量阀

流量阀应用于控制液压系统中液体的流量，实现对液压系统的速度控制。常用的流量阀有节流阀和调速阀。

流量阀是液压系统中的调速组件，其调速原理是依靠改变阀口通流面积的大小或通流通道的长短来改变液体的阻力，控制通过阀的流量，以达到调节执行元件（缸或泵）运动速度的目的。

（1）节流阀。普通节流阀常用的节流口形状如图 9-31 所示，有针阀式、偏心式、轴向三角槽式等。图 9-31（a）为针阀式节流口，针阀做轴向移动，改变通流面积，以调节流量，其结构简单，但流量稳定性差，一般用于要求不高的场合。图 9-31（b）为偏心式节流口，阀芯上开有截面为三角形或矩形的偏心槽，转动阀芯就可改变通流面积以调节流量，其阀芯受径向不平衡力，适用于压力较低的场合。图 9-31（c）为轴向三角槽式节流口，阀芯端部开有一个或两个斜三角槽，在轴向移动时，阀芯就可改变通流面积的大小，其结构简单，可获得较小的稳定流量，应用较广泛。图 9-31（d）为周向缝隙式节流口，阀芯上开有狭缝，油液可以通过狭缝流入阀芯内孔，然后由左侧孔流出，转动阀芯就可以改变缝隙的通流截面积。图 9-31（e）为轴向缝隙式节流口，在套筒上开有轴向缝隙，轴向移动阀芯即可改变缝隙的通流面积大小，以调节流量。轴向缝隙式节流口，其节流通道

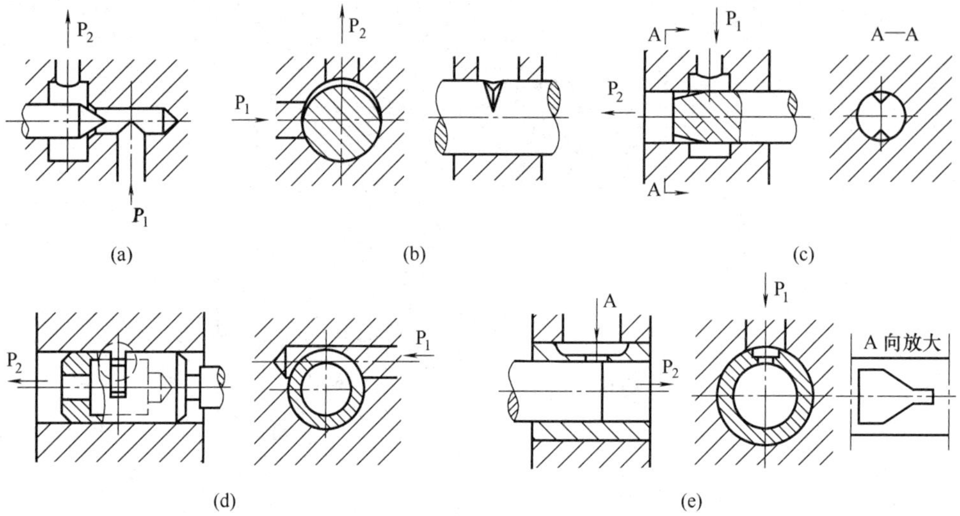

图 9-31 节流口形状

(a) 针阀式 (b) 偏心式 (c) 轴向三角槽式 (d) 周向缝隙式 (e) 轴向缝隙式

厚度可薄到 0.07~0.09mm，可以得到较小的稳定流量。

如图 9-32 所示为节流阀的结构及图形符号。液压油从进油口 P_1 流入，经孔 a、阀芯 1 孔 b 和出油口 P_2 流出。阀芯 1 在弹簧力的作用下始终紧贴在推杆 2 的端部。调节手轮 3，可使推杆沿轴向移动，从而改变进、出油口之间通流面积，即可调节流量。

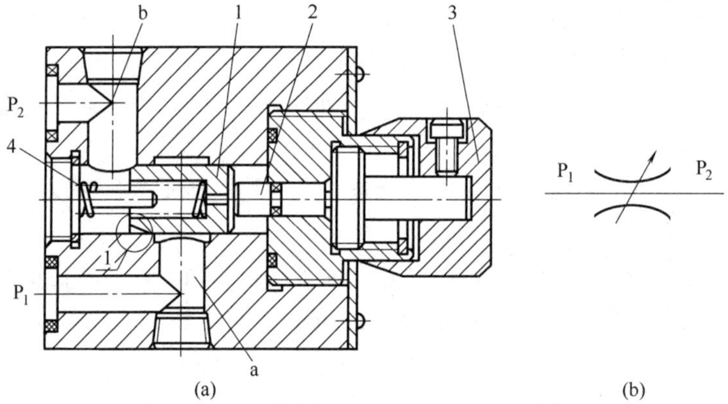

图 9-32 普通节流阀

(a) 结构简图 (b) 职能符号

1—阀芯 2—推杆 3—手轮 4—弹簧

节流阀的结构简单、体积小、使用方便、成本低。这种节流阀的阀口的调节范围大，流量与阀口前后的压力差呈线性关系，有较小的稳定流量，但流道有一定长度，流量易受温度和负载影响。因此只适用于温度和负载变化不大或速度稳定要求不高的液压系统。

当节流阀在小开口面积下工作时，虽然阀的前后压力差 Δp 和油液黏度 μ 均保持不变，但流经阀的流量 q_v 会出现时多时少的周期性脉动现象，随着开口的逐渐减小，流量脉动变化加剧，甚至出现间歇式断流，使节流阀完全丧失工作能力。上述这种现象称为节流阀的堵塞现象，造成堵塞现象的主要原因是油液中的污物堵塞节流口，即污物时堵时而冲走而造成流量脉动变化；另一个原因是油液中的极化分子和金属表面的吸附作用导致节流缝隙表面形成吸附层，使节流口的大小和形状发生改变。

节流阀的堵塞现象使节流阀在很小流量下工作时流量不稳定，导致执行元件出现爬行现象。因此，对节流阀应有一个能正常工作的最小流量限制。这个限制值称为节流阀的最小稳定流量，用于系统则限制了执行元件的最低稳定速度。

（2）调速阀。调速阀由减压阀和节流阀串联而成。主要用于执行元件负载变化大而运动速度要求稳定的系统中。如图 9-33 所示，当负载压力增大时，负载流量和节流阀压差减小，减压阀阀芯移动使减压口增大，压降减小，这样使节流阀压差不受负载压力增大的影响，反之亦然。这样就使调速阀的流量不受负载变化影响，保持恒定不变。

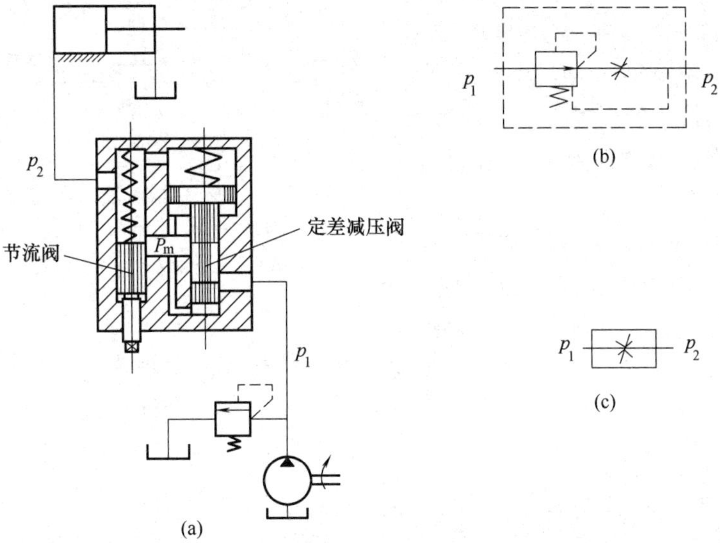

图 9-33　调速阀

（a）结构原理图　（b）职能符号　（c）简化符号

在调速阀中，节流阀既是一个调节元件，又是一个检测元件。当阀的开口面积调定之后，它一方面能够控制流量的大小，一方面用于检测流量信号并将其转换为阀口前、后压力差，再反馈作用到定差减压阀阀芯的两端与弹簧力相比较。当检测的压力差值偏离预定值时，定差减压阀阀芯产生相应的位移，改变减压缝隙的大小以进行压力补偿，进而保证节流阀前后压力差基本保持不变。然而，定差减压阀阀芯的位移势必引起弹簧力和液动力的波动，因此，节流阀前、后压力差只能是基本不变，即流经调速阀的流量基本稳定。

四、液压辅助元件

1. 油箱

油箱的结构（图 9-34）。油箱除了用来储油以外，还起到散热、分离油中杂质和空气的作用。汽车液压系统一般采用单独油箱，汽车修理设备中一般可利用设备底座作为油箱，这样可使结构紧凑。

2. 油管和管接头

油管和管接头是各组件组成系统时必需的连接和输油元件，油管和管接头应有足够的强度、良好的密封性能，并且压力损失要小、拆装方便。

液压传动中常用的油管有钢管、铜管、橡胶软管、尼龙管和塑料管等。

固定组件间的油管常用钢管和铜管，有相对运动的组件之间一般采用软管连接。在回油路中，可用尼龙管或塑料管。

管接头是油管与油管，油管与液压元件之间的可拆卸连接。它应满足连接牢固，密封可靠，液阻小，结构紧凑，拆装方便等要求。管接头的形式很多，按其与油管连接方式分有管端扩口式、卡套式、焊接式、扣压式等。

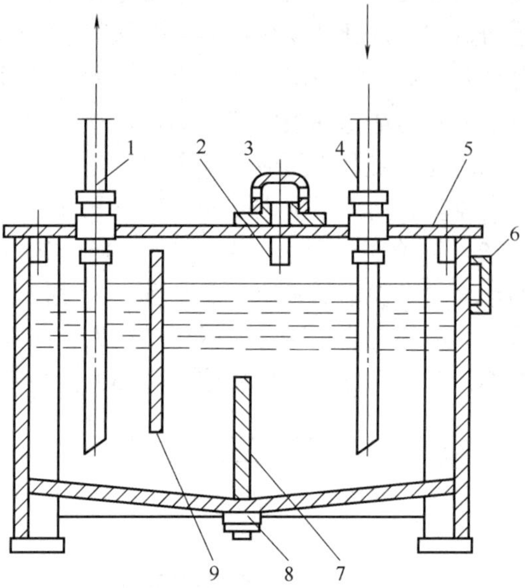

图 9-34　油箱结构图

1—吸油管　2—滤油网　3—盖　4—回油管

5—盖板　6—油标　7、9—隔板　8—放油塞

(1) 管端扩口式管接头。管端扩口式管接头工作原理如图 9-35 所示，它适合于铜管和薄壁钢管之间的连接。接管 2 先扩成喇叭口（约 74°~90°），再用接头螺母 3 把导套 4 连同接管 2 一起压紧在接头体 1 上形成密封。装配时的拧紧力通过接头螺母 3 转换成轴向压紧力，由导套 4 传递给接管的管口部分，使扩口锥面与接头体 1 密封锥面之间获得接触比压。在起刚性密封的同时，也起到连接作用并承受由管内流体压力所产生的接头体与接管之间的轴向分力。这种管接头的最高压力一般小于 16MPa。

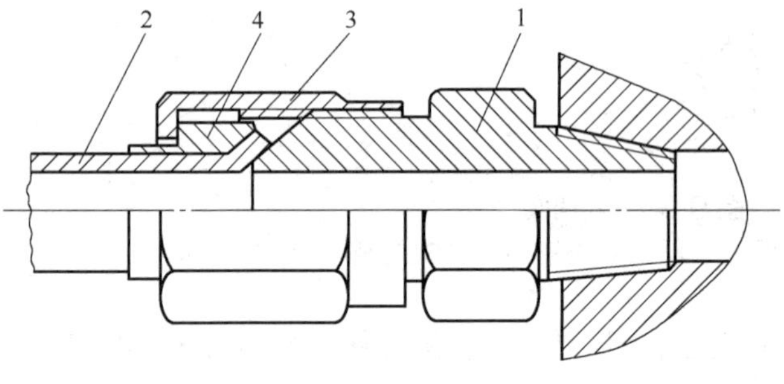

图 9-35　管端扩口式管接头

1—接头体　2—接管　3—接头螺母　4—导套

(2) 卡套式管接头。如图 9-36 所示，卡套式管接头的基本结构由接头体 1、卡套 4 和螺母 3 这三个基本零件组成。卡套是一个在内圆端部带有锋利刃口的金属环，装配时因刃口切入被连接的油管而起到连接和密封的作用。

装配时首先把螺母 3 和卡套 4 套在接管 2 上，然后把油管插入接头体 1 的内孔（靠紧），把卡套安装在接头体内锥孔与油管中的间隙内，再把螺母 3 旋紧在接头体 1 上，旋至螺母 90°与卡套尾的 86°锥面充分接触为止。在用扳手紧固螺母之前，务必使被连接的油管端面与接头体止推面相接触，然后一面旋紧螺母一面用手转动油管，当油管不能转动时，表明卡套在螺母推动和接头锥面的挤压下已开始卡住油管，继续旋紧螺母 1~4/3 圈

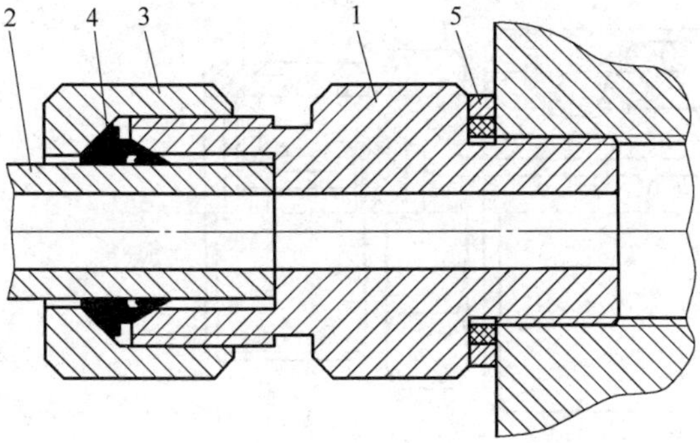

图 9-36　卡套式管接头

1—接头体　2—接管　3—螺母　4—卡套　5—组合密封垫

使卡套的刃口切入油管，形成卡套与油管之间的密封，卡套前端外表面与接头体内锥面间所形成的球面接触密封为另一密封面。卡套式管接头所用油管外径一般不超过 42mm，使用压力可达 40MPa，工作可靠，拆装方便，但对卡套的制造工艺要求较高。

（3）焊接式管接头。如图 9-37 所示，焊接管接头是将管子的一端与管接头上的接管 2 焊接起来后，再通过管接头上的螺母 3、接头体 1 等与其他管子式元件连接起来的一类管接头。接头体 1 与接管 2 之间的密封可采用 O 形密封圈 4 来密封。除此之外，还可采用球面压紧的方法或加金属密封垫圈的方法加以密封。焊接式钢管接头结构简单，制造方便，耐高压（32MPa），密封性能好。缺点是对钢管与接管的焊接质量要求较高。

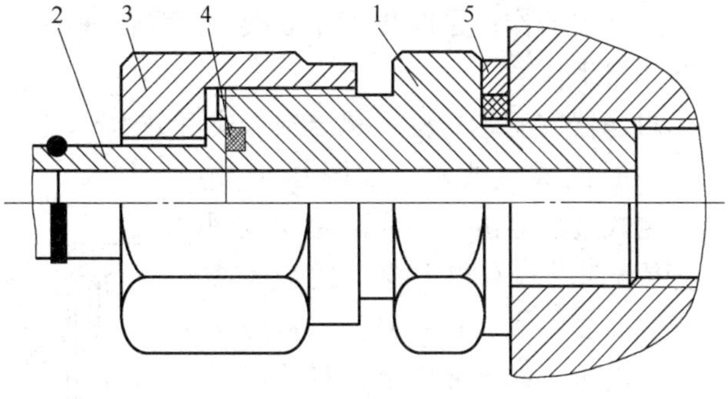

图 9-37　焊接式管接头

1—接头体　2—接管　3—螺母　4—O 形密封圈　5—组合密封圈

（4）扣压式管接头。如图 9-38 所示是扣压式管接头，它主要由接头外套 2 和接头芯 1 组成。接头外套的内壁开有环形切槽，接头芯的外壁呈圆柱形，上有周向切槽。当剥去胶管的外胶层，将其套入接头芯时，拧紧接头外套并在专用设备上扣压，以达到密封连接。这种管接头的最高工作压力可达 40MPa。

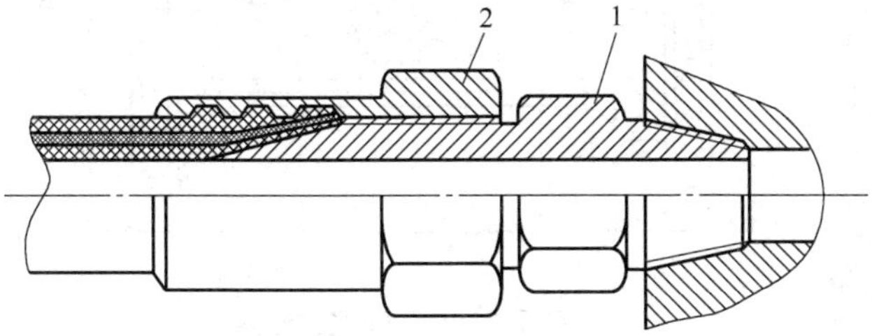

图 9-38　扣压式管接头

1—接头芯　2—接头外套

（5）快速接头。快速接头是一种不需要任何工具，能实现迅速连接或断开的油管接头，适用于需要经常拆卸的液压管路。

当液压系统中某一局部不经常需要液压油源，或一个液压油源要间断地分别供给几个局部时，为了减少控制阀和复杂的管路安装，有时可采用快速接头与胶管配合使用。快速接头的结构如图 9-39 所示。图中各零件的位置为油路接通时的位置，外套 5 把钢球 4 压入槽底使外接头体 2 和内接头体 6 连接起来，单向阀阀芯 1 和 7 互相挤紧顶开使油路接通。

当需要断开油路时，可用力把外套 5 向左推，同时拉出外接头体 2，油路即可断开。

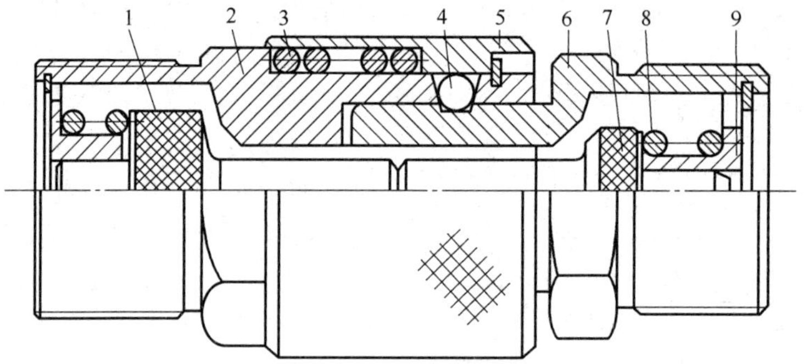

图 9-39 快速接头

1、7—单向阀阀芯 2—外接头体 3、8—弹簧 4—钢球 5—外套 6—内接头体 9—弹簧座

与此同时，单向阀阀芯 1 和 7 分别在各自的弹簧的作用下外伸，顶在内接头体 6 和外接头体 2 的阀座上，使两侧管子内的油封闭在管中不至流出，弹簧 3 则使用外套 5 回到原位。

3. 过滤器

过滤器的作用是净化工作油液，清除油液中的杂物，防止油路堵塞和组件磨损，确保系统正常工作。

过滤器按滤芯的材料和结构形成可分为网式、线隙式、纸芯式、磁性式及烧结式等。

（1）网式过滤器。如图 9-40 所示，网式过滤器由一层或两层铜丝网 3 包围着四周开有很大窗口的金属或塑料圆筒 2 构成。它一般安装在液压系统的液压泵的吸油口上，对油液进行粗过滤，以保护液压泵。其特点是结构简单，通油性能好，清洗方便，压力损失较小；但是它的过滤精度较低，使用时铜质滤网会使油液氧化过程加剧，因此需要经常清洗。

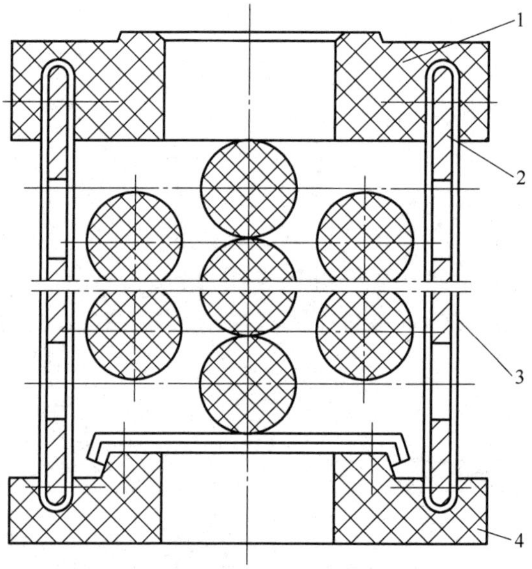

图 9-40 网式过滤器

1—上盖 2—圆筒 3—铜丝网 4—下盖

（2）线隙式过滤器。如图 9-41 所示为线隙式过滤器。线隙式过滤器的滤芯由铜丝绕成，依靠铜丝间的间隙起到滤除混入油液中杂质的作用。它分为压油管路用过滤器和吸油管路用过滤器两种。用于吸油管路时，可将滤芯部分直接侵入油液中，其特点是结构简单，通油能力大，过滤精度比网式过滤器高，缺点是不易清洗。因此，线隙式过滤器常用于低压系统的吸油管路（<2.5MPa）。

（3）纸芯式过滤器。如图 9-42 所示为纸芯式过滤器。它的结构与线隙式过滤器的结构基本相同，只是滤芯材料和结构不同。纸芯式过滤器的滤芯由平纹或皱纹的酚醛树脂或木浆微孔滤纸组成，滤芯围绕在骨架上。为了提高滤芯的强度，一般的滤芯可分为三层：滤芯外层 2 采用粗眼钢板网；滤芯中层 3 为折叠成 W 形的滤纸；滤芯内层 4 由金属丝网与滤纸一并折叠在一起。滤芯的中央还装有支承弹簧 5。其特点是过滤精度高、结构紧凑、质量轻、通油能力大，工作压力可达 38MPa；缺点是滤芯不能清洗，需要经常更换滤芯。常用于过滤精度要求较高的精密机床、数控机床、伺服机构、静压支承等系统中。

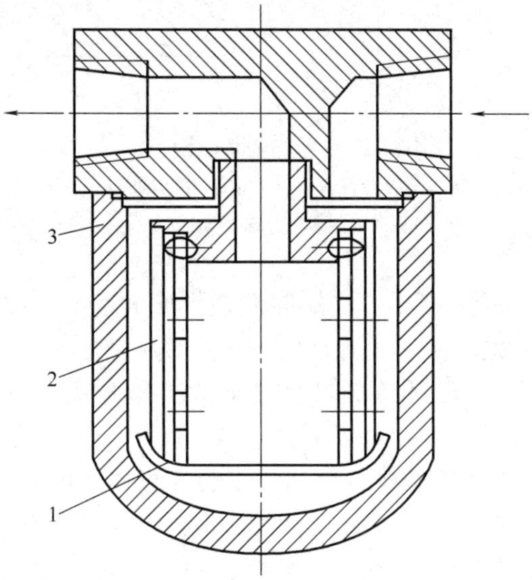

图 9-41　线隙式过滤器

1—芯架　2—滤芯　3—壳体

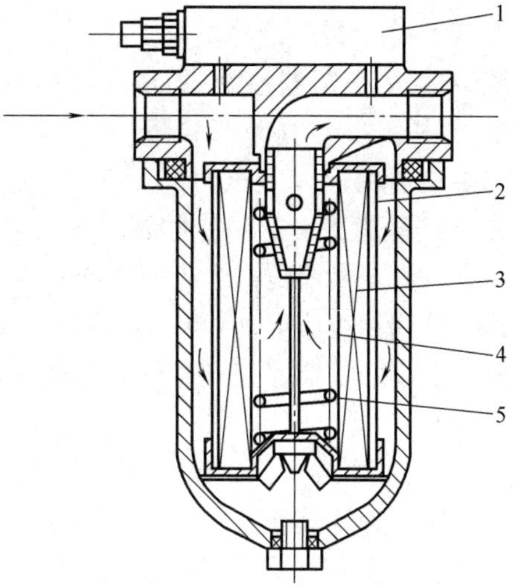

图 9-42　纸芯式过滤器

1—堵塞状态发讯装置　2—滤芯外层
3—滤芯中层　4—滤芯内层　5—支承弹簧

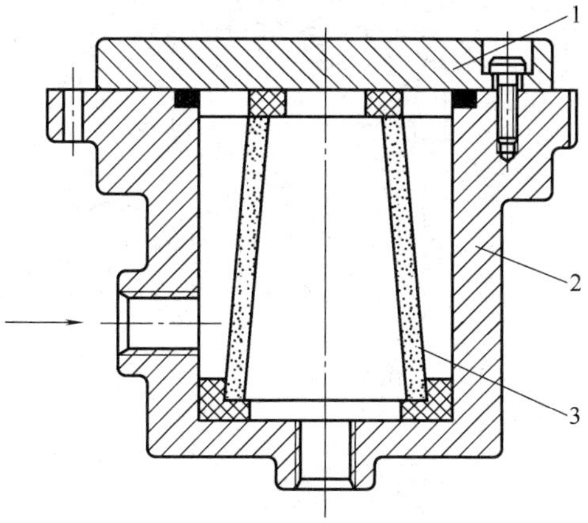

图 9-43　烧结式过滤器

1—端盖　2—壳体　3—滤芯

（4）烧结式过滤器。如图 9-43 所示是烧结式过滤器的结构原理图。烧结式过滤器的滤芯由青铜颗粒粉末压制成型后，通过粉末冶金烧结工艺，高温烧结而成。它利用颗粒间的微孔滤除油液中的杂质。它的压力损失一般为 0.03～0.2MPa。它的主要特点是过滤精度较高（10～100um），强度大，承受热应力和冲击性能好，能在较高温度下工作，有良好的抗腐蚀性，性能稳定。其缺点是易堵塞，难清洗，使用中烧结颗粒容易脱落。

过滤器可以安装在液压泵的吸油管路或液压泵的输出管路上以及重要组件的前面。过滤器根据需要安装在不同的位置（图 9-44）。

过滤器的有安装在液压泵的吸油管道上，如图 9-44（a）所示，能够防止油中的污染物进入到液压系统中；有的安装在回油管道上，如图 9-44（b）所示，能够防止液压系统中污染物流回到油箱中；有的安装在液压泵的压油管道上，如图 9-44（c）所示，能够防止油中的污染物进入到液压系统中。

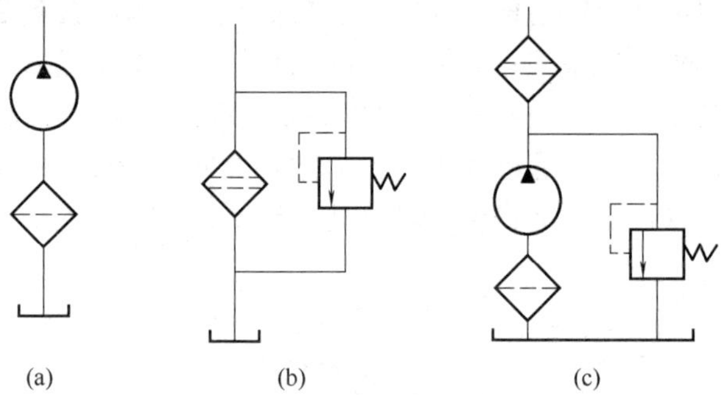

图 9-44　过滤器的安装位置

（a）安装在液压泵吸油管上　（b）安装在回油管道上

（c）安装在液压泵的压油管道上

4. 蓄能器

蓄能器是一种储存压力油的容器。它在系统中的基本作用是，当系统压力高于蓄能器内液体的压力时，系统中的液体充进蓄能器中，直至蓄能器内、外压力保持相等；反之，当蓄能器内液体的压力高于系统压力时，蓄能器中的液体将流到系统中去，直至蓄能器内、外压力平衡。其功用主要是：在短时间内供应大量压力油，以实现执行机构的快速运动；补偿泄漏以保持系统压力；消除压力脉动；缓和液压冲击。

目前，常用的蓄能器是利用气体膨胀和压缩进行工作的充气式蓄能器，有活塞式和气囊式两种。

（1）气囊式蓄能器。如图 9-45 所示气囊式蓄能器结构。气囊 3 安装在壳体 2 内的上部，由充气阀 1 为气囊充入氮气，蓄能器工作时充气阀 1 关闭。壳体 2 下部有一个菌形限位阀 4 它能使油液通过阀门进入蓄能器，又可防止油液全部排出时气囊膨胀出壳体而损坏。工作时，压力油从下入口顶开菌形限位阀 4 进入蓄能器压缩气囊，气囊内的气体被压缩而储存能量。当系统压力低于蓄能器压力时，气囊膨胀压力油输出，蓄能器释放能量。

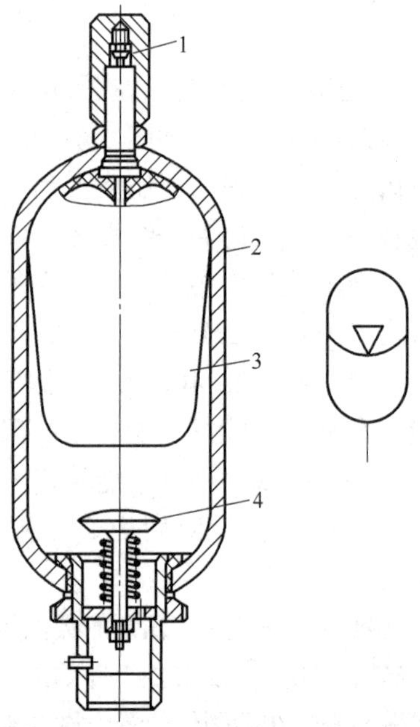

图 9-45　气囊式蓄能器

1—充气阀　2—壳体　3—气囊　4—菌形限位阀

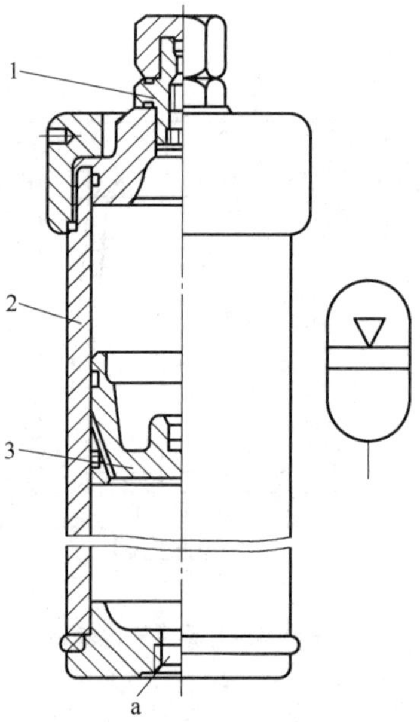

图 9-46　活塞式蓄能器

1—气门　2—缸体　3—活塞

气囊式蓄能器一般须垂直安装，油口向下以减小皮囊与壳体的磨损，但空间受限制时也可倾斜或水平安装；蓄能器必须用支承板和支架（夹紧板）可靠固定；蓄能器用于短期大量供油时，最高压力一般不要超过最低压力的三倍，否则迅速压缩时气体温升很高，导致皮囊严重变形；蓄能器与管路系统之间应安装截止阀，便于充气，与泵之间应安装单向阀，防止蓄能器中油液在泵不工作时向泵倒流。

（2）活塞式蓄能器。活塞式蓄能器的结构如图 9-46 所示。活塞 3 的上部为压缩空气，气体由气门 1 充入，其下部经油孔 *a* 通入液压系统中，气体和油液在蓄能器中由活塞 3 隔开，利用气体的压缩和膨胀来贮存、释放压力能。活塞随下部液压油的贮存和释放而在缸筒内滑动。

任务三　液压基本回路

液压技术在工程技术中依照不同的使用场合，有着不同的组成形式，但不论实际液压系统有多么复杂，它总是由一些基本回路组成。

液压基本回路是指由一些液压元件与液压辅助元件按照一定关系组合，能够实现某种特定液压功能的典型油路。例如用来控制系统中液体压力的调压回路；用来调节执行元件运动速度的调速回路；用来改变执行元件运动方向的换向回路等。

一、压力控制回路

1. 调压回路

调压回路的功用是使液压系统整体或某一部分的压力保持恒定或不超过某一数值。该功能一般由溢流阀来实现。当液压系统工作时，如果溢流阀始终能够处于溢流状态，就能保持溢流阀进口的压力基本不变，如果将溢流阀并接在液压泵的出油口，就能达到调定液压泵出口压力基本保持不变之目的。

（1）单级调压回路。如图 9-47（a）所示，液压泵 1 和溢流阀 2 并联连接，组成了最基本的调压回路，它限定了液压泵最高工作压力，即调定了系统的最高工作压力。当系统工作压力上升到溢流阀的调定压力时，溢流阀开始溢流，系统（液压泵）就在溢流阀的

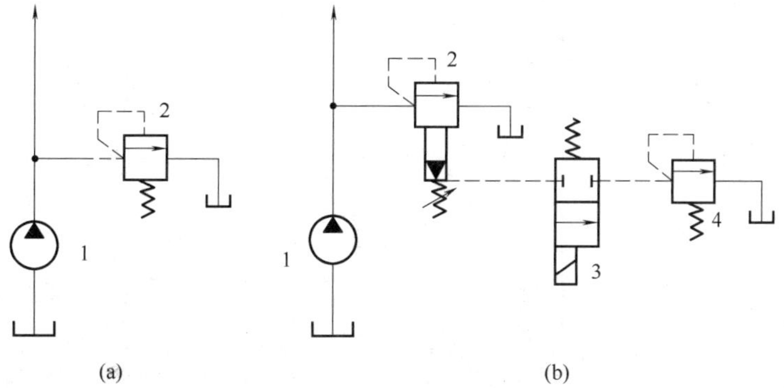

图 9-47　调压回路

1—液压泵　2、4—溢流阀　3—二位二通电磁阀

调定压力下工作。从而实现了对液压系统进行调压和稳压控制；当系统工作压力低于溢流阀的调定压力时，溢流阀关闭，此时液压系统压力取决于负载情况。如果将液压泵 1 改换为变量泵，这时溢流阀将作为安全阀来使用，液压泵的工作压力低于溢流阀的调定压力，这时溢流阀不工作，当系统出现故障，液压泵的工作压力上升时，一旦压力达到溢流阀的调定压力，溢流阀将开启，并将液压泵的工作压力限制在溢流阀的调定压力下，使液压系统不致因压力过载而受到破坏，从而保护了液压系统。

（2）二级调压回路。如图 9-47（b）所示为二级调压回路，该回路可实现两种不同的系统压力控制。由先导型溢流阀 2 和直动式溢流阀 4 各调一级，当二位二通电磁阀 3 处于图示位置时系统压力由阀 2 调定，当阀 3 通电后处于上位时，系统压力由阀 4 调定，但要注意：阀 4 的调定压力一定要小于阀 2 的调定压力，否则不能实现；当系统压力由阀 4 调定时，先导型溢流阀 2 的先导阀口关闭，但主阀开启，液压泵的溢流流量经主阀回油箱，这时阀 4 也处于工作状态，并有油液通过。应当指出：若将阀 3 与阀 4 对换位置，则仍可进行二级调压，并且在二级压力转换点上获得比图 9-47（b）所示回路更为稳定的压力转换。

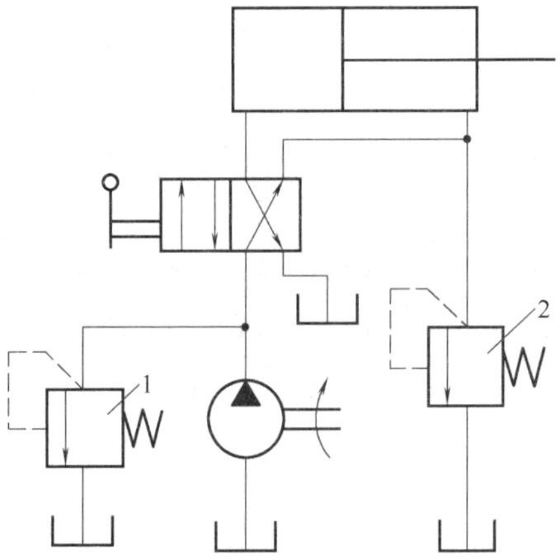

图 9-48 双向调压回路

1、2—溢流阀

（3）双向调压回路。当执行元件正反行程需不同的供油压力时，可采用双向调压回路，如图 9-48 所示。当换向阀在左位工作时，活塞为工作行程，液压泵出口由溢流阀 1 调定为较高压力，缸右腔油液通过换向阀回油箱，溢流阀 2 此时不起作用。当换向阀如图 9-48 所示在右位时，缸做空行程返回，液压泵出口由溢流阀 2 调定为较低压力，溢流阀 1 不起作用。缸退回到终点以后，液压泵在低压下回油，功率损耗小。

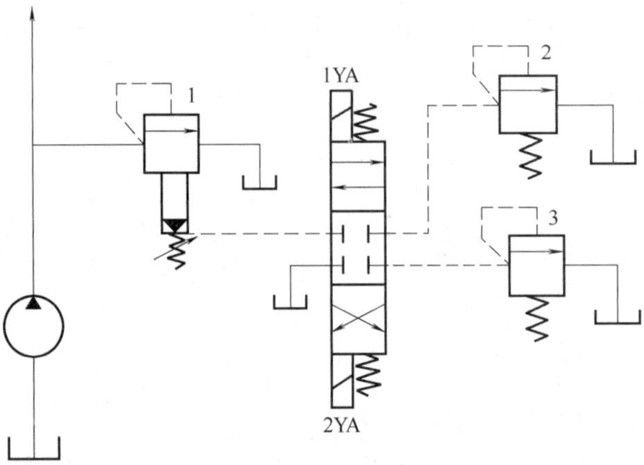

图 9-49 三级调压回路

1~3—溢流阀

（4）多级调压回路。如图 9-49 所示为三级调压回路。图示状态时，液压泵出口压力由先导式溢流阀 1 调定为最高压力；当换向阀的上、下电磁铁分别通电时，液压泵由远程溢流阀 2 和 3 调定。阀 2 和阀 3 的调定压力必须小于阀 1 的调定压力值。

如果在先导式溢流阀 1 的远程控制口处多并联几个远程调压阀，且各远程调压阀的出油口分别由二位二通换向阀来控制，就能实现多级调压。

2. 减压回路

减压回路的作用是使系统中的某一部分油路或某个执行元件获得比系统压力低的稳定压力。当泵的输出压力是高压而局部回路或支路要求低压时，可以采用减压回路，如机床液压系统中的定位、夹紧、回路分度以及液压元件的控制油路等，它们往往要求比主油路较低的压力。减压回路一般是在所需低压的支路上串接减压阀。采用减压回路虽能方便地获得某支路稳定的低压，但压力油经减压阀口时要产生压力损失，这是它的缺点。

最常见的减压回路为通过定值减压阀与主油路相连，如图 9-50 所示。进路中的单向阀为主油路压力降低（低于减压阀调整压力）时防止油液倒流，起短时保压作用，减压回路中也可以采用类似两级或多级调压的方法获得两级或多级减压。但要注意，后一级阀的调定压力值一定要低于前一极阀的调定减压值。

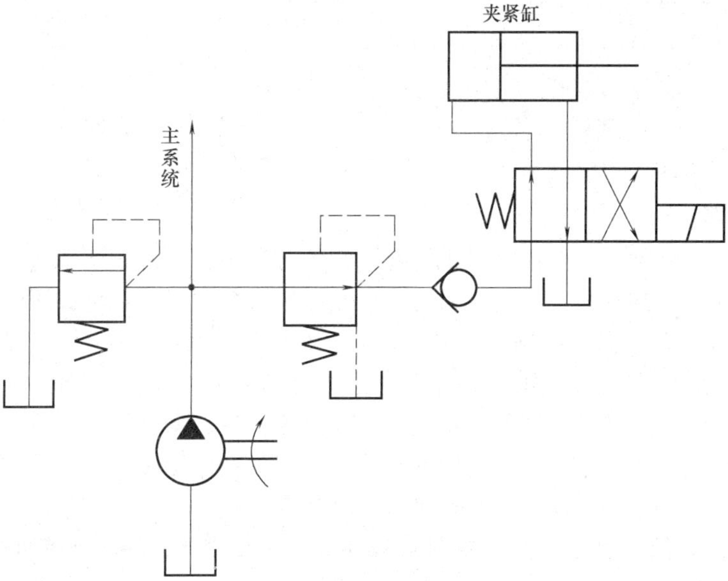

图 9-50　减压回路

为了使减压回路工作可靠，减压阀的最低调整压力不应小于 0.5MPa，最高调整压力至少应比系统压力小 0.5MPa。当减压回路中的执行元件需要调速时，调速元件应放在减压阀的后面，以避免减压阀泄漏（指由减压阀泄油口流回油箱的油液）对执行元件的速度产生影响。

3. 增压回路

如果液压系统的某一支油路需要压力较高但流量又很小的压力油，采用高压泵又不经济，或者根本就没有必要增设高压力的液压泵时，就常采用增压回路。增压回路中提高压力的主要元件是增压缸或增压器。

（1）单作用增压缸的增压回路。如图 9-51（a）所示，回路为利用单作用增压缸来增压，当系统在图示位置工作时，供油压力为 p_1 的液压油进入增压缸的大活塞腔，此时小活塞腔即可得到所需的较高压力 p_2；当二位四通电磁换向阀右位接入系统时，增压缸返回，辅助油箱中的油液经单向阀补入小活塞。因而该回路只能间歇增压，所以称之为单作用增压回路。

(2) 双作用增压缸的增压回路。如图 9-51 (b) 所示，回路为采用双作用增压缸的增压。在图示位置，液压泵输出的压力油经换向阀 5 和单向阀 1 进入增压缸左端大、小活塞腔，右端大活塞腔的回油通油箱，右端小活塞腔增压后的高压油经单向阀 4 输出，此时单向阀 2、4 被关闭。当换向阀 5 通电换向，增压缸活塞向左移动，左端小活塞腔输出的高压油经单向阀 2 进入增压缸右端大、小活塞腔，单向阀 1、3 被关闭，这样，增压缸的活塞不断往复运动，两端便交替输出高压油，从而实现了连续增压。

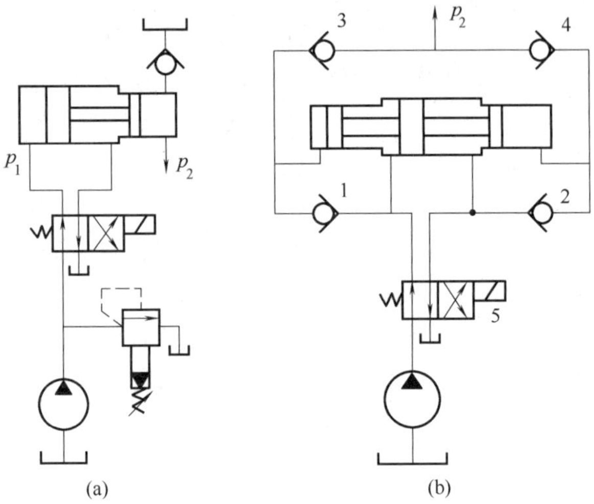

图 9-51 增压回路

(a) 单作用增压缸的增压回路 (b) 双作用增压缸的增压回路

1~4—单向阀 5—换向阀

4. 保压回路

在液压系统中，常要求液压执行机构在一定的行程位置上停止运动或在有微小的位移下稳定地维持住一定的压力，这就要采用保压回路。常采用以下几种保压回路：

(1) 利用液压泵的保压回路。在保压过程中液压泵仍以较高的压力（保压所需压力）工作，此时，若采用定量泵则压力油几乎全经溢流阀流回油箱，系统功率损失大，易发热，故只在小功率的系统且保压时间较短的场合下才使用；若采用变量泵，在保压时泵的压力较高，但输出流量几乎等于零，因而，液压系统的功率损失小，这种保压方法能随泄漏量的变化而自动调整输出流量，因而其效率也较高。

(2) 利用蓄能器的保压回路。如图 9-52 (a) 所示，当三位四通换向阀在左位工作时，液压缸向前运动且压紧工件，进油路压力升高至调定值，压力继电器 5 动作使二通阀

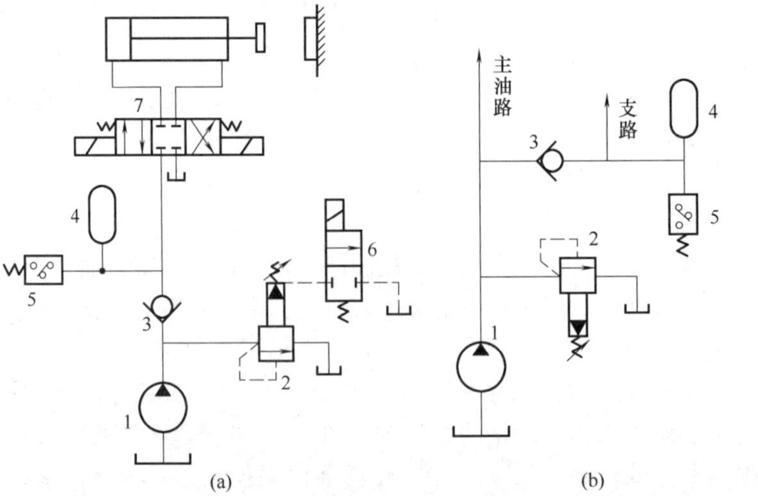

图 9-52 利用蓄能器的保压回路

1—定量泵 2—溢流阀 3—单向阀 4—蓄能器 5—压力继电器 6—二位二通换向阀 7—三位四通换向阀

通电，泵即卸荷，单向阀自动关闭，液压缸则由蓄能器保压。缸压不足时，压力继电器复位使泵重新工作。保压时间的长短取决于蓄能器容量，调节压力继电器的工作区间即可调节缸中压力的最大值和最小值。如图 9-52（b）所示为多缸系统中的保压回路，这种回路当主油路压力降低时，单向阀 3 关闭，支路由蓄能器保压补偿泄漏，压力继电器 5 的作用是当支路压力达到预定值时发出信号，使主油路开始动作。

5. 卸荷回路

很多情况下，需要执行元件短时间停止工作。此时，可以通过卸荷回路使液压泵卸荷，即在液压泵驱动电动机不频繁启闭的情况下，使液压泵在功率输出接近于零的情况下运转，以减少功率损耗，降低系统发热，延长泵和电动机的寿命。液压泵的卸荷有流量卸荷和压力卸荷两种，前者主要是使用变量泵，使变量泵仅为补偿泄漏而以最小流量运转，此方法比较简单，但泵仍处在高压状态下运行，磨损比较严重；压力卸荷的方法使泵在接近零压下运转。

常见的压力卸荷方式有以下两种：

（1）利用换向阀的中位机能实现卸荷。M、H 和 K 形中位机能的三位换向阀处于中位时，泵即卸荷。如图 9-53（a）所示为采用 M 形中位机能的电液换向阀的卸荷回路。这种回路切换时压力冲击小，但回路中必须设置单向阀，以使系统能保持 0.3MPa 左右的压力。

（2）利用溢流阀卸荷。如图 9-53（b）所示，利用溢流阀卸荷，这种卸荷回路卸荷压力小，切换时冲击也小。

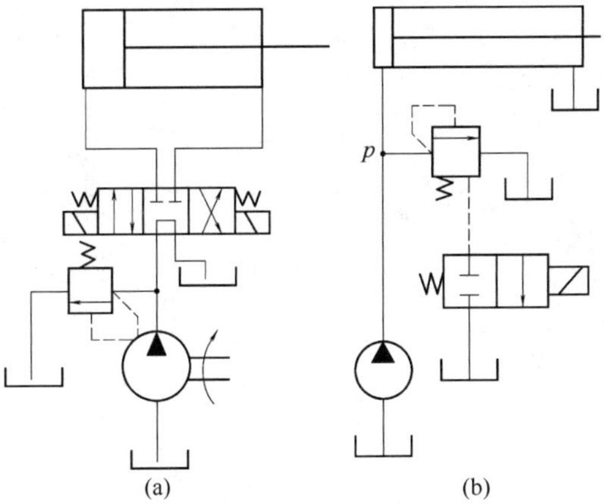

图 9-53 卸荷回路

（a）换向阀卸荷回路 （b）溢流阀卸荷回路

6. 平衡回路

平衡回路的功用在于防止垂直或倾斜放置的液压缸和与之相连的工作部件因自重而自行下落。如图 9-54 所示为单向顺序阀的平衡回路，当换向阀左位工作活塞下行时，回油路上存在着一定的背压，将这个背压调得能支承住活塞和与之相连的工作部件自重，活塞就可以平稳地下落，当换向阀处于中位时，活塞就停止运动，不再继续下移。这种回路当活塞向下快速运动时功率损失大，锁住时活塞和与之相连的工作部件会因单向顺序阀和换向阀的泄漏而缓慢下落，因此它只适用于工作部件重量不大、活塞锁住时定位要求不高的场合。

二、速度控制回路

速度控制回路是控制和调节液压执行组件运动速度的单元回路。速度控制回路有很多种类型，我们主要介绍节流调速和同步回路两大类。

1. 节流调速回路

节流调速用定量泵供油，由流量控制阀改变输入执行元件的流量来调节速度。其主要优点是结构简单、工作可靠、造价低和使用维护方便，因此在液压系统中得到广泛应用。其缺点是能量损失大、效率低、发热大，故一般多用于小功率系统中。根据节流阀在回路中装设的位置不同，节流调速回路分为进油节流调速回路、回油节流调速回路和旁路节流调速回路三种类型。

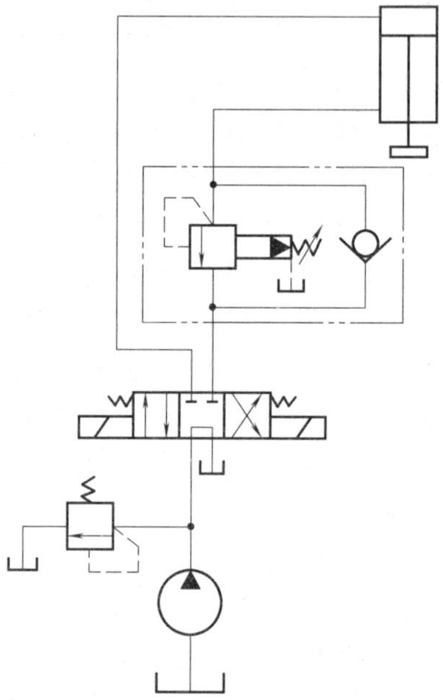

图 9-54　采用顺序阀的平衡回路

(1) 进油节流调速回路（图 9-55）。单向节流阀安装在液压缸的进油路上，由于节流阀串接在电磁换向阀之前，所以活塞的往复运动均属于进油路节流调速过程。通过调节进入液压缸进油流量来控制活塞移动速度。

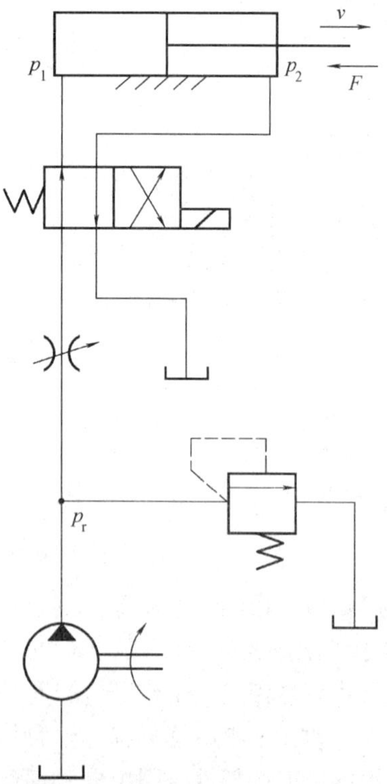

图 9-55　进油节流调速回路

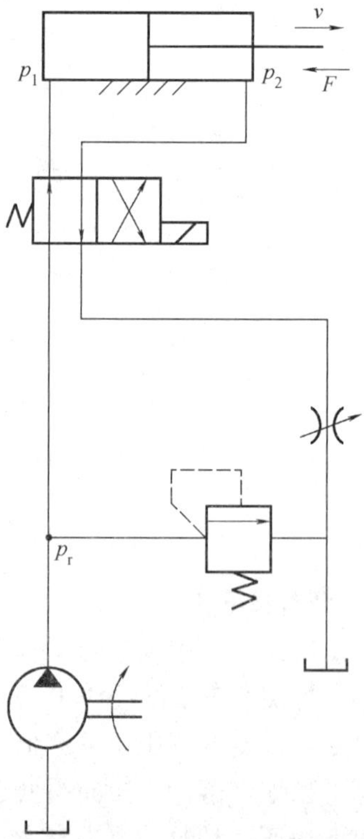

图 9-56　回油节流调速回路

(2) 回油节流调速回路（图 9-56）。这种调速回路是将流量控制阀设置在执行元件的回油路上，由于节流阀串接在电磁换向阀与油箱之间的回油路上，所以活塞的往复运动都属于回油路节流调速过程。通过节流阀调节液压缸的回油流量，从而控制进入液压缸的流量，因此同进油路节流调速回路一样可达到调速目的。

(3) 旁路节流调速回路（图 9-57）。这种调速回路是将流量控制阀设置在执行元件并联的支路上，用节流阀来调节流回油箱的油液流量，以实现间接控制进入液压缸的流量，从而达到调速的目的。回路中溢流阀处于常闭状态，起到安全保护的作用，故液压泵的供油压力随负载变化而变化。旁路节流调速适用于负载变化小和对运动平稳性要求不高的高速大功率场合。应注意的是，在这种调速回路中，液压泵的泄漏对活塞运动的速度有较大影响，而在进油路和回油路节流调速回路中，液压泵的泄漏对活塞运动的速度影响则较小，因此这种调速回路的速度稳定性比前两种回路都低。节流阀安装在进油旁路形成分流油路，控制泵的分流量而限定进入油缸流量，控制活塞移动速度。

2. 同步回路

使两个或两个以上的液压缸，在运动中保持相同位移或相同速度的回路称为同步回路。在一泵多缸的系统中，尽管液压缸的有效工作面积相等，但是由于运动中所受负载不均衡，摩擦阻力也不相等，泄漏量的不同以及制造上的误差等，不能使液压缸同步动作。同步回路的作用就是为了克服这些影响，补偿它们在流量上所造成的变化。同步回路分为串联、并联液压缸的同步回路。

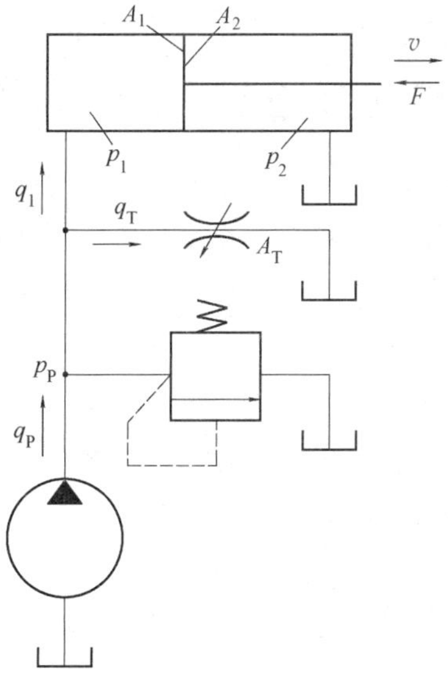

图 9-57　旁路节流调速回路

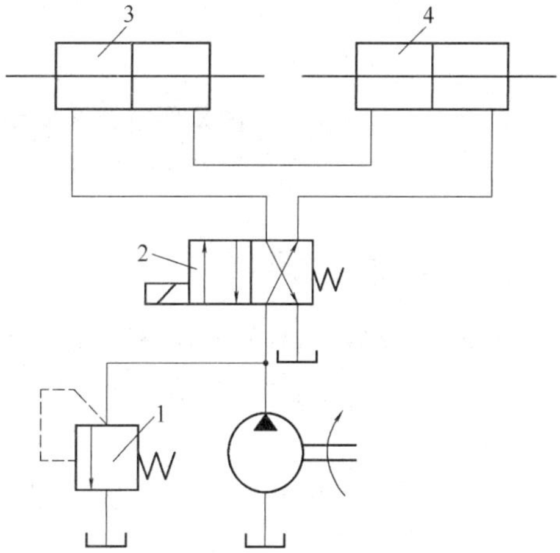

图 9-58　串联液压缸同步回路

1—溢流阀　2—换向阀　3、4—液压缸

(1) 串联液压缸同步回路。如图 9-58 所示，3 和 4 是两个规格尺寸相同的液压缸，二者为串联连接。液压缸的工作压力由溢流阀 1 调定，工作方向由换向阀 2 进行控制。当换向阀 2 处于图示位置时，从液压泵输出的液压油经由溢流阀 1 调压后通过换向阀 2 进入液压缸 4 的右腔，推动活塞向左运动，缸 4 左腔的液压油被挤压出进入液压缸 3 的右腔，缸 3 左腔的液压油被挤压出经换向阀 2 流回油箱。由于缸 3 和缸 4 的结构和尺寸相同，进入缸 4 的右腔的液压油，和从缸 4 左腔排出的液压油体积相等（或进入缸 3 和缸 4 的右腔的液压油体积相等），从而实现缸 3 和缸 4 的同步运动。普通串联液压缸的同步回路，由于制造误差和泄漏等因素影响，同步精度较低。

（2）并联液压缸的同步回路。在汽车上采用并联式同步回路（图 9-59）。汽车液压式制动系统，四个单作用轮缸并联，分别控制制动蹄张开实施制动；制动主缸 2 为活塞式液压缸，由人力控制，工作时驾驶员踩下制动踏板 1，制动主缸 2 挤压油液产生压力，通过管路传到四个轮缸并作用在活塞上，产生推力使制动蹄展开制动，制动力逐渐增强。松开踏板，制动主缸活塞退回卸压，轮缸活塞在弹簧作用下，松开制动蹄解除制动。由于各轮缸的结构参数相等，因此四缸同步。

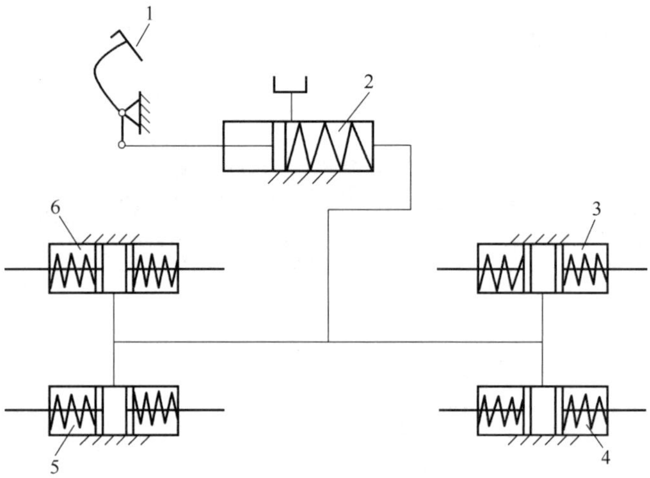

图 9-59 汽车制动系统液压并联同步回路

1—制动踏板 2—制动主缸 3、4、5、6—轮缸

三、方向控制回路

方向控制回路是用来控制液压系统各条油路中液流的接通、切断或改变流向，从而使各执行组件按照需要相应地完成起动、停止或换向等一系列动作。

1. 换向回路

换向回路一般可由换向阀来实现。图 9-60 所示是采用二位四通电磁换向阀控制的换向回路。

电磁铁通电时，阀芯右移，压力油进入液压缸左腔，推动活塞杆向右移动；电磁铁断电时，弹簧力使阀芯左移复位，压力油进入液压缸右腔，推动活塞杆向左移动。

2. 锁紧回路

锁紧回路是指通过回路的控制，使执行组件在运动过程中的某一位置上停留一段时间保持不动，以防止其漂移或沉降。通常采用 O 形或 M 形中位机能的三位换向阀构成锁紧回路，当接入回路时，执行元件的进、出油口都被封闭，可将执行元件短时锁紧不动。这种锁紧回路由于受到换向阀泄漏的影响，时间长时执行元件仍可能产生一定漂移或窜动，

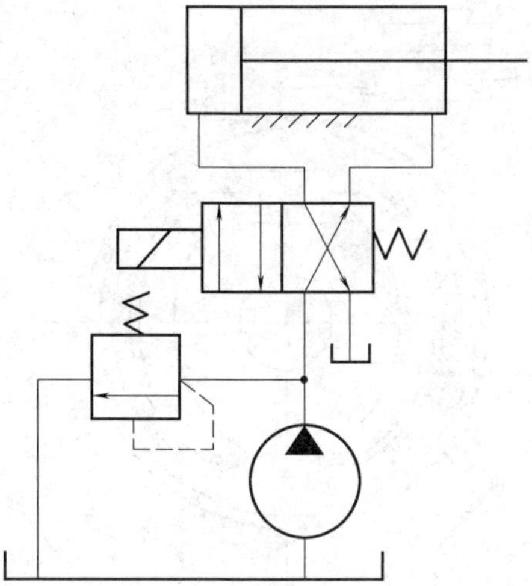

图 9-60　换向回路

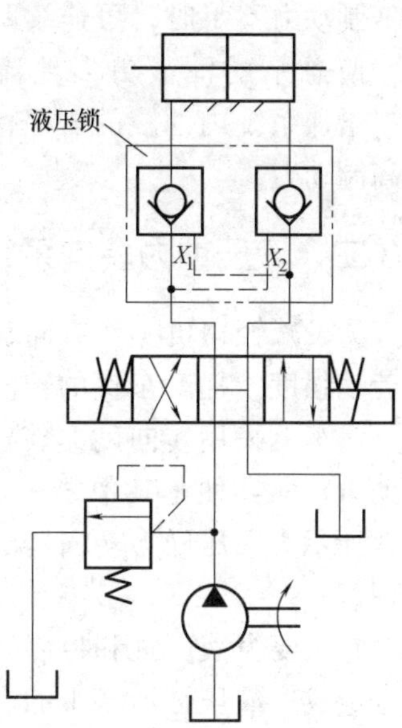

图 9-61　液压锁紧回路

锁紧效果较差。

如图 9-61 所示为两个液控单向阀组成的锁紧回路。活塞可以在行程中的任何位置停止并锁紧，其锁紧效果只受液压缸泄漏的影响，因此其锁紧效果较好。

采用液压锁的锁紧回路，换向阀的中位机能应使液压锁的控制油液卸压（即换向阀应采用 H 形或 Y 形中位机能），以保证换向阀中位接入回路时，液压锁能立即关闭，活塞停止运动并锁紧。假如采用 O 形中位机能的换向阀，换向阀处于中位时，由于控制油液仍存在一定的压力，液压锁不能立即关闭，直至由于换向阀泄漏使控制油液压力下降到一定值后，液压锁才能关闭，这就较低了锁紧效果。

任务四　液压传动在汽车上的应用

汽车上的液压制动系统、液压助力转向系统、发动机润滑油路、自卸车的举升系统、汽车起重机的液压系统等都是液压系统在汽车上的应用，以下就来分析几个实例。

一、汽车液压制动系统

如图 9-62 所示，液压制动系统由制动踏板、推杆、制动总泵（主缸）、管路、制动分泵（轮缸）等部分组成。踏下制动踏板时，总泵内的油液在活塞的推动下被压出总泵，沿管路进入前后分泵，推动分泵活塞向两侧撑开，将制动蹄压向制动鼓，产生制动力，在车轮制动器的间隙消除之前，管路中的油压升高较慢，仅足以克服制动蹄回位弹簧的张力和管道阻力。在车轮制动器的间隙消除之后，管路中的油压升高较快，且随着踏板力的增加而继续增长，制动力随之增加，直到完全制动，制动鼓抱死。

放松制动踏板时，总泵内的活塞在弹簧作用下回位，油压降低，与此同时，车轮制动器的制动蹄也在弹簧作用下回位，分泵活塞将油液压回总泵，于是解除制动作用。

制动力不足时，可连续踏下踏板，使总泵的油液更多地流入分泵，增加系统内油液的压强，从而提高制动力。

二、液压助力转向系统

为了减轻司机操作方向盘的体力劳动强度，提高车辆的转向灵活性，汽车上采用转向助力装置，液压助力转向器便是其中之一，如图9-63所示为液压助力转向器的工作原理。

它主要由液压缸和控制滑阀两部分组成。液压缸活塞1的右端通过铰链固定在汽车机架上，液压缸缸体2和控制滑阀阀体连接在一起，通过摆杆4与转向机构连接，阀体上四条槽的油压 p、p_0、p_1、p_2 分别与液压泵，油箱，液压缸左、右腔室连通。转向盘5通过摆杆4控制滑阀阀芯移动。

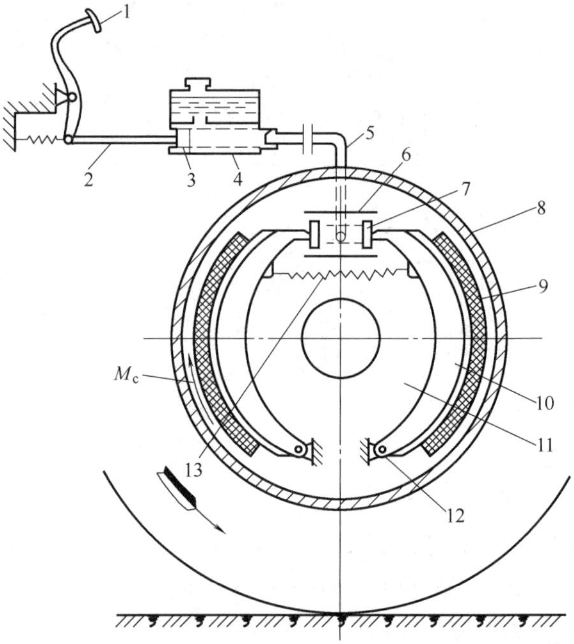

图 9-62　液压制动系统工作原理图

1—制动踏板　2—推杆　3—主缸活塞　4—制动主缸　5—油管　6—制动轮缸　7—轮缸活塞　8—制动鼓　9—摩擦片　10—闸动蹄　11—制动底板　12—支承销　13—制动蹄回位弹簧

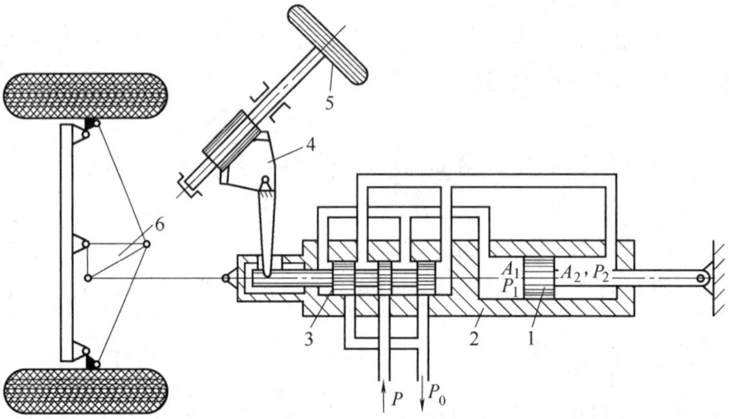

图 9-63　液压助力转向器的工作原理

1—活塞　2—缸体　3—阀芯　4—摆杆　5—转向盘　6—转向连杆机构

当阀芯3处于图示位置时，因液压缸左、右腔油液被封闭，两油液作用在活塞上的力相等，因此缸体2固定不动，汽车始终保持原来的运动状态。滑阀阀芯3的这一位置通常称为平衡位置。

若向右转动转向盘5，通过摆杆4带动阀芯3向后移动（即向右移动）时，压力 p_1 减小，压力 p_2 增大，使液压缸缸体向右移动，转向连杆机构6向逆时针方向摆动，使车轮向左偏转，实现左转弯；反之，缸体若向前移动时，转向连杆机构向顺时针方向摆动，使车轮向右偏转，实现向右转弯。

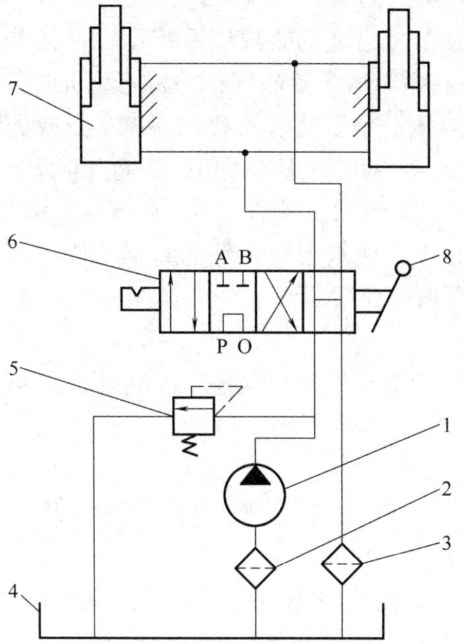

图 9-64　QD351 型自卸车液压系统原理图

1—液压泵　2—粗过滤器　3—过滤器　4—油箱
5—溢流阀　6—四位四通手动阀　7—液压缸　8—手柄

缸体前进或后退时，控制阀体同时前进或后退，即实现刚性反馈，使阀芯和阀体重新恢复到平衡位置，因此保持了车轮偏转角度不变。

为了使驾驶员在操纵转向盘时能感觉到路面的好坏，在控制滑阀两端增加两个油腔，分别和液压缸前、后腔相通，这时，移动控制阀阀芯时所需的力和液压缸两腔的压力差 p_1-p_2 成正比，驾驶员操纵转向盘时就会感觉到转向阻力的大小。

三、自卸车液压系统

自卸车是一种高效率的运输工具。该车的卸料是靠液压缸驱动汽车的货箱倾翻，从而实现卸料的。如图 9-64 所示为 QD351 型自卸车液压系统原理图。

该系统的动力装置为齿轮液压泵 1（额定工作压力为 10MPa，最大工作压力为 13MPa），由四位四通手动阀 6 来控制油路的变化，使液压缸完成空位、举升、中停、下降等四个动作，系统压力由溢流阀 5 调定限压。

QD351 型自卸车的液压系统工作过程如下：

（1）空位。当手动换向阀 6 处于最右位，换向阀中位职能为 H 形，此时液压缸 7 处于浮动状态，车厢处于未举升的自由状态（一般为水平运输状态）。

（2）举升。此时换向阀处于最左位置。

进油路：粗过滤器 2→液压泵 1→换向阀 6 最左位（PA 相通）→液压缸 7 下腔；

回油路：液压缸 7 上腔→换向阀 6 最左位（BO 相通）→过滤器 3→油箱。

（3）中停。此时滑阀处于左二位，换向阀中位职能为 M 形，液压泵处于卸荷状态；A、B 均被截止，液压缸两腔油液被封住，液压缸被锁紧在任意位置。

（4）下降。此时滑阀处于左三位。

进油路：粗过滤器 2→液压泵 1→换向阀 6 左三位（PB 相通）→液压缸 7 上腔；

回油路：液压缸 7 下腔→换向阀 6 左三位（AO 相通）→粗过滤器 2→油箱。

此时，液压缸 7 下降。当车厢降至原位时，将滑阀移至最右位。

由以上分析可知，该系统油路中包含以下几个基本回路，即换向阀 6 控制的换向回路、滑阀右位和左二位控制的卸荷回路、溢流阀 5 控制的限压回路以及两液压缸组成的同步工作回路。

四、汽车起重机液压系统

汽车起重机是用相配套的载重汽车为基本部分，在其上添加相应的起重功能部件，组成完整汽车起重机，并且利用汽车自备的动力作为起重机的液压系统动力；起重机工作时，汽车的轮胎不受力，依靠四条液压支撑腿将整个汽车抬起来，并将起重机的各个部分展开，进行起重作业。当需要转移起重作业现场时，需要将起重机的各个部分收回到汽车上，使汽车恢复到车辆运输功能状态，进行转移。一般的汽车起重机在功能上有以下要求：

① 整机能方便的随汽车转移，满足其野外作业机动、灵活、不需要配备电源的要求；

② 当进行起重作业时支腿机构能将整车抬起，使汽车所有轮胎离地，免受起重载荷的直接作用，且液压支腿的支撑状态能长时间保持位置不变，防止起吊重物时出现软腿现象；

③ 在一定范围内能够任意调整、平衡锁定起重臂长度和俯角，以满足不同起重作业要求；

④ 起重臂在 360°以内能任意转动与锁定；

⑤ 起吊重物在一定速度范围内任意升降，并能在任意位置上能够负重停止，负重启动时不出现溜车现象。

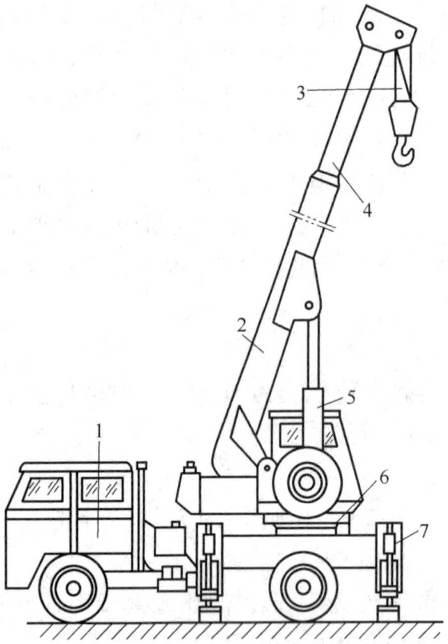

图 9-65　汽车起重机结构图

1—载重汽车　2—基本臂　3—起升机构
4—吊臂伸缩缸　5—吊臂变幅缸
6—回转机构　7—支腿

如图 9-65 所示，汽车起重机的结构原理图，它主要由如下五个部分构成：

① 支腿装置。起重作业时使汽车轮胎离开地面，架起整车，不使载荷压在轮胎上，并可调节整车的水平度，一般为四腿结构；

② 吊臂回转机构。使吊臂实现 360°任意回转，在任何位置能够锁定停止；

③ 吊臂伸缩机构。使吊臂在一定尺寸范围内可调，并能够定位，用以改变吊臂的工作长度。一般为 3 节或 4 节套筒伸缩结构；

④ 吊臂变幅机构。使吊臂在 15°~80°之间角度任意可调，用以改变吊臂的倾角；

⑤ 吊钩起降机构。使重物在起吊范围内任意升降，并在任意位置负重停止，起吊和下降速度在一定范围内无级可调。

汽车起重机液压系统相应地由五个回路组成，各个回路都具有相对的独立性。汽车起重机液压系统中液压泵的动力，都是由汽车发动机通过装在底盘变速箱上的取力箱提供。液压泵为高压定量齿轮泵，由于发动机的转速可以通过油门人为调节控制，因此尽管是定排量泵，但其输出的流量可以在一定的范围内通过控制汽车油门开度的大小来人为控制，从而实现无级调速；液压泵通过各个控制元件的操作，将压力油串联地输送到各执行元件，当起重机不工作时，液压系统处于卸荷状态。液压系统各部分工作的具体情况如下：

支腿缸收放回路：该汽车起重机的底盘前后各有两条支腿，通过机械机构可以使每一条支腿收起和放下。在每一条支腿上都装着一个液压缸，支腿的动作由液压缸驱动。两条前支腿和两条后支腿分别由一个三位四通手动换向阀控制其伸出或缩回。为确保每条支腿伸出去的可靠性，每个液压缸均设有双向锁紧回路，以保证支腿被可靠地锁住，防止在起重作业时发生“软腿”现象或行车过程中支腿自行滑落。

吊臂回转回路：系统中用一个三位四通手动换向阀来控制转盘正、反转和锁定不动三种工况。

伸缩回路：起重机的吊臂由基本臂和伸缩臂组成，伸缩臂套在基本臂之中，用一个由三位四通手动换向阀控制的伸缩液压缸来驱动吊臂的伸出和缩回。为防止因自重而使吊臂下落，油路中设有平衡回路。

五、循环式制动压力调节器

循环式制动压力调节器是在制动主缸与轮缸之间串联一电磁阀，直接控制轮缸的制动压力，这种压力调节系统的特点是制动压力油路和汽车防抱死制动系统 ABS 控制压力油路相通。

循环式制动压力调节器常规制动状态如图 9-66 所示。在常规制动过程中，ABS 系统不工作，电磁线圈中无电流通过，电磁阀处于升压位置。制动主缸与轮缸相通，由制动主缸流入的制动液直接进入轮缸，轮缸压力随主缸压力而增减，此时液压泵也不需要工作。

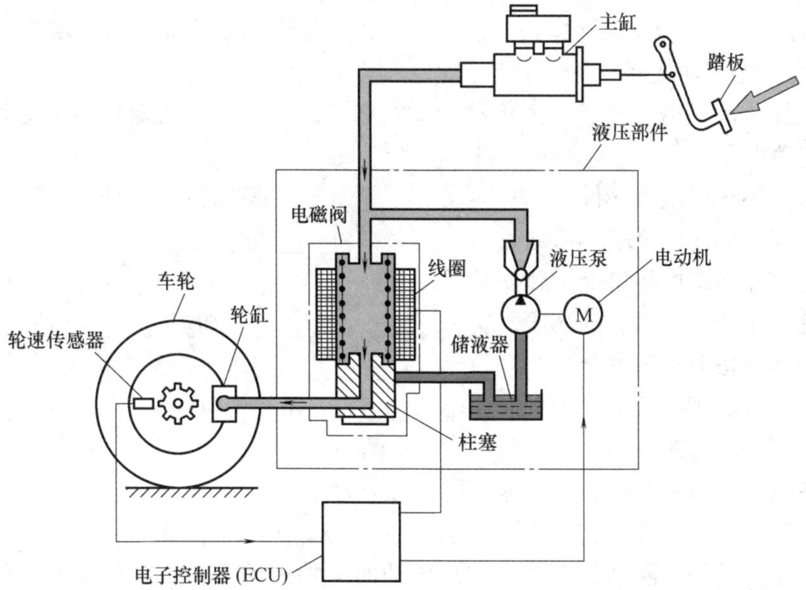

图 9-66　循环式制动压力调节器常规制动状态

当车速传感器发出抱死危险信号时，电控单元向电磁线圈输入一个较小的保持电流（约为最大电流的 1/2），电磁阀处于保压位置。此时制动主缸、制动轮缸和回油孔相互隔离密封，制动轮缸中的制动压力保持一定。

当压力下降后车轮转速太快时，电控单元便切断通往电磁阀的电流，制动主缸和制动轮缸再次相通，制动主缸中的高压制动液再次进入轮缸，使制动力增加。制动时，上述过程反复进行，直到解除制动为止。

项 目 练 习

9-1 选择题。

(1) 为了改变油液流动方向以改变工作机构的运动方向时应采用（　　）。

A. 溢流阀　　B. 节流阀　　C. 单向阀　　D. 换向阀

(2) 使被控制液压系统或回路的压力维持恒定，实现稳压、调压或限压时，应选择（　　）。

A. 溢流阀　　B. 节流阀　　C. 单向阀　　D. 换向阀

(3) 要实现对液压系统执行元件的速度控制，采用（　　）改变阀口通流面积的大小或通流通道的长短来改变液阻，控制通过阀的流量，达到调节执行元件（缸或马达）运动速度的目的。

A. 方向阀　　B. 压力阀　　C. 流量阀　　D. 溢流阀

(4) 大型汽车采用液压助力器来减轻驾驶员转向沉重的感觉，而这一液压助力器是一种（　　）系统。

A. 液压助力　　B. 液压传动　　C. 液压伺服　　D. 液力传动

(5) 液力传动是利用液体（　　）进行能量传递，实现运动与动力的传递。

A. 压力　　B. 运动　　C. 体积变化　　D. 动能

9-2 填空题。

(1) 液压传动是以________为传动介质，它依靠________的变化传递运动，依靠液体内部传递动力。

(2) 液压系统由动力元件、________、________、辅助元件等组成。

(3) 液压传动的两个基本参数是：________和________。

(4) 在液压系统中从事能量转换的元件有：________、________和________。

(5) 在液压传动中常有的液压泵有________、________和________三种。

(6) 液压阀按照功用可分为________、________、________三大类。

(7) 方向控制阀按类型分为________和________两类。

(8) 常用的流量阀有________和________两种。

(9) 液压基本回路按油路的功能不同，可分为________、________和________三种。

9-3 下列说法判正确的打“√”，错误的打“×”并加以更正。

(1) 液压传动是以液体为工作介质来传动的一种传动方式，它依靠容积的变化传递运动，依靠液体内部的压力（由外界负载所引起）传递动力。（　　）

(2) 液压泵的作用是将液压能转换成机械部件的机械能。（　　）

(3) 液力耦合器与液力变矩器其作用是一样的，虽然在结构上有一点区别，但两者传递的转矩是不变的。（　　）

(4) 由于单作用叶片泵的偏心距是可调的，通过改变偏心实现调整泵油量，所以，

单作用叶片泵是变量泵。(   )

(5) 通常采用溢流阀进行调定液压系统的系统压力。(   )

(6) 液压传动适合远距离传动。(   )

(7) 溢流阀与减压阀都属于压力阀，其作用是一样的，都是用于调定液压系统的压力。(   )

(8) 节流阀与调速阀都可以用于调整液压执行元件的运动速度。(   )

(9) 液压伺服系统是一种液压自动控制系统，除具有液压系统的优点外，还具有反应快、系统刚度大和伺服精度高等优点。(   )

(10) 压力控制回路是用压力阀在油路中调节系统的压力，以满足执行机构对压力的要求。可分为调压、减压、增压、卸荷等回路。(   )

9-4 连线题。

(1) 请对应控制与阀用线连接。

压力控制	节流阀
方向控制	溢流阀
速度控制	止回阀

(2) 请对应下面的元件类型，并用线对应连接。

液压泵	控制元件
压力表	动力元件
三位四通电磁阀	执行元件
液压缸	辅助元件

(3) 请对应以下液压回路的类型。

压力控制回路	锁紧回路
速度控制回路	卸荷回路
方向控制回路	节流调速回路

9-5 如题 9-5 图 (a) 和图 (b) 所示是液压传动中经常应用的两种液压基本回路，试回答下列问题。

1. 按序号写出图示液压控制回路所采用的液压元件名称，并说明其功用。

2. 它们属于哪一种基本回路，简述其工作过程。

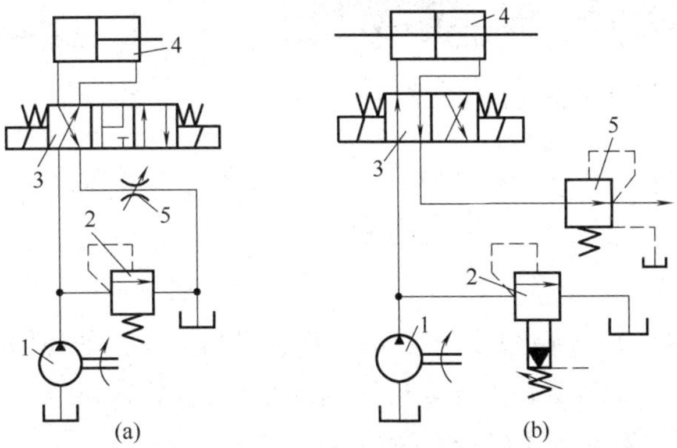

题 9-5 图 液压基本回路

项目十

液 力 传 动

任务一　液力传动概述

以工作液体的动能进行能量传递与控制的装置称为液力传动装置，简称液力传动。在液力传动过程中存在着将机械能转变为液体能，再由液体能转变为机械能的过程。

一、液力传动的基本工作原理

液力传动是利用液体的动能变化进行能量的传递，即将液体的动能转变成机械能。如图 10-1 所示，是液力传动工作原理图，其工作原理图是：在原动机（内燃机、电动机等）带动离心泵旋转，使工作液体的速度和压力增加，这一过程实现了机械能向液体动能的转化；然后具有动能的工作液体再冲击涡轮，此时液体释放能量给涡轮，使涡轮转动将动力输出，实现能量传递。

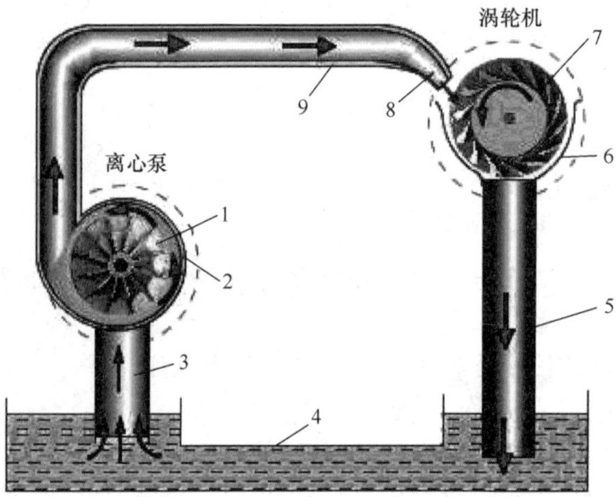

图 10-1　液力传动工作原理图

1—离心泵叶轮　2—离心泵壳体　3—离心泵进水管　4—贮水池　5—出水管　6—涡轮机壳体　7—涡轮机叶轮　8—导水机构　9—连接管路

二、液力传动的主要特点

1. 提高汽车的使用寿命

液力传动的工作介质是液体，各叶轮之间可相对滑转，故液力元件具有减振作用。液力元件既能对发动机曲轴的扭转振动起阻尼作用，提高传动元件的使用寿命，又能降低来自汽车行驶系统或传动系统中的动载荷，提高发动机的使用寿命。

试验表明：采用液力传动后，发动机使用寿命可提高 85%，变速器使用寿命可提高 1~2 倍，传动轴、驱动半轴寿命可提高 85%。

2. 使汽车具有良好的自动适应性

采用液力变矩器的汽车，在困难和复杂的路面上行驶，行驶阻力增大时，液力变矩器能使汽车自动地增大驱动力，同时自动地降低行驶速度，以克服增大的行驶阻力；反之，当行驶阻力减小时，汽车又能自动地减小驱动力和提高汽车行驶速度，保证发动机能经常在额定工况下工作。既可避免发动机因负荷突然增大而熄火，又能满足汽车行驶的要求，因而具有自动适应性。

3. 简化操纵和提高舒适性

采用液力传动的汽车，可使汽车起步平稳，并在较大范围内进行无级变速。可以少换挡或不换挡，减轻驾驶员的疲劳。在行驶过程中液力元件可以吸收和减少振动、冲击，从而提高车辆的舒适性。

4. 提高汽车的通过性和具有良好的低速稳定性

装有液力变矩器的汽车可以在泥泞地、沙地、雪地等软路面以及非硬土路面行驶，能提高车辆的通过性，并具有良好的低速稳定性。据对比试验表明：采用液力传动的汽车，在软路面起步和行驶时，下陷量约减小 25%，滑转小，附着储备增大 2~3 倍。

5. 效率随工况变化

液力传动系统的效率要比机械传动系统低。液力传动系统的传动效率一般只有 82%~87%左右，而机械传动的效率可达 95%~97%。

6. 结构复杂、成本高

为了使液力传动能正常工作，需要设置冷却补偿系统，因而使结构复杂，体积和重量大，成本高。

任务二　液力传动在汽车上的应用

液力传动在汽车上的应用主要是自动变速器中的液力偶合器和液力变矩器。

一、液力偶合器

1. 液力偶合器结构

液力偶合器壳体、泵轮、涡轮结构形状如图 10-2 所示。泵轮刚性连接在外壳上，与曲轴一起旋转。涡轮连接在从动轴上。在泵轮与涡轮上，均径向焊接有许多叶片，用来传递动力。

2. 液力偶合器的工作原理

如图 10-3 所示，发动机的动能通过泵轮传给液压油，液压油在环形螺旋运动中又将动能传给涡轮，涡轮再将液压油的动能转换为机械能输出。当泵轮随飞轮转动时，由于离心力的作用，液体沿泵轮叶片间的通道向外缘流动，外缘油压高于内缘油压，油液从泵轮外缘冲向涡轮外缘，又从涡轮内缘流入泵轮内缘，在轴向断面（循环圆）内，液体流动形成循环流，

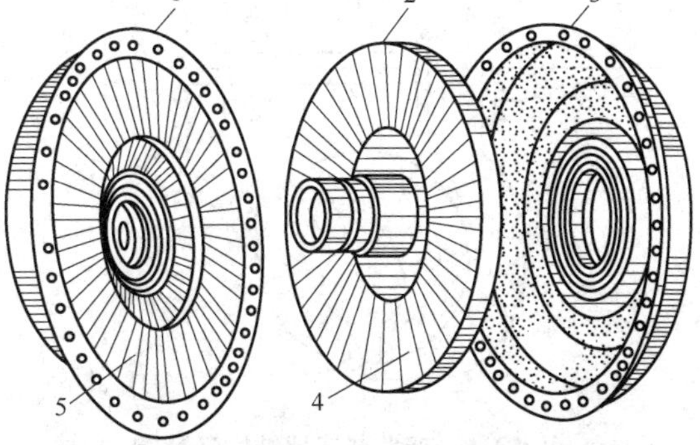

图 10-2　液力偶合器主构件

1—泵轮　2—涡轮　3—壳体　4、5—叶片

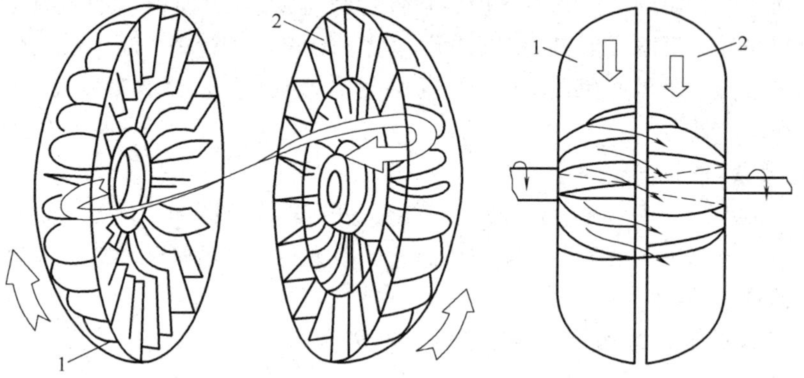

图 10-3 液力偶合器的工作原理

1—泵轮 2—涡轮

称为“涡流”。因涡流的产生，液体冲向涡轮使两轮间产生牵连运动，涡轮产生绕轴旋转的扭矩。可见，循环圆内的液体绕轴旋转形成“环流”。上述两种油流的合成，形成一条首尾相接的螺旋流。只有当涡轮的扭矩大于汽车的行驶阻力矩时，汽车才能行驶。液力偶合器不能使输出扭矩增大，只起液力联轴离合器的作用。液力偶合器中油液流动反向，液力偶合器泵轮主动与发动机曲轴刚性连接，转动时，离心力使油液向外甩，冲击涡轮叶片，涡轮从动，涡轮回流的液体又冲击泵轮，阻碍了泵轮转动，其特点是转动效率低，但在一定范围内能实现无级变速，有利于汽车起步换挡的平顺性。

二、液力变矩器

1. 液力变矩器结构

如图 10-4 所示，液力变矩器是由泵轮 9、涡轮 1、导轮 8 等组成的液力元件。安装在发动机和变速器之间，以液压油为工作介质，起传递转矩、变矩、变速及离合的作用。泵轮 9 与壳体 2 连成一体为主动元件；壳体 2 有起动齿圈 5，涡轮 1 悬浮在变矩器内与从动轴 6 相连；导轮 8 悬浮在泵轮 9 与涡轮 1 之间，固定在变速器外壳上；导轮固定套 7 套在从动轴 6 上。液力变矩器的输入轴与输出轴间靠液体联系，工作构件间没有刚性连接。液力变矩器的特点是：能消除冲击和振动，过载保护性能和起动性能好；输出轴的转速可大于或小于输入轴的转速，两轴的转速差随传递扭矩的大小而不同；有良好的自动变速性能，载荷增大时输出转速自动下降，反之自动上升；保

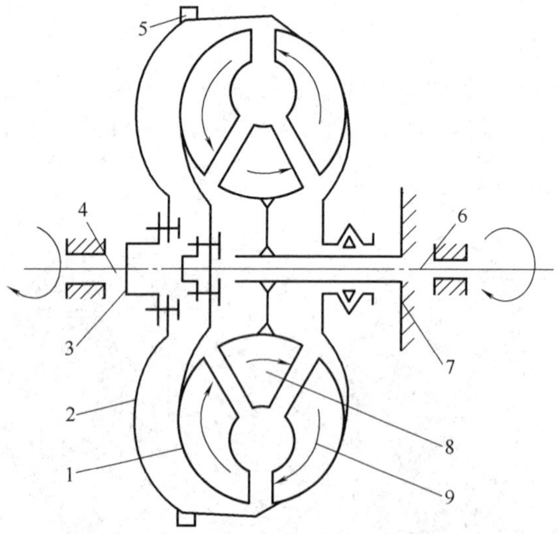

图 10-4 液力变矩器结构示意图

1—涡轮 2—壳体 3—曲轴 4—主动轴

5—起动齿圈 6—从动轴 7—导轮固定套 8—导轮 9—泵轮

证动力机有稳定的工作区，载荷的瞬态变化基本不会反映到动力机上。

2. 液力变矩器工作原理

液力变矩器的分解图如图 10-5 所示。由于导轮轴上装有单向离合器（由若干锁止离合器片组成），使得导轮在受到来自涡轮的油液冲击时，能保持不动，这样才能使导轮改变了经过它的油流方向，进而达到增大转矩的作用。液力变矩器的几个工作轮和壳体共同形成了密闭工作腔，液压油在腔内循环流动，其中泵轮、涡轮和导轮分别与输入轴、输出轴和壳体相连。工作时，液压油从离心式泵轮流出，顺次经过涡轮、导轮再返回泵轮，周而复始地循环流动。泵轮将输入轴的机械能传递给液压油。高速流动的液压油推动涡轮旋转，将能量传给输出轴。液力变矩器靠液体与叶片相互作用产生动量矩的变化来传递扭矩。液力变矩器不同于液力偶合器的主要特征是它具有固定的导轮。导轮对液体的导流作用使液力变矩器的输出扭矩可高于或低于输入扭矩，因而称为变矩器。

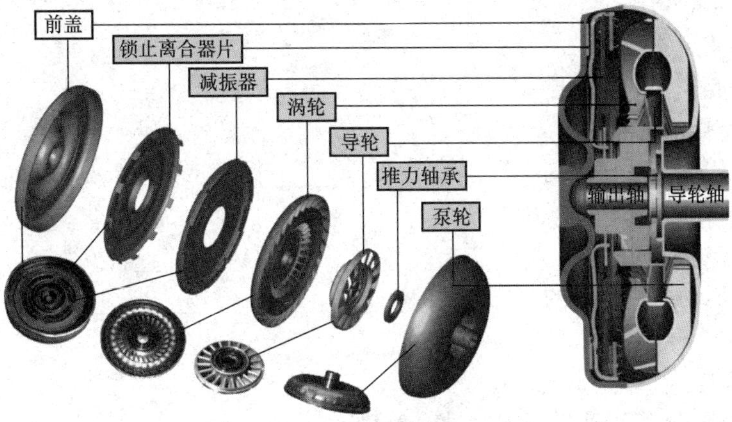

图 10-5　液力变矩器的分解图

如图 10-6 所示，发动机启动后，曲轴通过飞轮带动泵轮旋转，因旋转产生的离心力使泵轮叶片间的工作液沿叶片从内缘向外缘甩出，这部分工作液既具有随泵轮一起转动的圆周向的分速度，又有冲向涡轮的轴向分速度。这些工作液冲击涡轮叶片，推动涡轮与泵轮同方向转动。

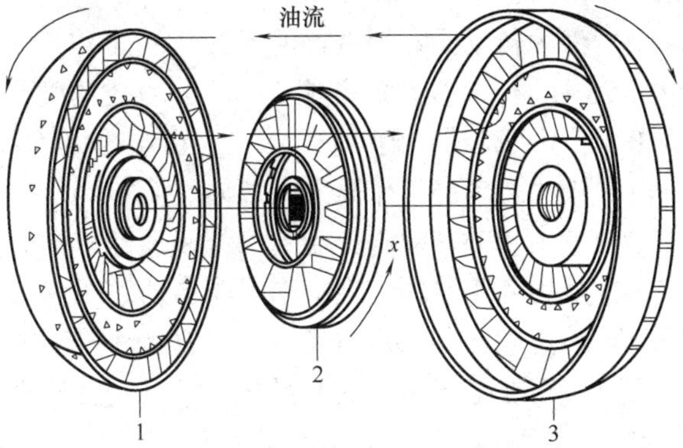

图 10-6　液力变矩器的工作原理

1—泵轮　2—导轮　3—涡轮

当液力变矩器工作时，因导轮对液体的作用，而使液力变矩器输入力矩与输出力矩不相等。当传动比小时，输出力矩大，输出转速低；反之，输出力矩小而转速高。它可以随着负载的变化自动增大或减小输出力矩与转速。因此，液力变矩器是一个无级力矩变换器。

从涡轮流出工作液的速度可以看作工作液相对于涡轮叶片表面流出的轴向速度与随涡

轮一起转动的圆周速度的合成。当涡轮转速比较小时，从涡轮流出的工作液是向后的，工作液冲击导轮叶片的前面。因为导轮被单向离合器限定不能向后转动，所以导轮叶片将向后流动的工作液导向向前推动泵轮叶片，促进泵轮旋转，从而使作用于涡轮的转矩增大。

随着涡轮转速的增加，圆周速度变大，当切向速度与圆周速度的合速度开始指向导轮叶片的背面时，变矩器到达临界点。当涡轮转速进一步增加时，工作液将冲击导轮叶片的背面。因为单向离合器允许导轮与泵轮一同向前旋转，所以在工作液的带动下，导轮沿泵轮转动方向自由旋转，工作液顺利地回流到泵轮。当从涡轮流出的工作液正好与导轮叶片出口方向一致时，变矩器不产生增扭作用（这时液力变矩器的工况称为液力耦合工况）。

项 目 练 习

10-1 名词解释。

（1）液力变矩器特性

（2）液力变矩器的传动比

10-2 填空题。

（1）液力传动与液压传动一样，都是以________作为工作介质的一种________装置，但是两者的________是不一样的。

（2）液力传动是利用________进行________，即将________转变为________。

（3）液力传动在汽车上的应用主要是________________________。

（4）液力耦合器的工作轮包括________和________，其中________是主动轮，________是从动轮。

10-3 选择题（将正确答案的代号填入括号内）。

（1）液力变矩器有（　　）个工作轮。

A. 1　　B. 2　　C. 3　　D. 4

（2）液力传动是利用液体的（　　）工作。

A. 压力　　B. 动能　　C. 速度　　D. 流量

10-4 下列说法正确的打“√”，错误的打“×”并更正。

（1）液力传动的工作介质是液体。(　　)

（2）液力传动和液压传动的工作原理是一样的。(　　)

（3）液力变矩器在一定范围内能自动地、无级地改变传动比和转矩比。(　　)

（4）液力耦合器和液力变矩器均属静液传动装置。(　　)

（5）汽车在运行中，液力耦合器可以使发动机与传动系彻底分离。(　　)

10-5 简答题。

（1）液力传动的工作原理是什么？

（2）液力变矩器由哪几个工作轮组成？其工作特点是什么？

（3）液力耦合器和液力变矩器各有何优点？

（4）液力变矩器为什么能起到变矩作用？

参 考 文 献

[1] 周家泽. 机械基础 [M]. 3版. 西安：西安电子科技大学出版社，2015.
[2] 邓昭铭. 机械设计基础 [M]. 北京：高等教育出版社，2000.
[3] 贾永峰. 汽车机械基础 [M]. 北京：电子工业出版社，2016.
[4] 李文兵. 机械基础 [M]. 2版. 北京：北京航空航天大学出版社，2017.
[5] 蔺文刚. 汽车机械基础 [M]. 长沙：中南大学出版社，2020.
[6] 徐兵. 机械装配技术 [M]. 2版. 北京：中国轻工业出版社，2020.
[7] 李锋. 机械设计基础 [M]. 北京：化学工业出版社，2009.
[8] 李海萍. 机械设计基础 [M]. 北京：机械工业出版社，2015.
[9] 胥宏. 机械设计基础 [M]. 北京：科学出版社，2007.
[10] 陈锡渠. 现代机械制造工艺 [M]. 北京：清华大学出版社，2006.